BUILDING

建筑工程造价管理

JIANZHU GONGCHENG ZAOJIA GUANLI

重庆工程职业技术学院土木工程学院　组编

主　编　赵媛静

副主编　李晋旭

参　编　杜雷鸣　吴静

主　审　李红立　尤小明

重慶大學出版社

内容提要

本书根据现行的建设工程工程量清单计价规范和相关定额编写而成。全书从基础理论和实践应用入手,系统地介绍了建设工程计量计价与造价管理的基本理论与方法。同时,本书配有丰富的微课资源,以满足学校线上教学的需求。

全书共分 8 章,主要内容包括工程造价管理基础知识、工程造价的构成、建设项目投资决策阶段的工程造价管理、建设项目设计阶段的工程造价管理、建设项目招投标阶段的工程造价管理、建设项目施工阶段的工程造价管理、建设项目竣工阶段的工程造价控制、BIM 技术与工程造价管理。

本书可作为高等职业院校工程管理、工程造价、建筑工程技术、房地产经营与管理等专业的教材或教学参考书,也可作为工程建设领域相关从业人员的培训和学习用书。

图书在版编目(CIP)数据

建筑工程造价管理 / 赵媛静主编. -- 重庆 : 重庆
大学出版社,2020.10(2023.2 重印)
ISBN 978-7-5689-2190-9

Ⅰ. ①建… Ⅱ. ①赵… Ⅲ. ①建筑造价管理—高等职
业教育—教材 Ⅳ. ①TU723.3

中国版本图书馆 CIP 数据核字(2020)第 135091 号

建筑工程造价管理

重庆工程职业技术学院土木工程学院 组编

主 编 赵媛静
副主编 李晋旭
主 审 李红立 尤小明

责任编辑:范春青 版式设计:范春青
责任校对:邹 忌 责任印制:赵 晟

*

重庆大学出版社出版发行
出版人:饶帮华
社址:重庆市沙坪坝区大学城西路 21 号
邮编:401331
电话:(023)88617190 88617185(中小学)
传真:(023)88617186 88617166
网址:http://www.cqup.com.cn
邮箱:fxk@ cqup.com.cn(营销中心)
全国新华书店经销
重庆华林天美印务有限公司印刷

*

开本:787mm×1092mm 1/16 印张:15.75 字数:395 千
2020 年 10 月第 1 版 2023 年 2 月第 2 次印刷
印数:2 001—5 000
ISBN 978-7-5689-2190-9 定价:44.00 元

前　言

　　现阶段,我国是世界上建设工程投资最大、项目最多的国家,建筑业是我国国民经济发展的支柱产业之一。近年来,工程造价领域改革的步伐不断加快,大量新法规、新规范陆续更新,这就要求工程造价管理领域相关从业人员必须熟悉相关新法规、新规范,掌握工程造价管理的实践技能,了解工程造价管理的先进理念,用最新的知识储备,从工程造价全过程管理的高度来管理和控制工程项目。

　　"建筑工程造价管理"是针对工程管理及工程造价等专业人才培养的需求所开设的一门专业必修课。本书立足于建设工程全过程的工程造价管理,结合住房和城乡建设部颁布的《建筑工程工程量清单计价规范》(GB 50500—2013),以及建筑安装工程费用构成和计算程序等最新文件,以造价从业人员应具备的知识和技能为主线,按照专业人才培养方案的基本要求,系统地阐述了工程造价的构成,以及在工程项目决策、设计、招投标、施工、竣工验收各阶段工程造价的确定与控制等相关内容。目的是使学生树立起工程造价全过程管理的观念,为学生提供相关岗位必备的专业知识,培养学生具备合理确定和有效控制工程造价的技能。

　　本书具有以下特色:

　　第一,本书用通俗简洁的语言表达工程造价管理的具体目标和实用方法,适应以学生为主体的教学规律,内容深入浅出,容易掌握。

　　第二,本书以工程造价全过程管理为主线,从参与工程建设各方的不同角度,有针对性地介绍工程建设全过程中各阶段造价管理的具体工作内容,力求既全面地反映工程造价管理的系统知识体系,又紧扣造价专业课程标准大纲要求。

　　第三,本书依据国家工程建设领域最新的法规和规范,结合工程造价管理实际工作经验以及教学和科研的新成果,力求反映实际工程造价管理的最新方法。

第四,本书作为工程造价专业的专业核心课程教材,注重工程造价管理课程与工程造价其他专业课程之间知识的关联性,其内容与工程计量计价、合同管理、招投标、施工管理等相关专业课程知识有机地结合在一起,力求更好地帮助学生梳理专业知识脉络,易于学生对其他专业核心课程的融会贯通。

第五,本书突出案例教学,以案例教学贯穿全书,相关案例分析力求详细分析每个案例的背景条件,强调知识点的理解,并给出相应的参考答案,引导学生巩固所学知识,掌握重点,突破难点,提高学生在工程实践中的应用能力。

第六,本书每章节后都附有思考与练习,题目的设置不仅考虑了培养学生勤学多思、独立解决问题的能力,还力求贴近造价从业人员资格考试的知识体系,为学生就业后进一步取得相关资格证书奠定了基础。

本书由赵媛静主编并统稿,由李晋旭担任副主编。编写分工如下:第1章、第3章、第4章、第5章、第6章由重庆工程职业技术学院赵媛静编写;第2章由重庆工程职业技术学院李晋旭编写;第7章由山西职业学院杜雷鸣编写;第8章由太原学院吴静编写。在本书编写过程中重庆工程职业技术学院李红立教授、尤小明教授审阅了全书,中铁十二局集团有限公司包烨明、唐伟在资源素材方面给予了大力支持和帮助,并提出了大量宝贵意见,在此一一表示感谢!本书所配套的微课资源由重庆工程职业技术学院刘霞、赵媛静编制。

在本书编写过程中,编者参考和引用了国内外大量文献资料,在此谨向原书作者表示衷心感谢!由于本书涉及的内容广泛,加之时间仓促,编者经验不足,书中难免有错漏之处,诚挚地希望读者提出宝贵意见,给予批评指正。

编　者

2020 年 5 月

目　录

第1章
工程造价管理基础知识

1.1　工程造价管理概述

1.1.1　工程造价

1)工程投资概述

（1）投资及其分类

●投资的含义

所谓的投资是指投资主体为了达到预期收益价值的垫付行为,一般有广义和狭义之分。

①广义的投资,是指投资主体将资源投放到某项目以达到预期效果的一系列经济行为。其资源可以是人力、资金、技术等,既可以是有形资产的投放,也可以是无形资产的投放。

②狭义的投资,是指投资主体在经济活动中为实现某种预定的生产、经营目标而预先垫付资金的经济行为。

●投资的分类

投资从不同角度有不同的分类,具体如图1.1所示。

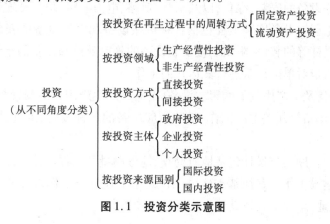

图1.1　投资分类示意图

在图 1.1 的分类中,由于固定资产投资额度大,管理复杂,在整个投资中处于主导地位,因此通常所说的投资主要是指固定资产投资。

(2)固定资产

● 固定资产的含义

固定资产是指在社会再生产过程中可供长时间反复使用(一年以上),单位价值在规定限额以上,并在使用过程中基本保持原有实物形态的劳动资料和其他物质资料,包括房屋及建筑物、构筑物、机器设备、车辆及工器具等。

确定固定资产的标准是使用时间和价值大小。使用时间超过一年的建筑物、构筑物、机器设备、运输车辆和其他工器具等应当作为固定资产;不属于生产经营主要设备的物品,单位价值在 2 000 元以上且使用年限在两年以上的各类资产也属于固定资产。不符合上述两个条件的劳动资料一般列为低值易耗品,低值易耗品和劳动对象统称为流动资产。

● 固定资产的特点

固定资产投资作为经济社会活动的重要内容,是国民经济和企业经营的重要组成部分,具有许多与一般生产、流通领域不同的特点,其特点总结如下:

①资金占用多,一次性投入的资金的额度大。

②建设和回收周期长;

③投资形成的产品具有固定性;

④投资的产品具有单件性;

⑤项目的管理比较复杂。

2)基本建设概述

(1)基本建设的含义

基本建设是利用国家预算内资金、自筹资金、国内外基本建设贷款以及其他专项资金进行的,以扩大生产能力或新增工程效益为主要目的新建、扩建、改建、恢复工程以及与之相关的活动均称为基本建设。

(2)基本建设的内容

基本建设包括以下 5 个方面内容:

①建筑工程。建筑工程是指永久性和临时性的建筑物、构筑物、设备基础的修建,照明、水卫、暖通、煤气等设备的安装,绿化,以及水利、道路、电力线路、防空设施等的建设。

②设备安装工程。设备安装工程包括各种机械设备和电气设备的安装,与设备相关联的工作台、梯子、栏杆等的装设,附属于被安装设备的管道敷设和设备的绝缘、保温、油漆等,以及为测定安装质量对单个设备进行试运转的工作。

③设备、工器具及生产用具的购置。设备、工器具及生产用具的购置是指车间、实验室、医院、学校、宾馆、车站等开展生产工作、学习所应配备的各种设备、工具、器具、家具及实验设备的购置。

④勘察与设计。勘察与设计包括地质勘查、地形测量及工程设计方面的工作。

⑤其他基本建设工作。其他基本建设工作是指上述各类工作以外的基本建设工作,如筹建机构、征用土地、培训工人及其他生产准备工作等。

3）建设项目概述

（1）建设项目的分类

建设项目可以从不同角度进行划分。

①按规模大小分类，建设项目可分为大型、中型和小型建设项目，或限额以上和限额以下建设项目。不同行业的划分标准不同。

②按建设性质分类，建设项目可分为新建项目、扩建项目、改建项目、恢复项目和迁建项目。

③按建设用途不同分类，建设项目可分为生产性建设项目和非生产性建设项目。

a.生产性建设项目，是指直接用于物质生产或为满足物质生产所需要的工程项目，包括工业建设项目、农业建设项目、基础设施建设项目、商业建设项目。

b.非生产性建设项目，一般是指用于满足人们物质生活、文化和福利需要的建设和非物质资料生产部门的建设项目。

④按行业性质和特点分类，建设项目可分为竞争性项目、基础性项目、公益性项目。

a.竞争性项目，是指投资效益比较高、竞争性比较强的一般性建设项目。

b.基础性项目，是指具有自然垄断性，建设周期长、投资额大而效益低的基础设施和需要政府重点扶持的一部分基础工业项目，以及直接增强国力的符合经济规模的支柱产业项目。

c.公益性项目，主要包括科技、文教、卫生、体育和环保等设施，公、检、法等政权机关以及政府机关和社会团体办公设施等。

（2）建设项目组成单元的划分

建设项目按基本建设管理和合理确定工程造价的需要分为五个单元层次：建设项目、单项工程、单位工程、分部工程、分项工程。建设项目划分示意图如图 1.2 所示。

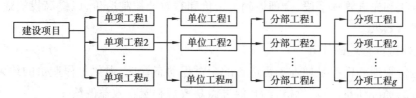

图 1.2　建设项目划分示意图

①建设项目。建设项目一般是指具有一个设计任务书，按一个总体设计组织施工，经济上独立核算，在建设和运营中具有独立法人负责的组织机构，建成后具有完整的系统，可以独立发挥生产能力和使用价值的建设工程，由一个或若干个单项工程组成，如一座工厂、一所学校、一条铁路、一座矿山等。

②单项工程。单项工程又称为工程项目，是建设项目的组成部分，是指具有独立设计文件，竣工后能独立发挥生产能力和使用效益的工程，如一所医院的门诊楼、办公楼、化验楼等，一个工厂中的各个车间、办公楼等。

③单位工程。单位工程是单项工程的组成部分，是指具有独立设计文件，可以独立施工，但建成后不能独立发挥生产能力和使用效益的工程，如一所医院门诊楼的土建工程、办公楼的电气工程、化验楼的暖通工程等，一个工厂中各个车间、办公楼的土建工程等。

④分部工程。分部工程是单位工程的组成部分,是指在一个单位工程中,按工程部位及使用的材料和工种进一步划分的工程,如土石方工程、屋面工程、楼地面工程等。

⑤分项工程。分项工程是分部工程的组成部分,是指在一个分部工程中,按不同的施工方法、不同的材料和规格,对分部工程进一步划分,直到可用较为简单的施工过程就能完成、以适当的计量单位就可以计算其工程量的基本单元,如人工挖土方、砌内墙、砌外墙、钢筋、模板等。

1.1.2 工程造价管理

1)工程造价管理的含义

工程造价管理是指综合运用管理学、经济学和工程技术等方面的知识与技能,对工程造价进行预测、计划、控制、核算等的过程。工程造价管理既涵盖了宏观层次的工程建设投资管理,也涵盖了微观层次的工程项目费用管理。

(1)工程造价的宏观管理

工程造价的宏观管理是指政府部门根据社会经济发展的实际需要,利用法律、经济和行政等手段,规范市场主体的价格行为,监控工程造价的系统活动。

(2)工程造价的微观管理

工程造价的微观管理是指工程参建主体根据工程有关计价依据和市场价格信息等,预测、计划、控制、核算工程造价的系统活动。

2)工程造价管理的目标、任务及基本内容

(1)工程造价管理的目标

工程造价管理的目标是按照经济规律的要求,根据社会主义市场经济的发展形势,利用科学管理方法和先进管理手段,合理地确定造价和有效地控制造价,以提高投资效益和建筑安装企业经营效果。

(2)工程造价管理的任务

工程造价管理的任务是加强工程造价的全过程动态管理,强化工程造价的约束机制,维护有关各方的经济利益,规范价格行为,促进微观效益和宏观效益的统一。

(3)工程造价管理的基本内容

工程造价管理的基本内容是合理地确定和有效地控制工程造价。

①工程造价的合理确定。所谓工程造价的合理确定,就是在建设程序的各个阶段,合理地确定投资估算、概算造价、预算造价、承包合同价、结算价、竣工决算价。

a. 在项目建议书阶段,按照有关规定编制的初步投资估算,经有关部门批准,作为拟建项目列入国家中长期计划和开展前期工作的控制造价。

b. 在项目可行性研究阶段,按照有关规定编制的投资估算,经有关部门批准,作为该项目的控制造价。

c. 在初步设计阶段,按照有关规定编制的初步设计总概算,经有关部门批准,作为拟建项目工程造价的最高限额。

d. 在施工图设计阶段,按照规定编制施工图预算,用以核实施工图阶段预算造价是否超

过批准的初步设计概算。

e. 对以施工图预算为基础实施招标的工程,承包合同价是以经济合同形式确定的建筑安装工程造价。

f. 在工程实施阶段,按照承包方实际完成的工程量,以合同价为基础,同时考虑因物价变动所引起的造价变更,以及设计中难以预计的而在实施阶段实际发生的工程和费用,合理确定结算价。

g. 在竣工验收阶段,全面汇集在工程建设过程中实际花费的全部费用,编制竣工决算,如实体现建设工程的实际造价。

②工程造价的有效控制。所谓工程造价的有效控制,就是在优化建设方案、设计方案的基础上,在建设程序的各个阶段,采用一定的方法和措施将工程造价的发生控制在合理的范围和核定的造价限额以内。具体来说,要用投资估算价控制设计方案的选择和初步设计概算造价,用概算造价控制技术设计和修正概算造价,用概算造价或修正概算造价控制施工图设计和预算造价,以求合理地使用人力、物力和财力,取得较好的投资效益。

有效地控制工程造价应体现以下三项原则:

a. 以设计阶段为重点的建设全过程造价控制。工程造价控制贯穿于项目建设全过程的同时,应注重工程设计阶段的造价控制。工程造价控制的关键在于前期决策和设计阶段,而在项目投资决策完成后,控制工程造价的关键就在于设计。建设工程全寿命期费用包括工程造价和工程交付使用后的经常开支费用(含经营费用、日常维护修理费用、使用期内大修理和局部更新费用)以及该项目使用期满后的报废拆除费用等。

长期以来,我国往往把控制工程造价的主要精力放在施工阶段——审核施工图预算、结算建筑安装工程价款,对工程项目策划决策阶段的造价控制重视不够。要有效地控制建设工程造价,就应将工程造价管理的重点转到工程项目策划决策阶段。

b. 实施主动控制。长期以来,人们一直把控制理解为目标值与实际值的比较,以及当实际值偏离目标值时,分析其产生偏差的原因,并确定下一步的对策。在工程建设全过程中进行这样的工程造价控制当然是有意义的。但问题在于,这种立足于调查—分析—决策基础之上的偏离—纠偏—再偏离—再纠偏的控制是一种被动控制,这样做只能发现偏离,不能预防可能发生的偏离。为了尽可能地减少以至避免目标值与实际值的偏离,还必须立足于事先主动地采取控制措施,实施主动控制。也就是说,工程造价控制不仅要反映投资决策,反映设计、发包和施工,被动地控制工程造价;更要能动地影响投资决策,影响工程设计、发包和施工,主动地控制工程造价。

c. 技术与经济相结合是控制工程造价最有效的手段。要有效地控制工程造价,应从组织、技术、经济等多方面采取措施。从组织上采取的措施,包括明确项目组织结构,明确造价控制者及其任务,明确管理职能分工;从技术上采取措施,包括重视设计多方案选择,严格审查监督初步设计、技术设计、施工图设计、施工组织设计,深入技术领域研究节约投资的可能性;从经济上采取措施,包括动态地比较造价的计划值和实际值,严格审核各项费用支出,采取对节约投资的有力奖励措施等。

1.2 我国现行建设工程造价管理制度

1.2.1 相关政策法律体系

建设工程造价管理领域,有一系列法律法规、政策性文件。为体现全国范围的实用性,本节对于法律法规体系的研究,从法律、行政法规、部门规章三个层面进行分析,不涉及地方性规章。政策、法规体系各要素之间的关系及其对造价管理活动的调整作用如图1.3表示。

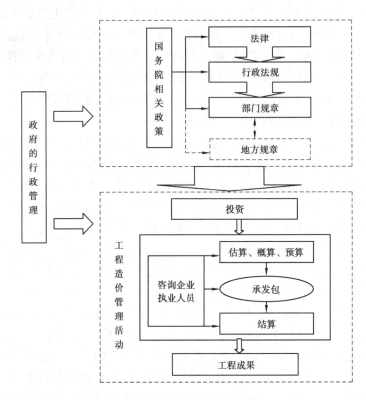

图1.3 工程造价管理相关政策法律体系

1)相关法律

我国现行的法律中,工程造价管理的主要依据有《中华人民共和国建筑法》(以下简称《建筑法》)、《中华人民共和国招标投标法》(以下简称《招标投标法》)、《中华人民共和国民法典》(以下简称《民法典》)和《中华人民共和国价格法》(以下简称《价格法》)。

《建筑法》分总则、建筑许可、建筑工程发包与承包、建筑工程监理、建筑安全生产管理、建筑工程质量管理、法律责任、附则共8章85条,自1998年3月1日起施行。建筑活动的范围涉及各类房屋建筑及其附属设施的建造和与其配套的线路、管道、设备的安装活动。其中承发包价格和工程款的支付是工程造价管理的重要部分。《建筑法》第十八条规定:"建筑工程造价应当按照国家有关规定,由发包单位与承包单位在合同中约定。公开招标发包的,其造价的约定,须遵守招标投标法律的规定。发包单位应当按照合同规定支付工程价款。"

这为工程造价管理中的承发包价格和工程款支付的管理提供了基本依据;对于工程造价管理的参与主体,《建筑法》分别从建筑工程发包、承包、监理等方面作了重要规定。严格发包过程中的招标投标以及合同管理,明确承包商的资质要求与分包行为要求,并提出大力推行建设工程监理制度,引入建设工程活动的第三方约束。在过程管理方面,《建筑法》主要对施工许可、勘察设计、施工合同以及保修阶段的几个重要部分提高要求、明确责任。在要素管理方面,《建筑法》注重建设工程质量管理、安全生产管理,保证建设工程实施的控制效果。另外,《建筑法》中关于法律责任的条款,为从事工程建设的参与各方明确了责任边界,并为工程建设过程管理提供了依据。

《招标投标法》规范了建设工程招投标过程中各环节的主要活动,对工程造价有着直接和间接的影响。在投标阶段,第三十三条规定"投标人不得以低于成本的报价竞标",旨在维护招投标市场的健康发展;第九条规定"招标人应当有进行招标项目的相应资金或者资金来源已经落实",是为了防止承包商之间的恶意竞标,以及招标方要求承包方垫资承包等有碍公平竞争的现象。在评标阶段,第三十七条规定"评标委员会由招标人的代表和有关技术、经济等方面的专家组成,成员人数为五人以上单数,其中技术、经济等方面的专家不得少于成员总数的三分之二",以提高招投标项目技术上的可行性与经济上的合理性,确保项目的投资效益。在保证招标投标价格合理确定、促进有效市场竞争性方面,第四十三条规定"在确定中标人前,招标人不得与投标人就投标价格、投标方案等实质性内容进行谈判"。在合理选择中标人方面,第四十一条规定"中标人应当能够最大限度地满足招标文件中规定的各项综合评价标准,或能够满足招标文件的实质性要求,并且经评审的投标价格最低;但是投标价格低于成本的除外"。《招标投标法》明确了招投标双方的权利和义务,提供了招标投标活动的操作原则。对于保证招标投标活动的公平合理、有效竞争,以及工程造价的合理确定、有效控制等方面都具有重要意义。

《民法典》中第三编合同的法律条款,内容主要有合同的订立、合同的效力、合同的履行、合同的变更和转让、合同的权利义务终止、违约责任等。建设工程承发包活动作为一种民事契约行为,应当严格遵照《民法典》的有关规定。《民法典》中规定,合同的内容应当包括标的、数量、质量、价款或者报酬、履行期限、履行地点和方式、违约责任等。建设工程造价管理活动中,通过合同实现的承发包最终价格是业主方、承包方以及监理方进行造价管理的主要依据,也是建设工程造价管理运行机制的节点。《民法典》从法律的角度将各方的造价管理结合在一起形成一个兼顾各方利益的运行机制,对于合同管理过程中的常规问题都有明确规定。《建设工程施工合同》是承包人进行工程建设,发包人支付价款的合同,也是建设工程管理使用最多的合同。工程建设过程中涉及的其他主要合同,如设备材料的买卖合同、建设工程监理合同、货物运输合同、工程建设资金借款合同、机械设备租赁合同也应当遵守《民法典》的规定。《民法典》规范了合同的管理工作,强化了合同的法律效力,为合同的管理提供了基本依据。

《价格法》的内容包括经营者的价格行为、政府的定价行为、价格总水平调控、价格监督检查等。建设工程造价的确定要依据市场的价格体系,应当遵从《价格法》的规定。

《价格法》第二条规定"本法所称价格包括商品价格和服务价格。商品价格是指各类有形产品和无形资产的价格。服务价格是指各类有偿服务的收费"。

《价格法》第八条规定"经营者定价的基本依据是生产经营成本和市场供求状况"。

《价格法》第九条规定"经营者应当努力改进生产经营管理,降低生产经营成本,为消费者提供价格合理的商品和服务,并在市场竞争中获取合法利润"。

由此可见,《价格法》指明了建设工程造价的形成应当以建设生产经营成本为依据,还要结合建筑市场供求状况,并加上合理的竞争利润。因此,工程商品的价格、咨询服务的费用、建设承发包的定价、委托监理的合同价均应以此法为依据。

2)相关行政法规

我国现行的行政法规中,与工程造价管理相关的主要有《建设工程质量管理条例》《建设工程勘察设计管理条例》等。

《建设工程质量管理条例》的内容主要包括建设单位、勘察设计单位、施工单位和工程监理单位的质量责任和义务,以及建设工程质量保修、监督管理、罚则等。《建设工程质量管理条例》从建设工程质量角度出发,在保证工程质量的前提下,提出了对于工程造价控制的要求,从而调整了建设工程质量管理与工程造价管理的关系。《建设工程质量管理条例》明确了参建各方对于工程质量管理的责任和义务,并对工程质量强制性标准作出了明确规定,对保证工程质量、控制工程质量成本、提高投资效益具有重要的意义。

《建设工程勘察设计管理条例》主要包括勘察设计单位的资质、资格管理、建设工程勘察设计发包与承包、建设工程勘察设计文件的编制与实施、监督管理等内容。工程勘察设计阶段的花费较小,但是勘察设计的结果对工程造价的影响巨大。《建设工程勘察设计管理条例》第三条规定"建设工程勘察、设计应当与社会、经济发展水平相适应,做到经济效益、社会效益和环境效益相统一",阐明了工程勘察设计的目的不单是满足使用要求,还应注重经济效益,进而需加强工程勘察设计阶段的造价管理工作。勘察设计阶段形成的工作成果将作为工程造价管理的重要依据,严格遵循《建设工程勘察设计管理条例》,能够提高勘察设计工作质量,有利于工程造价的事前管理。

3)相关部门规章

建设领域部门规章由国务院各部委根据法律、行政法规发布,其中综合性规章主要由住房和城乡建设部或联合其他部委共同发布。其他部委主要颁布与本部门管辖范围内的专业工程相关的规定。部门规章对全国有关行政管理部门具有约束力,但效力低于行政法规。国家对建设工程造价管理的一个重要方面是通过各部委制定规章,约束、指导建设工程参建各方对造价进行有效管理。这些规章经过不断完善,已形成体系,并渗透在整个建设过程当中。

1.2.2　计价模式和计价依据

计价模式是指根据计价依据计算工程造价的程序和方法,具体包括工程造价的构成、计价的程序、计价的方式以及最终价格的确定等。计价模式对工程造价起着十分重要的作用。首先,工程计价模式是工程造价管理的基本内容之一,是国家进行工程造价管理的手段;其次,由于建筑产品具有单件性、固定性和建造周期长等特点,必须根据计算工程造价的基础资料,借助于一种特殊的计价程序,并依据它们各自的功能与特定条件进行单独计价,计价模式对于工程造价的管理起到十分重要的作用。

计价依据是指用以计算工程造价的基础资料的总称,它具有一定的权威性和较强的指导性。计价依据必须满足的特点:准确可靠,符合实际;可信度高,有权威性;数据化表达,便于计算;定性描述清晰,便于正确利用。计价模式和计价依据是政府管理工程造价的介质,是业主方、承包方、咨询单位进行具体工程管理的规范依据,是工程造价管理市场发展的决定因素,属于工程造价管理制度的范畴。

工程量清单计价模式,是指建设工程招投标中,按照国家统一的工程量清单计价规范,招标人或委托具有相应资质的中介机构编制反映工程实体消耗和措施消耗的工程量清单,并作为招标文件的一部分提供给投标人,由投标人依据工程量清单,根据各种渠道所获得的工程造价信息和经验数据,结合企业定额自主报价的计价模式。此种计价模式是国际上工程建设招标投标活动的通行做法,它反映的是工程的个别成本,而不是社会平均成本。工程量清单将实体消耗量费用和措施费分离,使施工企业在投标中技术水平的竞争能够分别表现出来,可以充分发挥施工企业自主定价的能动性。另外,由于工程量清单由业主方提供,工程量发生变化带来的损失由业主承担,而综合单价发生变化造成的损失由承包方承担。这就形成了明确的风险分担机制,即业主承担工程量变化的风险,而承包方承担价格变化风险的风险分担机制。

工程量清单模式下的工程造价,应包括按招标文件规定,完成工程量清单所列项目的全部费用,并以分部分项工程费、措施项目费、其他项目费、规费和税金设置。一般情况下,实行工程量清单模式的建设工程,首先由招标人或招标代理单位依据招标文件、施工图纸、技术资料,核算出工程量,提供工程量清单,列入招标文件中;其次,参加投标的单位以自身企业人员素质、机械设备情况、企业管理水平等技术资源为依据制订综合单价;再次,用清单项目的实物工程量乘以综合单价,再加上措施项目和其他项目费,确定出清单项目费用总和;最后,在考虑行政事业性收费和税金等因素的基础上进行投标报价。因此,工程量清单计价模式一般分为两个程序,即工程量清单编制和工程量清单计价。

1)工程量清单编制

工程量清单是表现拟建工程的分部分项工程项目、措施项目、其他项目名称和相应数量的明细清单,由招标人按照《建设工程工程量清单计价规范》附录中规定的统一项目编码、项目名称、计量单位和工程量计算规则,结合施工图纸、施工现场情况和招投标文件中的有关要求进行编制。内容包括分部分项工程清单、措施项目清单和其他项目清单。工程量清单是由招标方提供的一种技术文件,是招标文件的组成部分,一经中标签订合同,即成为合同的组成部分。工程量清单的描述对象是拟建工程,其内容涉及清单项目的做法特征和数量等,并以表格为主要表现形式。对于工程数量,除另有说明外,所有清单项目的工程量应以拟建工程的实体工程量为准,并以完成的净值计算。

2)工程量清单计价

工程量清单计价包括编制招标标底、投标报价、合同价款的确定和办理工程结算等。对于实行招标投标并设标底的建设工程,招标标底应当严格按照有关规定进行编制,以清单提供的工程数量,按市场价格计价。投标报价是投标人在对招标文件进行深入的分析、审核的基础上,按照工程量清单提供的项目采用综合单价进行套用并汇总计算得出的。合同价一般应以中标价确定,施工过程中如有变动,应当由承包人提出,经发包人确认后作为合同变更和办理结算的依据。计价过程如图1.4所示。

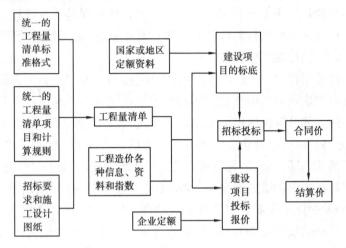

图1.4　工程量清单模式下的计价过程

1.3　我国工程造价管理的组织系统

1.3.1　基本内涵

工程造价管理的组织,是指为了实现工程造价管理目标而进行的有效组织活动,以及与造价管理功能相关的有机群体。它是工程造价动态的组织活动过程和相对静态的造价管理部门的统一。

1.3.2　我国工程造价管理组织系统

为了实现工程造价管理目标并开展有效的组织活动,我国设置了多部门、多层次的工程造价管理机构,并规定了各自的管理权限和职责范围。

工程造价管理组织有以下三个系统:

1)政府行政管理系统

政府在工程造价管理中既是宏观管理主体,也是政府投资项目的微观管理主体。从宏观管理的角度,政府对工程造价管理有一个严密的组织系统,设置了多层管理机构,规定了管理权限和职责范围。

(1)国务院建设主管部门的造价管理机构

其主要职责如下:

①组织制定工程造价管理有关法规、制度,并组织贯彻实施。

②组织制定全国统一经济定额和制定、修订本部门经济定额。

③监督指导全国统一经济定额和本部门经济定额的实施。

④制定和负责全国工程造价咨询企业的资质标准及其资质管理工作。

⑤制定全国工程造价管理专业人员执业资格准入标准,并监督执行。

（2）国务院其他部门的工程造价管理机构

这些管理机构包括水利、水电、电力、石油、石化、机械、冶金、铁路、煤炭、建材、林业、有色、核工业、公路等行业和军队的造价管理机构。其主要职责是修订、编制和解释相应的工程建设标准定额,有的还担负本行业大型或重点建设项目的概算审批、概算调整等职责。

（3）省、自治区、直辖市工程造价管理部门

其主要职责是修编、解释当地定额、收费标准和计价制度等;此外,还有审核国家投资工程的标底、结算,处理合同纠纷等职责。

2）企事业单位管理系统

企事业单位对工程造价的管理,属于微观管理的范畴。设计单位、工程造价咨询企业等按照业主或委托方的意图,在可行性研究和规划设计阶段合理确定和有效控制建设工程造价,通过限额设计等手段实现设定的造价管理目标;在招投标工作中编制招标文件、标底,参加评标、合同谈判等工作;在项目实施阶段,通过工程计量与支付、工程变更与索赔管理等控制工程造价。设计单位、工程造价咨询机构通过在全过程造价管理中的业绩,赢得信誉,提高市场竞争力。

工程承包企业的造价管理是企业自身管理的重要内容。工程承包企业设有自己专门的职能机构参与企业的投标决策,并通过对市场的调查研究,利用过去积累的经验,研究报价策略,提出报价;在施工过程中,进行工程造价的动态管理,注意各种调价因素的发生和工程价款的结算,避免收益流失,以促进企业盈利目标的实现。

3）行业协会管理系统

全国各省、自治区、直辖市及一些大中城市,先后成立了工程造价管理协会,对工程造价咨询工作和造价工程师实行行业管理。中国建设工程造价管理协会的业务范围包括:

①研究工程造价管理体制改革、行业发展、行业政策、市场准入制度及行为规范等理论与实践问题。

②探讨提高政府和业主项目投资效益,科学预测和控制工程造价,促进现代化管理技术在工程造价咨询行业的运用,向国务院建设行政主管部门提出建议。

③接受国务院建设行政主管部门委托,承担工程造价咨询行业和造价工程师执业资格及职业教育等具体工作,研究提出与工程造价有关的规章制度及工程造价咨询行业的资质标准、合同范本、职业道德规范等行业标准,并推动实施。

④对外代表我国造价工程师组织和工程造价咨询行业与国际组织及各国同行组织建立联系与交流,签订有关协议,为会员开展国际交流与合作等对外业务服务。

⑤建立工程造价信息服务系统,编辑、出版有关工程造价方面的刊物和参考资料,组织交流和推广工程造价咨询先进经验,举办有关职业培训和国际工程造价咨询业务研讨活动。

⑥在国内外工程造价咨询活动中,维护和增进会员的合法权益,协调解决会员和行业间的有关问题,受理关于工程造价咨询执业违规的投诉,配合国务院建设行政主管部门进行处理,并向政府部门和有关方面反映会员单位和工程造价咨询人员的建议和意见。

⑦指导各专业委员会和地方造价管理协会的业务工作。

⑧组织完成政府有关部门和社会各界委托的其他业务。

1.4　我国工程造价人员从业制度

为了加强工程造价专业技术人员的执业准入控制和管理,适应建筑业走向国际市场,确保建设工程造价管理工作质量,国家在工程造价领域实施造价工程师执业资格制度。造价工程师,是指通过全国统一考试取得中华人民共和国造价工程师职业资格证书,并经注册后从事建设工程造价工作的专业人员。国家对造价工程师实行准入类职业资格制度,纳入国家职业资格目录。凡从事工程建设活动的建设、设计、施工、造价咨询等单位,必须在建设工程造价工作岗位配备造价工程师。造价工程师分为一级造价工程师和二级造价工程师。二级造价工程师为原全国造价员取消后新增的职业资格考试。按照《住房城乡建设部办公厅关于贯彻落实国务院取消相关职业资格决定的通知》(建办人〔2016〕7号)要求,各省、自治区、直辖市造价管理协会及中国建设工程造价管理协会各专业委员会应停止开展与造价员资格相关的评价、认定、发证等工作,也不得以造价员资格名义开展培训活动;同时应协助各级建设行政主管部门做好造价员参加二级造价工程师考试的衔接工作。从事工程建设造价管理工作的人员必须是既懂工程技术又懂经济、管理和法律,并具有实践经验和良好职业道德素质的复合型人才。

1.4.1　造价工程师的职业道德

为了规范造价工程师的职业道德行为,提高行业信誉,中国建设工程造价管理协会在2002年正式颁布了关于《造价工程师职业道德行为准则》,其中制定了九条有关造价工程师职业道德的要求:

①遵守国家法律、法规和政策,执行行业自律性规定,珍惜职业声誉,自觉维护国家和社会公共利益。

②遵守“诚信、公正、精业、进取”的原则,以高质量的服务和优秀的业绩,赢得社会和客户对造价工程师职业的尊重。

③勤奋工作,独立、客观、公正、正确地出具工程造价成果文件,使客户满意。

④诚实守信,尽职尽责,不得有欺诈、伪造、作假等行为。

⑤尊重同行,公平竞争,搞好同行之间的关系,不得采取不正当的手段损害、侵犯同行的权益。

⑥廉洁自律,不得索取、收受委托合同约定以外的礼金和其他财物,不得利用职务之便谋取其他不正当的利益。

⑦造价工程师与委托方有利害关系的应当回避,委托方有权要求其回避。

⑧知悉客户的技术和商务秘密,负有保密义务。

⑨接受国家和行业自律组织对其职业道德行为的监督检查。

1.4.2　造价工程师的权利和义务

1）注册造价工程师的权利

①使用注册造价工程师名称；

②依法独立执行工程造价业务；

③在本人执业活动中形成的工程造价成果文件上签字并加盖执业印章；

④发起设立工程造价咨询企业；

⑤保管和使用本人的注册证书和执业印章；

⑥参加继续教育。

2）注册造价工程师的义务

①遵守法律、法规和有关管理规定,恪守职业道德；

②保证执业活动成果的质量；

③接受继续教育,提高执业水平；

④执行工程造价计价标准和计价方法；

⑤与当事人有利害关系的,应当主动回避；

⑥保守在执业中知悉的国家秘密和他人的商业、技术秘密。

注册造价工程师应当在本人承担的工程造价成果文件上签字并盖章。修改经注册造价工程师签字盖章的工程造价成果文件,应当由签字盖章的注册造价工程师本人进行。注册造价工程师本人因特殊情况不能进行修改的,应当由其他注册造价工程师修改,并签字盖章。修改工程造价成果文件的注册造价工程师对修改部分承担相应的法律责任。

1.4.3　造价工程师执业资格考试报考条件

1）一级造价工程师执业资格考试报考条件

根据原人事部、建设部《关于实施造价工程师执业资格考试有关问题的通知》(人发〔1998〕8 号)、《关于印发〈造价工程师执业资格制度暂行规定〉的通知》(人发〔1996〕77 号)文件精神,从 1997 年起,在全国范围内实行造价工程师执业资格考试制度,造价工程师执业资格考试实行全国统一大纲、统一命题、统一组织、统一证书。

①凡中华人民共和国公民,遵纪守法并具备以下条件之一者,均可申请参加造价工程师执业资格考试：

a.工程造价专业大专毕业后,从事工程造价业务工作满 5 年；工程或工程经济类大专毕业后,从事工程造价业务工作满 6 年。

b.工程造价专业本科毕业后,从事工程造价业务工作满 4 年；工程或工程经济类本科毕业后,从事工程造价业务工作满 5 年。

c.获上述专业第二学士学位或研究生班毕业和获硕士学位后,从事工程造价业务工作满 3 年。

d.获上述专业博士学位后,从事工程造价业务工作满 2 年。

②凡符合造价工程师执业资格考试报考条件,且在《造价工程师执业资格制度暂行规

定》下发之日(1996年8月26日)前,已受聘担任高级专业技术职务并具备下列条件之一者,可免试《工程造价管理基础理论与相关法规》和《建设工程技术与计量》两个科目,只参加《工程造价计价与控制》和《工程造价案例分析》两个科目的考试。

a.1970年(含1970年,下同)以前工程或工程经济类本科毕业,从事工程造价业务满15年。

b.1970年以前工程或工程经济类大专毕业,从事工程造价业务满20年。

c.1970年以前工程或工程经济类中专毕业,从事工程造价业务满25年。

上述报考条件中有关学历的要求是指经国家教育行政主管部门承认的正规学历,从事相关工作年限要求是指取得规定学历前、后从事该相关工作时间的总和,其截止日期为当年年底。

③根据原人事部《关于做好香港、澳门居民参加内地统一举行的专业技术人员资格考试有关问题的通知》(国人部发〔2005〕9号)文件精神,自2005年度起,凡符合造价工程师执业资格考试有关规定的香港、澳门居民,均可按照规定的程序和要求,报名参加相应专业考试。

香港、澳门居民申请参加造价工程师执业资格考试,在报名时应向报名点提交本人身份证明、国务院教育行政部门认可的相应专业学历或学位证书,以及相应专业机构从事相关专业工作年限的证明。

2)二级造价工程师执业资格考试报考条件

根据住房和城乡建设部《造价工程师职业资格制度规定》第二章的要求,二级造价工程师职业资格考试报名条件如下:

凡遵守中华人民共和国宪法、法律法规,具有良好的业务素质和道德品行,具备下列条件之一者,可以申请二级造价工程师职业资格考试:

①具有工程造价专业大学专科(或高等职业教育)学历,从事工程造价业务工作满2年;具有土木建筑、水利、装备制造、交通运输、电子信息、财经商贸大类大学专科(或高等职业教育)学历,从事工程造价业务工作满3年。

②具有工程管理、工程造价专业大学本科及以上学历或学位,从事工程造价业务工作满1年;具有工学、管理学、经济学门类大学本科及以上学历或学位,从事工程造价业务工作满2年。

③具有其他专业相应学历或学位的人员,从事工程造价业务工作年限相应增加1年。

具有以下条件之一的,参加二级造价工程师考试可免考基础科目:

①已取得全国建设工程造价员资格证书;

②已取得公路工程造价人员资格证书(乙级);

③具有经专业教育评估(认证)的工程管理、工程造价专业学士学位的大学本科毕业生。

1.4.4　造价工程师的注册

1)注册管理部门

国务院建设主管部门作为造价工程师注册机关,负责全国注册造价工程师的注册,对执业活动实施统一的监督管理工作。各省、自治区、直辖市人民政府建设主管部门作为本行政区域内注册造价工程师的省级注册、执业活动初审机关,对其行政区域内注册造价工程师的注册、执业活动实施监督管理。国务院铁路、交通、水利、信息产业等有关专业部门作为注册造价工程师的注册初审机关,负责对有关专业注册造价工程师的注册、执业活动实施监督管理。

2) 注册条件与注册程序

(1)注册条件

①取得造价工程师执业资格;

②受聘于一个工程造价咨询企业或者工程建设领域的建设、勘察设计、施工、招标代理、工程监理、工程造价管理等单位;

③没有不予注册的情形。

(2)注册程序

取得造价工程师执业资格证书的人员申请注册的,应当向聘用单位工商注册所在地的省级注册初审机关或者部门注册初审机关提出注册申请。

申请初始注册的,注册初审机关应当自受理申请之日起 20 日内审查完毕,并将申请材料和初审意见报注册机关。注册机关应当自受理之日起 20 日内作出决定。

申请变更注册的、延续注册的,注册初审机关应当自受理申请之日起 5 日内审查完毕,并将申请材料和初审意见报注册机关。注册机关应当自受理之日起 10 日内作出决定。

(3)初始注册

取得造价工程师执业资格证书的人员,可自资格证书签发之日起 1 年内申请初始注册。逾期未申请者,须符合继续教育的要求后方可申请初始注册。初始注册的有效期为 4 年。

申请初始注册的,应当提交下列材料:

①初始注册申请表;

②执业资格证书和身份证件复印件;

③与聘用单位签订的劳动合同复印件;

④工程造价岗位工作证明;

⑤取得造价工程师执业资格证书的人员,自资格证书签发之日起 1 年后申请初始注册的,应当提供继续教育合格证明;

⑥受聘于具有工程造价咨询企业资质的中介机构的,应当提供聘用单位为其交纳的社会基本养老保险凭证、人事代理合同复印件,或者劳动、人事部门颁发的离退休证复印件;

⑦外国人、台港澳人员应提供外国人就业许可证书、台港澳人员就业证书复印件。

(4)延续注册

注册造价工程师注册有效期满需继续执业的,应当在注册有效期满 30 日前,按照规定的程序申请延续注册。延续注册的有效期为 4 年。

申请延续注册的,应当提交下列材料:

①延续注册申请表;

②造价工程师注册证书;

③与聘用单位签订的劳动合同复印件;

④前一个注册期内的工作业绩证明;

⑤继续教育合格证明。

（5）变更注册

在注册有效期内，注册造价工程师变更执业单位的，应当与原聘用单位解除劳动合同，并按照规定的程序办理变更注册手续。变更注册后延续原注册有效期。

申请变更注册的，应当提交下列材料：

①变更注册申请表；

②造价工程师注册证书；

③与新聘用单位签订的劳动合同复印件；

④与原聘用单位解除劳动合同的证明文件；

⑤受聘于具有工程造价咨询企业资质的中介机构的，应当提供聘用单位为其交纳的社会基本养老保险凭证、人事代理合同复印件，或者劳动、人事部门颁发的离退休证复印件；

⑥外国人、台港澳人员应当提供外国人就业许可证书、台港澳人员就业证书复印件。

（6）注册证书和执业印章

注册证书和执业印章是注册造价工程师的执业凭证，应当由注册造价工程师本人保管、使用。造价工程师注册证书和执业印章由注册机关核发。注册造价工程师遗失注册证书、执业印章，应当在公众媒体上声明作废后，按照规定的程序申请补发。

（7）不予注册的情形

有下列情形之一的，不予注册：

①不具有完全民事行为能力的；

②申请在两个或者两个以上单位注册的；

③未达到造价工程师继续教育合格标准的；

④前一个注册期内造价工作业绩达不到规定标准或未办理暂停执业手续而脱离工程造价业务岗位的；

⑤受刑事处罚，刑事处罚尚未执行完毕的；

⑥因工程造价业务活动受刑事处罚，自刑事处罚执行完毕之日起至申请注册之日止不满5年的；

⑦因前项规定以外原因受刑事处罚，自处罚决定之日起至申请注册之日止不满3年的；

⑧被吊销注册证书，自被处罚决定之日起至申请之日止不满3年的；

⑨以欺骗、贿赂等不正当手段获准注册被撤销，自被撤销注册之日起至申请注册之日止不满3年的；

⑩法律、法规规定不予注册的其他情形。

（8）注册证书失效、撤销注册及注销注册

①注册证书失效。注册造价工程师有下列情形之一的，其注册证书失效：

a.已与聘用单位解除劳动合同且未被其他单位聘用的；

b.注册有效期满且未延续注册的；

c.死亡或者不具有完全民事行为能力的；

d.其他导致注册失效的情形。

②撤销注册。有下列情形之一的，注册机关或其上级行政机关依据职权或者根据利害

关系人的请求,可以撤销注册造价工程师的注册:

　　a.行政机关工作人员滥用职权、玩忽职守准予注册许可的;

　　b.超越法定职权准予注册许可的;

　　c.违反法定程序准予注册许可的;

　　d.对不具备注册条件的申请人准予注册许可的;

　　e.依法可以撤销注册的其他情形。

　　申请人以欺骗、贿赂等不正当手段获准注册的,应当予以撤销。

　　③注销注册。有下列情形之一的,由注册机关办理注销注册手续,收回注册证书和执业印章或者公告其注册证书和执业印章作废:

　　a.有注册证书失效情形发生的;

　　b.依法被撤销注册的;

　　c.依法被吊销注册证书的;

　　d.受到刑事处罚的;

　　e.法律、法规规定应当注销注册的其他情形。

　　注册造价工程师有上述情形之一的,注册造价工程师本人和聘用单位应当及时向注册机关提出注销注册的申请;有关单位和个人有权向注册机关举报;县级以上地方人民政府建设主管部门或者其他有关部门应当及时告知注册机关。

　　(9)重新注册

　　被注销注册或者不予注册者,在具备注册条件后重新申请注册的,按照规定的程序办理。

　　(10)暂停执业

　　在注册有效期内,注册造价工程师因特殊原因需要暂停执业的,应当到注册初审机构办理暂停执业手续,并交回注册证书和执业印章。

　　(11)信用制度

　　注册造价工程师及其聘用单位,应当按照规定向注册机关提供真实、准确、完整的注册造价工程师信用档案信息。注册造价工程师信用档案应当包括造价工程师的基本情况、业绩、良好行为、不良行为等内容。违法违规行为、被投诉举报处理、行政处罚等情况应当作为造价工程师的不良行为记入其信用档案。注册造价工程师信用档案信息应按规定向社会公示。

1.4.5　注册造价工程师的执业和继续教育

1)执业

注册造价工程师的业务范围包括:

　　①建设项目建议书、可行性研究投资估算的编制和审核,项目经济评价,工程概算、预算、结算,竣工结(决)算的编制和审核;

　　②工程量清单、标底(或者控制价)、投标报价的编制和审核,工程合同价款的签订及变更、调整,工程款支付与工程索赔费用的计算;

③建设项目管理过程中设计方案的优化、限额设计等工程造价分析与控制,工程保险理赔的核查;

④工程经济纠纷的鉴定。

2)继续教育

注册造价工程师在每一注册期内应当达到注册机关规定的继续教育要求。注册造价工程师继续教育分为必修课和选修课,每一注册有效期内各为 60 学时。继续教育达到合格标准的,颁发继续教育合格证明。注册造价工程师继续教育由中国建设工程造价管理协会负责组织。

(1)继续教育的内容

根据中国建设工程造价管理协会 2007 年修订的《注册造价工程师继续教育实施暂行办法》,注册造价工程师继续教育学习内容主要是:与工程造价有关的方针政策、法律法规和标准规范,工程造价管理的新理论、新方法、新技术等。

(2)继续教育的形式

①参加中价协或各省级和部门管理机构组织的注册造价工程师网络继续教育学习和集中面授培训;

②参加中价协或各省级和部门管理机构举办的各种类型的注册造价工程师培训班、研讨会;

③中价协认可的其他形式。

(3)继续教育培训学时计算方法

①参加中价协或各省级和部门管理机构组织的注册造价工程师网络继续教育学习,按在线学习课件记录的时间计算学时;

②参加中价协或各省级和部门管理机构组织的注册造价工程师集中面授培训及各种类型的培训班、研讨会等,每半天可认定 4 个学时;

③其他由中价协认定的学时。

1.5　我国工程造价咨询管理制度

工程造价咨询是指面向社会接受委托,承担建设项目的可行性研究投资估算,项目经济评价,工程概算、预算、工程结算、竣工结算、工程招标标底的编制,投标报价的编制和审核,对工程造价进行监控以及提供有关工程造价信息资料等业务工作。

工程造价咨询单位必须是取得工程造价咨询单位资质证书、具有独立法人资格的企业。工程造价咨询单位的资质是指从事工程造价咨询工作应具备的技术力量、专业技能、人员素质、技术装备、服务业绩、社会信誉、组织机构和注册资金等。

全国工程造价咨询单位的资质管理工作由住建部归口管理。省、自治区、直辖市建设行政主管部门负责本行政区的工程造价咨询单位的资质管理工作,国务院有关部门负责本部门所属的工程造价咨询单位的资质管理工作。

1.5.1　工程造价咨询企业的资质等级划分

工程造价咨询企业资质等级分为甲级、乙级两类。

1）甲级工程造价咨询企业资质标准

①已取得乙级工程造价咨询企业资质证书满 3 年；

②企业出资人中，注册造价工程师人数不低于出资人总人数的 60%，且其出资额不低于企业注册资本总额的 60%；

③技术负责人已取得造价工程师注册证书，并具有工程或工程经济类高级专业技术职称，且从事工程造价专业工作 15 年以上；

④专职从事工程造价专业工作的人员（以下简称"专职专业人员"）不少于 20 人，其中，具有工程或者工程经济类中级以上专业技术职称的人员不少于 16 人，取得造价工程师注册证书的人员不少于 10 人，其他人员均需要具有从事工程造价专业工作的经历；

⑤企业与专职专业人员签订劳动合同，且专职专业人员符合国家规定的职业年龄（出资人除外）；

⑥专职专业人员人事档案关系由国家认可的人事代理机构代为管理；

⑦企业注册资本不少于人民币 100 万元；

⑧企业近 3 年工程造价咨询营业收入累计不低于人民币 500 万元；

⑨具有固定的办公场所，人均办公建筑面积不少于 10 m²；

⑩技术档案管理制度、质量控制制度、财务管理制度齐全；

⑪企业为本单位专职专业人员办理的社会基本养老保险手续齐全；

⑫在申请核定资质等级之日前 3 年内无《工程造价咨询企业管理办法》第二十七条禁止的行为。

2）乙级工程造价咨询企业资质标准

①企业出资人中，注册造价工程师人数不低于出资人总人数的 60%，且其出资额不低于注册资本总额的 60%；

②技术负责人已取得造价工程师注册证书，并具有工程或工程经济类高级专业技术职称，且从事工程造价专业工作 10 年以上；

③专职专业人员不少于 12 人，其中，具有工程或者工程经济类中级以上专业技术职称的人员不少于 8 人，取得造价工程师注册证书的人员不少于 6 人，其他人员均需要具有从事工程造价专业工作的经历；

④企业与专职专业人员签订劳动合同，且专职专业人员符合国家规定的职业年龄（出资人除外）；

⑤专职专业人员人事档案关系由国家认可的人事代理机构代为管理；

⑥企业注册资本不少于人民币 50 万元；

⑦具有固定的办公场所，人均办公建筑面积不少于 10 m²；

⑧技术档案管理制度、质量控制制度、财务管理制度齐全；

⑨企业为本单位专职专业人员办理的社会基本养老保险手续齐全；

⑩暂定期内工程造价咨询营业收入累计不低于人民币 50 万元；

⑪在申请核定资质等级之日前无《工程造价咨询企业管理办法》第二十七条禁止的行为。

1.5.2 工程造价咨询企业资质申请与审批

1）工程造价咨询企业资质相关管理部门

①国务院建设主管部门负责对全国工程造价咨询企业的资质与审批进行监督管理；

②省、自治区、直辖市人民政府建设主管部门负责本行政区域内工程造价咨询企业的资质与审批行使监督管理职能；

③有关专业部门对本专业工程造价咨询企业的资质与审批实施监督管理。

2）工程造价咨询企业资质许可的程序

（1）甲级许可程序

申请甲级工程造价咨询企业资质的，首先应当向申请人工商注册所在省、自治区、直辖市人民政府建设主管部门或者有关专业部门提出申请。

省、自治区、直辖市人民政府建设主管部门、国务院有关专业部门应当自受理申请材料之日起 20 日内审查完毕，然后将初审意见和全部申请材料报国务院建设主管部门，最终由国务院建设主管部门自受理之日起 20 日内作出是否给予审批的决定。

（2）乙级许可程序

申请乙级工程造价咨询企业资质的，直接由省、自治区、直辖市人民政府建设行政主管部门审查决定。其中，申请有关专业乙级工程造价咨询企业资质的，由省、自治区、直辖市人民政府建设主管部门与同级的有关专业部门共同审查决定省。

省、自治区、直辖市人民政府建设主管部门应当自作出决定之日起 30 日内，将准予资质许可的决定报国务院建设主管部门备案。

3）工程造价咨询企业资质申报材料的要求

申请工程造价咨询企业资质，应当提交下列材料并同时在网上申报：

①工程造价咨询企业资质等级申请书；

②专职专业人员（含技术负责人）的造价工程师注册证书、造价员资格证书、专业技术职称证书和身份证；

③专职专业人员（含技术负责人）的人事代理合同和企业为其交纳的本年度社会基本养老保险费用的凭证；

④企业章程、股东出资协议并附工商部门出具的股东出资情况证明；

⑤企业缴纳营业收入的营业税发票或税务部门出具的缴纳工程造价咨询营业收入的营业税完税证明；企业营业收入含其他业务收入的，还需出具工程造价咨询营业收入的财务审计报告；

⑥工程造价咨询企业资质证书；

⑦企业营业执照；

⑧固定办公场所的租赁合同或产权证明；

⑨有关企业技术档案管理、质量控制、财务管理等制度的文件；

⑩法律、法规规定的其他材料。

新申请工程造价咨询企业资质的，不需要提交第⑤、⑥项所列材料，其资质等级按照乙级资质标准中的相关条款进行审核，合格者应核定为乙级，设暂定期 1 年。暂定期届满需要继续从事工程造价咨询活动的，应当在暂定期届满 30 日前，向资质许可机关申请换发资质证书。符合乙级资质条件的，由资质许可机关换发资质证书。

1.5.3　工程造价咨询企业资质管理

1）资质证书

（1）资质证书的领取和补办

准予资质许可的造价咨询企业，资质许可机关应当向申请人颁发工程造价咨询企业资质证书。该资质证书由国务院建设主管部门统一印制，分正本和副本。正本和副本具有同等法律效力。如果工程造价咨询企业遗失了资质证书，应在公众媒体上声明作废后，再向资质许可机关申请补办。

（2）资质证书的续期申请

工程造价咨询企业资质有效期为 3 年。资质有效期届满，需要继续从事工程造价咨询活动的，应当在资质有效期届满 30 日前向资质许可机关提出资质延续申请。资质许可机关应当根据申请作出是否准予延续的决定。准予延续的，资质有效期延续 3 年。

（3）资质证书的变更

工程造价咨询企业的名称、住所、组织形式、法定代表人、技术负责人、注册资本等事项发生变更的，应当自变更确立之日起 30 日内，到资质许可机关办理资质证书变更手续。

工程造价咨询企业合并的，合并后存续或者新设立的工程造价咨询企业可以承继合并前各方中较高的资质等级，但应当符合相应的资质等级条件。

工程造价咨询企业分立的，只能由分立后的一方承继原工程造价咨询企业资质，但应当符合原工程造价咨询企业资质等级条件。

2）资质的撤销和注销

（1）撤销资质

有下列情形之一的，资质许可机关或者其上级机关，根据利害关系人的请求或者依据职权，可以撤销工程造价咨询企业资质：

①资质许可机关工作人员滥用职权、玩忽职守准予工程造价咨询企业资质许可的；

②超越法定职权准予工程造价咨询企业资质许可的；

③违反法定程序准予工程造价咨询企业资质许可的；

④对不具备行政许可条件的申请人准予工程造价咨询企业资质许可的；

⑤依法可以撤销工程造价咨询企业资质的其他情形。

工程造价咨询企业以欺骗、贿赂等不正当手段取得工程造价咨询企业资质的，应当予以撤销。

此外，工程造价咨询企业取得工程造价咨询企业资质后，如不再符合相应资质条件的，资质许可机关根据利害关系人的请求或者依据职权,可以责令其限期改正;逾期不改的,可以撤回其资质。

(2)注销资质

有下列情形之一的,资质许可机关应当依法注销工程造价咨询企业资质:

①工程造价咨询企业资质有效期满,未申请延续的;

②工程造价咨询企业资质被撤销、撤回的;

③工程造价咨询企业依法终止的;

④法律、法规规定的应当注销工程造价咨询企业资质的其他情形。

1.5.4　工程造价咨询企业管理

1)业务承接

工程造价咨询企业应当依法取得工程造价咨询企业资质,并在其资质等级许可的范围内从事工程造价咨询活动。工程造价咨询企业依法从事工程造价咨询活动,不受行政区域限制。其中,甲级工程造价咨询企业可以从事各类建设项目的工程造价咨询业务;乙级工程造价咨询企业可以从事工程造价5 000万元人民币以下的各类建设项目的工程造价咨询业务。

(1)业务范围

工程造价咨询业务范围包括:

①建设项目建议书及可行性研究投资估算、项目经济评价报告的编制和审核;

②建设项目概预算的编制与审核,并配合设计方案比选、优化设计、限额设计等工作进行工程造价分析与控制;

③建设项目合同价款的确定(包括招标工程工程量清单和标底、投标报价的编制和审核);合同价款的签订与调整(包括工程变更、工程洽商和索赔费用的计算)与工程款支付,工程结算及竣工结(决)算报告的编制与审核等;

④工程造价经济纠纷的鉴定和仲裁的咨询;

⑤提供工程造价信息服务等。

工程造价咨询企业可以对建设项目的组织实施进行全过程或者若干阶段的管理和服务。

(2)咨询合同及其履行

工程造价咨询企业在承接各类建设项目的工程造价咨询业务时,可以参照《建设工程造价咨询合同》(示范文本)与委托人签订书面的工程造价咨询合同。

建设工程造价咨询合同一般包括下列主要内容:

①委托人与咨询人的详细信息;

②咨询项目的名称、委托内容、要求、标准,以及履行期限;

③委托人与咨询人的权利、义务与责任;

④咨询业务的酬金、支付方式和时间;

⑤合同的生效、变更与终止;

⑥违约责任、合同争议与纠纷的解决方式;

⑦当事人约定的其他专用条款的内容。

工程造价咨询企业从事工程造价咨询业务,应当按照有关规定的要求出具工程造价成果文件。工程造价成果文件应当由工程造价咨询企业加盖有企业名称、资质等级及证书编号的执业印章,并由执行咨询业务的注册造价工程师签字、加盖执业印章。

(3)企业分支机构

工程造价咨询企业设立分支机构的,应当自领取分支机构营业执照之日起 30 日内,持下列材料到分支机构工商注册所在省、自治区、直辖市人民政府建设主管部门备案:

①分支机构营业执照复印件;

②工程造价咨询企业资质证书复印件;

③拟在分支机构执业的不少于 3 名注册造价工程师的注册证书复印件;

④分支机构固定办公场所的租赁合同或产权证明。

省、自治区、直辖市人民政府建设主管部门应当在接受备案之日起 20 日内,报国务院建设主管部门备案。

分支机构从事工程造价咨询业务,应当由设立该分支机构的工程造价咨询企业负责承接工程造价咨询业务、订立工程造价咨询合同、出具工程造价成果文件。分支机构不得以自己名义承接工程造价咨询业务、订立工程造价咨询合同、出具工程造价成果文件。

(4)跨省区承接业务

工程造价咨询企业跨省、自治区、直辖市承接工程造价咨询业务的,应当自承接业务之日起 30 日内到建设工程所在地省、自治区、直辖市人民政府建设主管部门备案。

2)行为准则

为了保障国家与公共利益,维护公平竞争的良好秩序以及各方的合法权益,具有造价咨询资质的企业在执业活动中均应遵循以下的行业行为准则:

①执行国家的宏观经济政策和产业政策,遵守国家和地方的法律、法规及有关规定,维护国家和人民的利益。

②接受工程造价咨询行业自律组织业务指导,自觉遵守本行业的规定和各项制度,积极参加本行业组织的业务活动。

③按照工程造价咨询企业资质证书规定的资质等级和服务范围开展业务,只承担能够胜任的工作。

④具有独立执业的能力和工作条件,竭诚为客户服务,以高质量的咨询成果和优良服务,获得客户的信任和好评。

⑤按照公平、公正和诚信的原则开展业务,认真履行合同,依法独立自主开展经营活,努力提高经济效益。

⑥靠质量、靠信誉参加市场竞争,杜绝无序和恶性竞争;不得利用与行政机关、社会团体以及其他经济组织的特殊关系搞业务垄断。

⑦以人为本,鼓励员工更新知识,掌握先进的技术手段和业务知识,采取有效措施组织、督促员工接受继续教育。

⑧不得在解决经济纠纷的鉴证咨询业务中分别接受双方当事人的委托。

⑨不得阻挠委托人委托其他工程造价咨询单位参与咨询服务;共同提供服务的工程造价咨询单位之间应分工明确,密切协作,不得损害其他单位的利益和名誉。

⑩有义务保守客户的技术和商务秘密,客户事先允许和国家另有规定的除外。

3)信用制度

工程造价咨询企业应当按照有关规定,向资质许可机关提供真实、准确、完整的工程造价咨询企业信用档案信息。工程造价咨询企业信用档案应当包括工程造价咨询企业的基本情况、业绩、良好行为、不良行为等内容。违法行为、被投诉举报处理、行政处罚等情况应当作为工程造价咨询企业的不良记录记入其信用档案。任何单位和个人均有权查阅信用档案。

4)法律责任

(1)资质申请或取得的违规责任

申请人隐瞒有关情况或者提供虚假材料申请工程造价咨询企业资质的,不予受理或者不予资质许可,并给予警告,申请人在 1 年内不得再次申请工程造价咨询企业资质。

以欺骗、贿赂等不正当手段取得工程造价咨询企业资质的,由县级以上地方人民政府建设主管部门或者有关专业部门给予警告,并处 1 万元以上 3 万元以下的罚款,申请人 3 年内不得再次申请工程造价咨询企业资质。

(2)经营违规的责任

未取得工程造价咨询企业资质从事工程造价咨询活动或者超越资质等级承接工程造价咨询业务的,出具的工程造价成果文件无效,由县级以上地方人民政府建设主管部门或者有关专业部门给予警告,责令限期改正,并处以 1 万元以上 3 万元以下的罚款。

工程造价咨询企业不及时办理资质证书变更手续的,由资质许可机关责令限期办理;逾期不办理的,可处以 1 万元以下的罚款。

有下列行为之一的,由县级以上地方人民政府建设主管部门或者有关专业部门给予警告,责令限期改正;逾期未改正的,可处以 5 000 元以上 2 万元以下的罚款:

①新设立的分支机构不备案的;

②跨省、自治区、直辖市承接业务不备案的。

(3)其他违规责任

工程造价咨询企业有下列行为之一的,由县级以上地方人民政府建设主管部门或者有关专业部门给予警告,责令限期改正,并处以 1 万元以上 3 万元以下的罚款:

①涂改、倒卖、出租、出借资质证书,或者以其他形式非法转让资质证书;

②超越资质等级业务范围承接工程造价咨询业务;

③同时接受招标人和投标人或两个以上投标人对同一工程项目的工程造价咨询业务;

④以给予回扣、恶意压低收费等方式进行不正当竞争;

⑤转包承接的工程造价咨询业务;

⑥法律、法规禁止的其他行为。

(4)对资质许可机关及其工作人员违规的处罚

资质许可机关有下列情形之一的,由其上级行政主管部门或者监察机关责令改正,对直接负责的主管人员和其他直接责任人员依法给予处分;构成犯罪的,依法追究刑事责任:

①对不符合法定条件的申请人准予工程造价咨询企业资质许可,或者超越职权准予工程造价咨询企业资质许可决定的;

②对符合法定条件的申请人不予工程造价咨询企业资质许可,或者不在法定期限内准予工程造价咨询企业资质许可决定的;

③利用职务上的便利,收受他人财物或者其他利益的;

④不履行监督管理职责,或者发现违规行为不予查处的。

随着市场经济的建立与发展,工程造价中介机构的重要作用将越来越明显地表现出来,无论是政府部门、企业实体,还是公众个人,都会越来越多地接受中介机构发布的各种信息和提供的各种工程造价专业性服务。因此,工程造价咨询服务机构应遵循依法执业原则,凡没有经过资质审查和注册登记,都不得从事工程造价咨询服务,否则,所构成的非法行为将会受到制裁。同时,在执业过程中应遵循公开、公平、公正的原则。总之,合法性是工程造价咨询服务机构执业的前提,独立性是开展业务的基础,公平、公正、公开是最根本的操作程序和准则,"严、正、准"是工作态度,平等竞争是处理行业间相互关系的基本准则。

1.6　国外工程造价管理现状

1.6.1　英国工程造价管理现状

英国是世界上第一个建立工程造价咨询业及其他相关行业协会的国家,英国的工程造价管理已有近 400 年的历史。英国工程造价咨询公司被称为英国数量检验公司,其设立条件必须符合政府或相关行业协会的有关规定。

英国工程造价的一个重要特点就是工料测量师参与从工程开始到结束全过程的计价工作。工程量是工料测量师按图和技术说明书计算出来的。英国没有类似于我国的行业定额,价格是根据市场价格,随行就市。政府主要依靠编制各种性质的价格指数来指导企业进行报价,而不是发布单一的价格或由单一造价管理部门统一发布价格指数。这样也体现了企业对市场行情了解分析的程度。工料测量师十分重视对工程造价有关信息资料的收集和数据库的建设。每个皇家测量师学会会员都有责任和义务将自己经办的已完工程的造价资料,按工程的格式认真填报,收入数据库;同时也获得利用数据库的权利。数据库实行全国联网,所有会员资料共享。从英国的计价模式来看,英国基本上是统一的工程量计算规则,而没有统一的消耗量指标,没有统一的计价定额和标准。这种计价方式是一种发挥市场主体主动性的计价方式,企业具有自己的一套计价资料和计价方法,这主要是根据过去积累的工程造价资料编制出来的。完成单位工程量所消耗的人工、材料、机械台班的数量直接反映了企业的施工技术和管理水平,是企业之间展开竞争的一个重要方面。这样在工程量清单报价方式下,各企业可以充分发挥其技术创新的积极性。

一般业主在准备投资某一项目时,均要请工料测量师进行可行性研究、投资估算、招标文件编制、设计阶段及施工阶段的投资控制,业主对工程有绝对控制权。承包商在进行工程施工时也要聘请工料测量师(或其永久雇员),为其进行工程量计算、估算,编制投标书,进行投资控制等。英国工料测量领域的管理和专业人士的资格确认及培训工作以及标准的工程量计算规则,都由专业学会(协会)负责。计价模式属于自由市场模式,专业协会或组织颁布工程量计算标准,在工程量的计算上做到有标准可依。政府投资的工程项目由财政部门依据不同类别工程的建设标准和造价标准,并考虑通货膨胀对造价的影响等确定投资额。各部门在核定的建设规模和投资额范围内组织实施,不得突破。对于私人投资的项目,政府不进行干预,投资者一般是委托中介组织进行投资估算。

英国的工程造价管理通过立项、设计、招标签约、施工过程结算等阶段性工作,贯穿于工程建设的全过程。工程造价管理在既定的投资范围内随阶段性工作的开展不断深化,从而使工期、质量、造价和预算目标得以实现。

在英国传统的建筑工程计价模式下,一般情况下在招标时应附带由业主工料测量师编制的工程量清单,其工程量按照规定进行编制、汇总构成。工程量清单通常按分部分项工程划分,工程量清单的粗细程度主要取决于设计深度,与设计图相对应,也与合同形式有关。在初步设计阶段,工料测量师根据初步设计图编制工程量表。在详细的技术设计阶段(施工图设计阶段),工料测量师编制最终工程量表。在工程招投标阶段,工程量清单的作用如下:首先,供投标者报价用,为投标者提供一个公平竞争的基础;其次,工程量清单中的单价或价格是施工过程中支付工程进度款的依据,当有工程变更时,其单价或价格也是合同价格调整或索赔的重要参考资料。承包商的估价师要参照工程量清单进行成本要素分析,根据其经验,并收集市场信息资料、分发咨询单、回收相应厂商及分包商报价,对每一分项工程都填入单价(包括人工、材料、机械设备、分包工程、临时工程、管理费和利润),以及单价与工程量相乘后的金额,再加上开办费、基本费用项目(这里指投标费、保证金、保险、税金等)和指定分包工程费,构成工程总造价,即承包商的投标报价。在施工期间,每个分项工程都要计算实际完成的工程量,并按承包商报价计费。增加的工程需要重新报价,或者按类似的现行单价重新估价。

1.6.2　美国工程造价管理现状

美国有着发达的市场经济体系,其工程造价管理是建立在自由竞争的市场经济基础上的。美国没有统一的消耗量定额和工程量计算规则,工程价格完全市场化。大型建筑企业都建立了完善的合同管理体系和承包商信誉体系。因此,美国工程造价管理是建立在相关法律制度和信用担保体系上的。例如,在建筑行业,合同管理和执行非常严格。在业主、承包商、分包商和提供咨询服务的第三方之间有严格的法律限制,所有人都必须遵照合同开展经营活动,严格履行相应的权利和义务。工程造价咨询企业有较为完备的合同管理制度和完善的企业信誉管理平台。

美国工程造价的确定采用工程估价法。估算进一步细化,经过业主的审批即成为预算,并作为项目实施过程中的成本控制目标。与我国相似,美国在项目的不同阶段有不同的估价方法,估价大致分五个阶段——数量级估价、概念估价、初步估价、详细估价、完全详细估价。

在美国,没有标准统一的工料测量方法,招标文件一般不给出统一的工程量。因此,每个承包商都要根据图纸计算其工程量,并要求分包商计量分包工程量,提交分包报价汇总来编制标书,承包商再依据自身的劳务费用、材料价格、设备消耗、管理费和利润来计算价格。

美国政府部门不组织制定计价依据,也没有全国统一的计价依据和标准。用来确定工程造价的定额、指标、费用标准等,一般是由各个大型的工程咨询公司所制定。各个咨询机构根据本地区的具体情况,制定出单位建筑面积的消耗量和基价作为所负责项目的造价估算的标准。此外,美国联邦政府、州政府和地方政府也根据各自积累的工程造价资料并参考各工程咨询机构有关造价的资料,分别对各自管辖的政府工程项目制定相应的计价标准,以作为项目费用估算的依据。

美国工程造价管理的特点表现在以下几方面:

(1)结合工程质量及工期管理造价

在美国的工程管理体系中,造价、工期、质量作为一个系统来进行综合管理。其理念是:工程必须在满足工程质量标准要求的前提下合理地确定工期;工程必须先确定工程质量标准,然后再确定合理的造价;工程必须严格按计划工期履行,才有有效保障不突破预定的造价。

(2)追求全生命周期的费用最小

计算出工程造价后,一般还要计算工程投入运行后的维护费,作出工程寿命期的费用估算,并对工程进行全面的效益分析,从而避免因片面追求低造价导致工程投产后维护使用费用不断增加的弊端。

(3)广泛应用价值工程

美国工程造价的估算是建立在价值工程基础上的,估价师会参与工程设计方案的研究和论证,以确保在实现功能的前提下尽可能降低工程成本,使造价建立在合理的水平上,从而取得最优的投资效益。

(4)十分重视工作分解结构及会计编码

对于大中型项目,为保证项目的顺利实施,还必须对所应完成的工作进行必要的分解,确定各个单元的成本和实施计划,这一过程称为工作分解结构(work breakdown structure,WBS),并在 WBS 的基础上进行会计的统一编码。美国的项目参与各方历来十分重视 WBS 及会计编码,将其视为成本计划和进度计划管理的基础。

(5)严格控制工程造价变更与工程结算

在美国一般只有发生合同变更、工程内部调整、重新安排项目计划事项时,才可以进行工程造价的变更。工程造价的变更均需填报工程预算基价变更申请表等一系列文件,经业主与主管工程师批准后方可执行工程造价的变更。对于承包商未超出预算的付款结算申请,经业主委托的建筑师或造价工程师审查,经业主批准后予以结算;凡是超过预算5%的付款申请,必须经过严格的原因分析与审查。

1.6.3　日本工程造价管理现状

日本的工程造价计价采用的是量、价分离的定额制度,量是公开的,价是保密的。企业通过各种渠道获取价格信息,形成自己的单价。在日本,项目权责发生制是项目成本管理的主要模式。日本工程造价咨询公司被称为项目集成商,经营范围包括项目可行性研究、投资估算和数量计算、单价调查、工程造价精细化、招标代理、合同谈判、综合变更成本、工程造价控制与评估等。

日本的工程计算是一种量价分离的计价模式,其单价是以市场为取向的。隶属于日本官方机构的"建筑物价调查会"和"经济调查会"专门负责调查各种相关的经济数据和指标。

政府和建筑企业利用这些价格制定内部的工程复合单价,即单位估价表。

工程量按照建筑积算研究会编制的《建筑数量积算基准》进行计算。该基准被政府公共工程和民建工程广泛应用,所有工程一般先由建筑积算人员按此规则计算工程量。其具体方法是将工程量按种目、科目、细目进行分类,即整个工程分为不同的种目,每一种目又分为不同的科目,每一科目再细分到各个细目,每个细目相当于单位工程。

日本的工程造价标准类似我国的定额取费方式,建设省制定一整套工程计价标准。所有工程一般先由建筑积算人员按规则计算工程量,按公共建筑协会组织编制的《建设省建筑工程积算基准》中的"建筑工程标准定额",对于每一细目(单位工程)以列表的形式列明劳务、材料、机械的消耗量及其他经费,其计量单位为"一套"。日本采用"活市场,活价格"的原则,劳务单价通过银行调查取得,材料、设备价格由"建筑物价调查会"和"经济调查会"负责定期采集、整理和编辑出版。

本章小结

(1)阐述了工程造价的概念、基本建设的含义和内容以及建设项目的划分与组成。

(2)介绍了我国工程造价管理的法律法规、部门规章等相关规定,以及我国现行的计价模式和计价依据。

(3)介绍了全寿命周期造价管理的概念、工程造价管理的组织系统的概念、工程造价管理的主要内容,以及工程造价人员从业的相关制度和造价咨询的管理制度。

(4)分别从工程造价管理的特点、主体、计价模式等方面,介绍了英国、美国、日本工程造价管理的概况,为学生拓展了国外工程造价管理的相关知识。

思考与练习

一、单项选择题

1.建设工程项目总造价是指项目总投资中的(   )。

A.建筑安装工程费用   B.固定资产投资与流动资产投资总和

C.静态投资总额   D.固定资产投资总额

2.建设工程造价的计价特征不包括(   )。

A.单件性   B.按类似工程

C.按构成部分组合   D.多次性

3.工程造价具有多次性计价特征,其中各阶段与造价对应关系正确的是(   )。

A.招投标阶段:投资估算   B.施工图设计阶段:修正概算

C.竣工验收阶段:结算价   D.初步设计阶段:设计概算

4.根据《注册造价工程师管理办法》的规定,不予注册造价工程师的情形有(   )。

A.办理暂停执业手续后脱离工程造价业务岗位的

B.因工程造价业务活动受刑事处罚,自刑事处罚执行完毕之日起至申请注册之日止不满3年的

C. 申请在两个或者两个以上单位注册的

D. 以欺骗手段获准注册被撤销,自被撤销注册之日起至申请注册之日止不满 1 年的

5. 根据我国现行规定,经全国造价工程师执业资格统一考试合格的人员,应当在取得造价工程师执业资格考试合格证书后的(　　　)内申请初始注册。

A. 30 日　　　　　B. 2 个月　　　　　C. 3 个月　　　　　D. 6 个月

二、多项选择题

1. 下列各项中,属于工程项目建设投资的有(　　　)。

A. 建设期利息　　　　　　　　　B. 设备及工器具购置费

C. 预备费　　　　　　　　　　　D. 流动资产投资

E. 工程建设其他费用

2. 下列关于工程造价的有效控制的讨论中,正确的是(　　　)。

A. 以设计阶段为重点的建设全过程造价控制

B. 实施主动控制,以取得令人满意的结果

C. 技术与经济相结合是控制工程造价最有效的手段

D. 实施被动控制,以取得降低成本的效果

E. 以施工阶段为重点的全方位造价控制

三、思考题

1. 试述英国、美国、日本工程造价管理的特点。

2. 试述英国工料测量师与美国造价工程师执业内容的区别与联系。

第2章
工程造价的构成

2.1　工程造价构成概述

2.1.1　工程造价的含义

工程造价通常是指工程建设预计或实际支出的费用。由于所处的角度不同,工程造价有不同的含义。

从投资者(业主)的角度分析,工程造价是指建设一项工程预期开支或实际开支的全部固定资产投资费用。投资者为了获得投资项目的预期效益,需要对项目进行策划决策及建设实施,直至竣工验收等一系列投资管理活动。在上述活动中所花费的全部费用,就构成了工程造价。从这个意义上讲,建设工程造价就是建设工程项目固定资产总投资。

从市场交易的角度分析,工程造价是指为建成一项工程,预计或实际在工程发承包交易活动中所形成的建筑安装工程费用或建设工程总费用。显然,工程造价的这种含义是指以建设工程这种特定的商品形式作为交易对象,通过招标投标或其他交易方式,在进行多次预估的基础上,最终由市场形成的价格。这里的工程既可以是涵盖范围很广的一个建设工程项目,也可以是其中的一个单项工程或单位工程,甚至可以是整个建设工程中的某个阶段,如建筑安装工程、装饰装修工程,或者其中的某个组成部分。随着经济发展、技术进步、分工细化和市场的不断完善,工程建设中的中间产品也会越来越多,商品交换会更加频繁,工程价格的种类和形式也会更加丰富。尤其值得注意的是,投资主体的多元格局、资金来源的多种渠道,使相当一部分建设工程的最终产品作为商品进入了流通领域。如技术开发区的工业厂房、仓库、写字楼、公寓、商业设施和住宅开发区的大批住宅、配套公共设施等,都是投资者为实现投资利润最大化而生产的建筑产品,它们的价格是商品交易中现实存在的,是一种有加价的工程价格。

工程承发包价格是工程造价中一种重要的也较为典型的价格交易形式,是在建筑市场通过招标投标,由需求主体(投资者)和供给主体(承包商)共同认可的价格。

工程造价的两种含义实质上就是从不同角度把握同一事物的本质。对市场经济条件下的投资者来说,工程造价就是项目投资,是"购买"工程项目要付出的价格;同时,工程造价也是投资者作为市场供给主体"出售"工程项目时确定价格和衡量投资经济效益的尺度。

2.1.2　与工程造价相关的概念

我国现行建设工程投资由固定资产投资和流动资产投资构成,其中固定资产投资就是通常所说的工程造价。我国现行工程造价构成主要划分为建设投资、建设期利息、固定资产投资方向调节税(自 2000 年 1 月 1 日起已暂停征收)等。具体构成内容如图 2.1 所示。

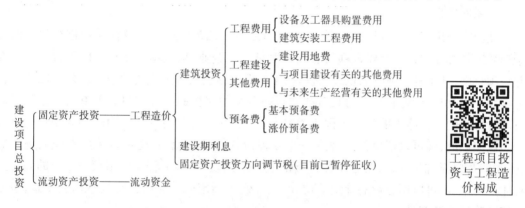

图 2.1　我国现行建设工程投资和工程造价构成

其中,建筑安装工程费、设备及工器具购置费、工程建设其他费用、基本预备费属于静态投资的范畴;涨价预备费、建设期贷款利息、固定资产投资方向调节税、流动资金属于动态投资的范畴。

建筑产品在经济范畴里虽然与其他工农业产品一样具有商品的属性,但从其产品及生产特点看,也还具有一些与一般产品不同的特性。如建筑产品具有的单件性、固定性和建造周期长等特点,这些特点决定了其计价方式不同于一般的工农业产品,而必须根据计算工程造价的基础资料(即计价依据),借助于一种特殊的计价程序(即计价模式),并依据它们各自的功能与特定的条件进行单独计价。工程造价具有以下 5 个特点。

1)单件性

每一项建设工程都有其特定的功能和用途,因而也就有不同的结构、造型和装饰,不同的体积和面积,建设时要采用不同的工艺设备和建筑材料。因此,对于建设工程要根据具体情况对其单独计价。

2)多次性

建设工程周期长、规模大、造价高,因此按照建设程序要分阶段进行,相应地也要在不同阶段多次性计价,以确保工程造价计价与控制的科学性。工程造价计价多次性计价流程如图 2.2 所示。

图 2.2 中的整个计价过程从投资估算、设计总概算、修正总概算、施工图预算到合同价,

再到各项工程结算价和最后在结算价基础上编制的竣工决算,是一个由粗到细、由浅到深,最后确定工程实际造价的过程,计价过程各环节之间相互衔接,前者控制后者,后者补充前者。

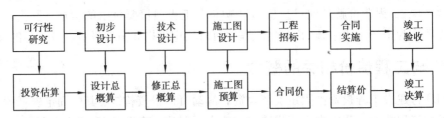

图2.2　工程造价计价多次性计价流程图

3) 组合性

按国家规定,工程建设有大、中、小型项目之分。凡是按照一个总体设计进行建设的各个单项工程总体即是一个建设项目。它一般是一个企业、事业单位或独立的工程项目。在建设项目中,凡是具有独立的设计文件,竣工后可以独立发挥生产能力或工程效益的工程称为单项工程,也可以将它理解为具有独立存在意义的完整的工程项目。各单项工程又可以分解为各个能独立施工的单位工程。考虑到组成单位工程的各部分是由不同人用不同工具和材料完成的,又可以把单位工程进一步分解为分部工程,然后还可以按照不同的施工方法、构造及规格,把分部工程更细致地分解为分项工程。分项工程是能用较为简单的施工过程生产出来的,可以用适量的计量单位计算,并便于测定或计算的工程基本构造要素,也是假定的建筑安装产品。

与以上工程构成方式相适应,工程造价计算也具有组合性的特点。计价时,首先要对工程项目进行分解,按构成进行分部计算,并逐层汇总。其计价的顺序是:分部分项工程单价—单位工程造价—单项工程造价—建设项目总造价。例如,为确定某建设项目的总概算,要先计算各单位工程的概算,再计算各单项工程的综合概算,最终汇总成总概算。

4) 计价方法的多样性

为了适应多次性计价各种不同的计价依据,以及对造价的不同精度的要求,计价方法存在多样性特征。不同的方法利弊不同,适应条件也不同,在计价时要加以选择。现在我国采用的工程造价计价方法主要有工程定额计价方法和工程量清单计价方法两种。

5) 计价依据的复杂性

由于影响造价的因素多,故计价依据复杂、种类繁多,主要可分为以下7类:

①计算设备和工程量的依据,包括项目建议书、可行性研究报告、设计文件等。

②计算人工、材料、机械等实物消耗量依据,包括投资估算指标、概算定额、预算定额等。

③计算工程单价的价格依据,包括人工单价、材料价格、材料运杂费、机械台班费等。

④计算设备单价依据,包括设备原价、设备运杂费、进口设备关税等。

⑤计算其他直接费、现场经费、间接费和工程建设其他费用依据,主要是相关的费用定额和指标。

⑥政府规定的税和费。

⑦物价指数和工程造价指数。

计算依据的复杂性不仅使计算过程复杂,而且还要求计价人员熟悉各类计价依据,并能正确地加以应用。

2.1.3　工程造价的作用

工程造价涉及国民经济各部门、各行业,涉及社会再生产中的各个环节,也直接关系到人民群众的生活和城镇居民的居住条件,因此它的作用范围和影响程度都很大。其作用主要表现在以下 5 个方面。

1)工程造价是项目决策的依据

工程造价决定着项目的一次性投资费用。投资者是否有足够的财务能力支付这笔费用,认为是否值得支付这笔费用,是项目决策中要考虑的主要问题,也是投资者必须首先解决的问题。因此,在项目决策阶段,建设工程造价就成为项目财务分析和经济评价的重要依据。

2)工程造价是制订投资计划和控制投资的依据

投资计划是按照建设工期、工程进度和建设工程价格等逐年分月加以制订的。正确的投资计划有助于合理和有效地使用资金。

工程造价是通过多次预估后最终通过竣工决算确定下来的。由于每一次估算都不能超过前一次估算的一定幅度,每一次预估的过程就是对造价的控制过程。这种控制是在投资者财务能力的限度内为取得既定的投资效益所必需的。此外,投资者利用制定各类定额、标准和参数等控制工程造价的计算依据,也是控制建设工程投资的表现。

3)工程造价是筹集建设资金的依据

投资体制的改革和市场经济的建立,要求项目投资者必须有很强的筹资能力,以保证工程建设有充足的资金供应。工程造价基本决定了建设资金的需要量,从而为筹集资金提供了比较准确的依据。当建设资金来源于金融机构的贷款时,金融机构在对项目偿贷能力进行评估的基础上,也需要依据工程造价来确定给予投资者的贷款数额。

4)工程造价是评价投资效果的重要指标

工程造价是一个包含多层次工程造价的体系。就一个工程项目而言,它既是建设项目的总造价,又包含单项工程的造价和单位工程的造价,同时也包含单位生产能力的造价和单位建筑面积的造价等。工程造价自身形成一个指标体系,能够为评价投资效果提供多种评价指标,并能够形成新的价格信息,为今后类似项目的投资提供参照。

5)工程造价是利益合理分配和调节产业结构的手段

工程造价的高低涉及国民经济各部门和企业间的利益分配。在市场经济体制下,工程造价会受供求状况的影响,并在围绕价值的波动中实现对建设规模、产业结构和利益分配的调节。加上政府正确的宏观调控和价格政策导向,工程造价在这方面的作用会充分发挥出来。

2.2 设备及工器具购置费用的构成

设备及工器具购置费用是由设备购置费和工具、器具及生产家具购置费组成的,它是固定资产投资中的积极部分。在生产性工程建设中,设备及工器具购置费用占工程造价比例的增大,意味着生产力和资本有机构成的提高。

2.2.1 设备购置费的构成及计算

1) 设备购置费的定义

设备购置费是指为建设项目购置或自制的达到固定资产标准的各种国产或进口设备、工具、器具的费用。其计算公式为

$$设备购置费 = 设备原价 + 设备运杂费 \tag{2.1}$$

2) 设备原价的构成及计算

(1)国产标准设备

国产标准设备是指按照主管部门颁布的标准图样和技术要求,由我国设备生产厂批量生产的,符合国家质量检测标准的设备。

国产标准设备原价等于出厂价或订货价。它分为两种:一种为带备件的原价,第二种为不带备件的原价,一般情况下指的是带备件的原价。

(2)国产非标准设备

国产非标准设备是指国家尚无定型标准,各设备厂不能批量生产,只能按一次订货,并具体设计、单个制造的设备。

国产非标准设备原价通过计算确定。其中计算方法有成本计算估价法、系列设备插入估价法、分部组合估价法及定额估价法等。现介绍成本计算估价法。其原价构成包括以下10项内容:

①材料费:

$$材料费 = 材料净重 \times (1 + 加工损耗系数) \times 每吨材料综合价 \tag{2.2}$$

②加工费:包括生产工人工资和工资附加费、燃料动力费、设备折旧费及车间经费等。其计算公式为

$$加工费 = 设备总质量(t) \times 设备每吨加工费 \tag{2.3}$$

③辅助材料费:包括电焊条、焊螺纹、氧气、氩气、油漆及电石等费用。其计算公式为

$$辅助材料费 = 设备总质量(t) \times 辅助材料指标 \tag{2.4}$$

④专用工具费:按①~③项之和乘以一定百分率计算。

⑤废品损失费:按①~④项之和乘以一定百分率计算。

⑥外购配套件费:按设备设计图样所列的外购配套件的名称、型号、规格、数量及重量,根据相应的价格加运杂费计算。

⑦包装费:按①~⑥项之和乘以一定百分率计算。

⑧利润:按①~⑤项加⑦项之和乘以一定利润率计算。

⑨税金:主要指增值税。其计算公式为

$$增值税 = 当期销项税额 - 进项税额 \tag{2.5}$$

$$当期销项税额 = 销售额 \times 适用增值税率 \tag{2.6}$$

式(2.6)中销售额为①~⑧项之和。

⑩非标设备设计费:按国家规定的设计费收费标准计算。

综上所述,单台非标准设备原价计算公式为

$$\begin{aligned}
单台非标准设备原价 = &\{[(材料费 + 加工费 + 辅助材料费) \times (1 + 专用工具费率) \times \\
&(1 + 废品损失率) + 外购配套件费] \times (1 + 包装费率) - 外购配 \\
&套件费\} \times (1 + 利润率) + 销项税金 + 非标设备设计费 + 外购 \\
&配套件费 \tag{2.7}
\end{aligned}$$

【例2.1】某工程采购一台国产非标准设备,制造厂生产该台设备所用材料费为20万元,辅助材料费为4 000元,加工费为2万元,专用工具费率为1.5%,废品损失率为10%,外购配套件费为5万元,包装费率为1%,利润率为7%,增值税率为17%,非标准设备设计费为2万元,求该国产非标准设备的原价。

【解】专用工具费 $= (20 + 2 + 0.4) \times 1.5\% = 0.336(万元)$

废品损失费 $= (20 + 2 + 0.4 + 0.336) \times 10\% = 2.274(万元)$

包装费 $= (22.4 + 0.336 + 2.274 + 5) \times 1\% = 0.3(万元)$

利润 $= (22.4 + 0.336 + 2.274 + 0.3) \times 7\% = 1.772(万元)$

销项税金 $= (22.4 + 0.336 + 2.274 + 5 + 0.3 + 1.772) \times 17\%$
$= 5.454(万元)$

该台非标准设备原价 $= 22.4 + 0.336 + 2.274 + 0.3 + 1.772 + 5.454 + 2 + 5$
$= 39.536(万元)$

(3)进口设备

进口设备的原价是指进口设备的抵岸价,即抵达买方边境港口或边境车站,且交完关税等费用后形成的价格。它的构成与进口设备的交货类别有关。

①进口设备的交货类别。进口设备的交货类别可分为内陆交货类、目的地交货类和装运港交货类,见表2.1。

表2.1　进口设备交货类别

交货类别	交货地点及内容
内陆交货类	卖方在出口国内陆的某个地点交货; 特点:买方承担风险大
目的地交货类	卖方在进口国的港口或内地交货,又分目的港船上交货价、目的港船边交货价、目的港码头交货价(关税已付)及完税后交货价(进口国的指定地点)等几种交货价; 特点:卖方承担风险大

续表

交货类别	交货地点及内容
装运港交货类	卖方在出口国装运港交货,主要有装运港船上交货价(FOB,习惯称离岸价格),运费在内价(C&F)和运费、保险费在内价(CIF,习惯称到岸价格); 特点:卖方按照约定的时间在装运港交货,只要卖方把合同规定的货物装船后提供货运单据便完成交货任务,可凭单据收回货款

装运港船上交货价(FOB)是我国进口设备采用最多的一种货价。采用船上交货价时卖方的责任是:在规定的期限内,负责在合同规定的装运港口将货物装上买方指定的船只,并及时通知买方;负担货物装船前的一切费用和风险,负责办理出口手续;提供出口国政府或有关方面签发的证件;负责提供有关装运单据。买方责任:负责租船或订舱,支付运费,并将船期、船名通知卖方;负担货物装船后的一切费用和风险;负责办理保险及支付保险费,办理在目的港的进口收货手续;接受卖方提供的有关装运单据,并按合同规定支付货款。

②进口设备原价(抵岸价)的构成及计算。

进口设备原价 = FOB 价 + 国际运费 + 运输保险费 + 银行财务费 + 外贸手续费 + 关税 + 消费税 + 增值税 + 海关监管手续费 + 车辆购置附加税   (2.8)

各项具体计算见表2.2。

表2.2 进口设备原价(抵岸价)构成与计算表

设备原价组成	计算方法	费(税)率
FOB 价	FOB 价 = 原币货价 × 外汇牌价	外汇牌价按合同生效,第一次付款日期的汇兑牌价
国际运费	国际运费 = FOB 价 × 国际运费费率 或国际运费 = 运量 × 单位运价	海运费费率取6%,空运费费率取8.5%,铁路运费费率取1%
运输保险费	运输保险费 = $\dfrac{FOB\ 价 + 国际运费}{1 - 保险费费率}$ × 保险费率	海运保险费费率取0.35%,空运保险费费率取0.455%,陆运保险费费率取0.266%
银行财务费	银行财务费 = 人民币货价(FOB 价) × 银行财务费率	一般取0.4% ~ 0.5%
外贸手续费	外贸手续费 = (FOB 价 + 国际运费 + 运输保险费) × 外贸手续费率	一般取1.5%
关税	关税 = (FOB 价 + 国际运费 + 运输保险费) × 进口关税率	一般取1.5%
消费税	应纳消费税额 = $\dfrac{到岸价(CIF) + 关税}{1 - 消费税税率}$ × 消费税税率	税率为:越野车、小汽车取5%,小轿车取8%,轮胎取10%

续表

设备原价组成	计算方法	费(税)率
增值税	增值税 = (FOB价 + 国际运费 + 运输保险费 + 关税 + 消费税) × 增值税税率	设备增值税税率一般取17%
海关监管手续费	海关监管手续费 = (FOB价 + 国际运费 + 运输保险费) × 海关监管手续费率	一般取0.3%
车辆购置附加税	车辆购置附加税 = (FOB价 + 国际运费 + 运输保险费 + 关税 + 消费税 + 增值税) × 进口车辆购置附加率	

a. FOB价(又称离岸价):装运港船上交货价,分为原币货价和人民币货价。原币一律折算为美元表示,人民币货价按原币货价乘以外汇市场美元兑换人民币中间价确定。FOB价按厂商询价、报价或合同价计算。

b. 国际运费:从出口国装运港(站)到达进口国装运港(站)的运费。我国进口设备主要采用海洋运输,少数用铁路,个别用空运。

c. 运输保险费:对外贸易货物运输保险是由保险人(公司)与被保险人(出口人或进口人)订立保险契约,在被保险人交付议定的保险费后,保险人根据保险契约的规定对货物在运输过程中发生的承保责任范围内的损失给予经济上的补偿,是一种财产保险。

注:以上a,b合起来便是运费在内价(C&F),而以上a,b,c合起来便是到岸价(CIF)。

d. 银行财务费:一般是指我国银行手续费。

e. 外贸手续费:按对外经济贸易部规定的外贸手续费率计取的费用,该项手续费率一般取1.5%。

f. 关税:由海关对进出国境或关境的货物或物品征收的一种税。

g. 增值税:是对从事进口贸易的单位和个人,在进口商品报关进口后征收的税种。我国增值税条例规定,进口应税产品均按组成计税价格和增值税税率直接计算应纳税额。

h. 消费税:仅对部分进口设备(如轿车、摩托车等)征收。

i. 海关监管手续费:海关对进口减税、免税和保税货物实施监督、管理并提供服务的手续费。

j. 车辆购置附加费:进口车辆需缴纳进口车辆购置附加费。

【例2.2】从某国进口设备,质量为1 000 t,装运港船上交货价为400万美元,工程建设项目位于国内某省会城市。若国际运费标准为300美元/t,海运保险费率为3‰,银行财务费率为5‰,外贸手续费率为1.5%,关税税率为22%,增值税税率为17%,消费税税率为10%,银行外汇牌价为1美元 = 6.3元人民币,请对该设备的原价进行估算。

【解】进口设备FOB = 400 × 6.3 = 2 520(万元)

国际运费 = 300 × 1 000 × 6.3 = 189(万元)

$$海运保险费 = \frac{(2\,520 + 189) \times 3‰}{1 - 3‰} = 8.15(万元)$$

$$CIF = 2520 + 189 + 8.15 = 2717.15(万元)$$

$$银行财务费 = 2\,520 \times 5‰ = 12.6(万元)$$

$$外贸手续费 = 2717.15 \times 1.5\% = 40.76(万元)$$

$$关税 = 2717.15 \times 22\% = 597.77(万元)$$

$$消费税 = \frac{(2717.15 + 597.77) \times 10\%}{1 - 10\%} = 368.32(万元)$$

$$增值税 = (2\,717.15 + 597.77 + 368.32) \times 17\% = 626.15(万元)$$

$$进口从属费 = 12.6 + 40.76 + 597.77 + 368.32 + 626.15 = 1\,645.6(万元)$$

$$进口设备原价 = 2717.15 + 1\,645.6 = 4\,362.75(万元)$$

3)设备运杂费构成及计算

（1）设备运杂费构成（表2.3）

表2.3　设备运杂费构成

序号	设备运杂费构成	内容
1	运费和装卸费	国产设备：由设备交货点到工地仓库为止所发生的运费和装卸费
		进口设备：由我国港口或边境车站到工地仓库为止所发生的运费和装卸费
2	包装费	原价没有包括的为运输而进行的包装支出的各种费用
3	供销部手续费	按有关部门规定统一费率计算
4	采购与仓库保管费	指采购、验收、保管和收发设备所发生的各种费用，包括设备采购人员、保管人员和管理人员工资，工资附加，办公、差旅费，供应部门办公和仓库所占固定资产使用费、工具使用费、劳动保护费及检验试验费等。按主管部门规定的采购与保管费率计算

（2）设备运杂费计算

设备运杂费按设备原价乘以设备运杂费费率计算，其公式如下：

$$设备运杂费 = 设备原价 \times 设备运杂费率 \qquad (2.9)$$

其中，费率按各部门及省、市等的规定计取。

【例2.3】某项目进口一批工艺设备，其银行财务费为4.25万元，外贸手续费为18.9万元，关税率为20%，增值税率为17%，抵岸价为1792.19万元。这批设备无消费税和海关手续费，求这批设备的到岸价（CIF）。

【解】进口设备抵岸价 = FOB价 + 国际运费 + 运输保险费 + 银行财务费 + 外贸手续费 + 关税 + 增值税 + 消费税 + 海关监管手续费 + 车辆购置附加税

到岸价（CIF） = FOB + 国际运费 + 运输保险费

$$1\,792.19 = CIF + 4.25 + 18.9 + CIF \times 20\% + (CIF + CIF \times 20\% + 0) \times 17\%$$

$$CIF = \frac{1\,792.19 - 4.25 - 18.9}{(1 + 17\%) \times (1 + 20\%)} = 1\,260(万元)$$

2.2.2　工具、器具及生产家具购置费的构成及计算

工具、器具及生产家具购置费,是指新建或扩建项目初步设计规定的,保证初期正常生产必须购置的没有达到固定资产标准的设备、仪器、工卡模具、器具、生产家具和备品备件等的购置费用。该费用一般以设备购置费为计算基数,按照部门或行业规定的工具、器具及生产家具费率计算。计算公式为

$$工具、器具及生产家具购置费 = 设备购置费 \times 定额费率 \tag{2.10}$$

2.3　建筑安装工程费用构成

2.3.1　我国现行建筑安装工程费用构成的依据

为适应深化工程计价改革的需要,根据国家有关法律、法规及相关政策,在总结原建设部、财政部《关于印发〈建筑安装工程费用项目组成〉的通知》(建标〔2003〕206 号)执行情况的基础上,住房和城乡建设部、财政部于 2013 年 3 月联合发布了《关于印发〈建筑安装工程费用项目组成〉的通知》(建标〔2013〕44 号),规定我国现行建筑安装工程费用项目的具体组成,并规定《建筑安装工程费用项目组成》自 2013 年 7 月 1 日起施行,建标〔2003〕206 号通知同时废止。

2.3.2　建筑安装工程费按照费用构成要素划分

建筑安装工程费按照费用构成要素划分,由人工费、材料(包含工程设备,下同)费、施工机具使用费、企业管理费、利润、规费和税金组成。其中,人工费、材料费、施工机具使用费、企业管理费和利润包含在分部分项工程费、措施项目费、其他项目费中,如图 2.3 所示。

1)人工费

人工费是指按工资总额构成规定,支付给从事建筑安装工程施工的生产工人和附属生产单位工人的各项费用。

①计时工资或计件工资:按计时工资标准和工作时间或对已做工作按计件单价支付给个人的劳动报酬。

②奖金:对超额劳动和增收节支支付给个人的劳动报酬,如节约奖、劳动竞赛奖等。

③津贴补贴:为了补偿职工特殊或额外的劳动消耗和因其他特殊原因支付给个人的津贴,以及为了保证职工工资水平不受物价影响支付给个人的物价补贴,如流动施工津贴,特殊地区施工津贴、高温(寒)作业临时津贴、高空津贴等。

④加班加点工资:按规定支付的在法定节假日工作的加班工资和在法定日工作时间外延时工作的加点工资。

⑤特殊情况下支付的工资:根据国家法律、法规和政策规定,因病、工伤、产假、计划生育假、婚丧假、事假、探亲假、定期休假、停工学习、执行国家或社会义务等原因按计时工资标准或计时工资标准的一定比例支付的工资。

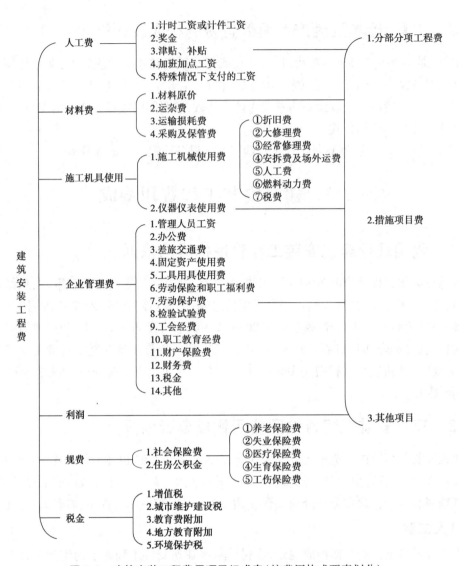

图 2.3　建筑安装工程费用项目组成表(按费用构成要素划分)

2)材料费

材料费是指施工过程中耗费的原材料、辅助材料、构配件、零件、半成品或成品、工程设备的费用。

①材料原价:材料、工程设备的出厂价格或商家供应价格。

②运杂费:材料、工程设备自来源地运至工地仓库或指定堆放地点所发生的全部费用。

③运输损耗费:材料在运输装卸过程中不可避免的损耗费用。

④采购及保管费:为组织采购、供应和保管材料、工程设备的过程中所需要的各项费用,包括采购费、仓储费、工地保管费、仓储损耗费用。

工程设备是指构成或计划构成永久工程一部分的机电设备、金属结构设备、仪器装置及其他类似的设备和装置。

3)施工机具使用费

施工机具使用费是指施工作业所发生的施工机械、仪器仪表使用费或其租赁费。

①施工机械使用费:以施工机械台班耗用量乘以施工机械台班单价表示,施工机械台班单价应由下列 7 项费用组成:

a.折旧费:施工机械在规定的使用年限内,陆续收回其原值的费用。

b.检修费:施工机械按规定的检修间隔台班进行必要的检修,以恢复其正常功能所需的费用。

c.维护费:是指施工机械在规定的耐用总台班内,按规定的维护间隔进行各级维护和临时故障排除所需的费用,包括保障机械正常运转所需替换设备与随机配置工具的摊销费用、机械运转及日常维护所需润滑与擦拭的材料费用及机械停滞期间的维护费用等。

d.安拆费及场外运费:安拆费指施工机械(大型机械除外)在现场进行安装与拆卸所需的人工、材料、机械和试运转费用以及机械辅助设施的折旧、搭设、拆除等费用;场外运费指施工机械整体或分体自停放地点运至施工现场或由一施工地点运至另一施工地点的运输、装卸、辅助材料及架线等费用。

e.人工费:机上司机(司炉)和其他操作人员的人工费。

f.燃料动力费:施工机械在运转作业中所消耗的各种燃料及水、电等。

g.其他费:施工机械按照国家规定应缴纳的车船使用税、保险费及年检费等。

②仪器仪表使用费:工程施工所需使用的仪器仪表的摊销及维修费用。

4)企业管理费

企业管理费是指建筑安装企业组织施工生产和经营管理所需的费用。

①管理人员工资:按规定支付给管理人员的计时工资、奖金、津贴补贴、加班加点工资及特殊情况下支付的工资等。

②办公费:企业管理办公用的文具、纸张、账表、印刷、邮电、书报、办公软件、现场监控、会议、水电、烧水和集体取暖降温(包括现场临时宿舍取暖降温)等费用。

③差旅交通费:职工因公出差、调动工作的差旅费、住勤补助费,市内交通费和误餐补助费,职工探亲路费,劳动力招募费,职工退休、退职一次性路费,工伤人员就医路费,工地转移费以及管理部门使用的交通工具的油料、燃料等费用。

④固定资产使用费:管理和试验部门及附属生产单位使用的属于固定资产的房屋、设备、仪器等的折旧、大修、维修或租赁费。

⑤工具用具使用费:企业施工生产和管理使用的不属于固定资产的工具、器具、家具、交通工具和检验、试验、测绘、消防用具等的购置、维修和摊销费。

⑥劳动保险和职工福利费:由企业支付的职工退职金、按规定支付给离休干部的经费、集体福利费、夏季防暑降温、冬季取暖补贴、上下班交通补贴等。

⑦劳动保护费:企业按规定发放的劳动保护用品的支出,如工作服、手套、防暑降温饮料以及在有碍身体健康的环境中施工的保健费用等。

⑧工会经费:企业按《中华人民共和国工会法》规定的全部职工工资总额比例计提的工会经费。

⑨职工教育经费:按职工工资总额的规定比例计提,企业为职工进行专业技术和职业技能培训、专业技术人员继续教育、职工职业技能鉴定、职业资格认定以及根据需要对职工进行各类文化教育所发生的费用。

⑩财产保险费:施工管理用财产、车辆等的保险费用。

⑪财务费:企业为施工生产筹集资金或提供预付款担保、履约担保、职工工资支付担保等所发生的各种费用。

⑫税金:企业按规定缴纳的房产税、车船使用税、城市土地使用税、印花税等。

⑬其他:包括技术转让费、技术开发费、投标费、业务招待费、绿化费、广告费、公证费、法律顾问费、审计费、咨询费、保险费等。

5)利润

利润是指施工企业完成所承包工程获得的盈利。

6)规费

规费是指按国家法律、法规规定,由省级政府和省级有关权力部门规定必须缴纳或计取的费用。

(1)社会保险费

①养老保险费:企业按照规定标准为职工缴纳的基本养老保险费。

②失业保险费:企业按照规定标准为职工缴纳的失业保险费。

③医疗保险费:企业按照规定标准为职工缴纳的基本医疗保险费。

④生育保险费:企业按照规定标准为职工缴纳的生育保险费。

⑤工伤保险费:企业按照规定标准为职工缴纳的工伤保险费。

(2)住房公积金

住房公积金是指企业按规定标准为职工缴纳的住房公积金。

其他应列而未列入的规费,按实际发生计取。

7)税金

税金是指国家税法规定的应计入建筑安装工程造价内的增值税、城市维护建设税、教育费附加、地方教育附加及环境保护税。

2.3.3 建筑安装工程费按照造价形成划分

建筑安装工程费按照工程造价形成分为分部分项工程费、措施项目费、其他项目费、规费、税金。其中,分部分项工程费、措施项目费、其他项目费包含人工费、材料费、施工机具使用费、企业管理费和利润,如图2.4所示。

1)分部分项工程费

分部分项工程费各专业工程的分部分项工程应予列支的各项费用。

①专业工程:按现行国家计量规范划分的房屋建筑与装饰工程、仿古建筑工程、通用安装工程、市政工程、园林绿化工程、矿山工程、构筑物工程、城市轨道交通工程、爆破工程等各类工程。

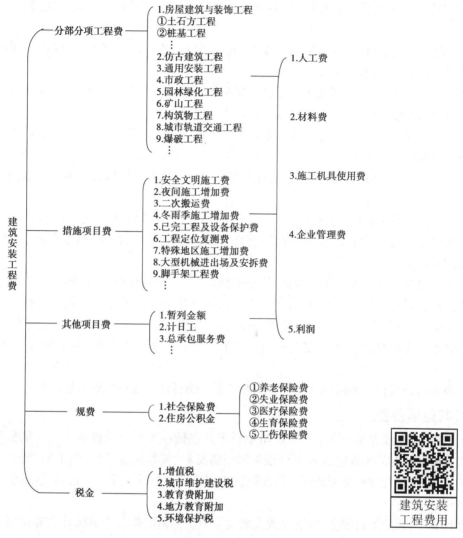

图 2.4　建筑安装工程费用项目组成表(按造价形成划分)

②分部分项工程:按现行国家计量规范对各专业工程划分的项目。如房屋建筑与装饰工程划分的土石方工程、地基处理与桩基工程、砌筑工程、钢筋及钢筋混凝土工程等。

各类专业工程的分部分项工程划分见现行国家或行业计量规范。

2)措施项目费

措施项目费是指为完成建设工程施工,发生于该工程施工前和施工过程中的技术、生活、安全、环境保护等方面的费用。

①安全文明施工费:

a.环境保护费:施工现场为达到环保部门要求所需要的各项费用。

b.文明施工费:施工现场文明施工所需要的各项费用。

c.安全施工费:施工现场安全施工所需要的各项费用。

d.临时设施费：施工企业为进行建设工程施工所必须搭设的生活和生产用的临时建筑物、构筑物和其他临时设施的费用，包括临时设施的搭设费、维修费、拆除费、清理费或摊销费等。

②夜间施工增加费：因夜间施工所发生的夜班补助、夜间施工降效、夜间施工照明设备摊销及照明用电等的费用。

③二次搬运费：因施工场地条件限制而发生的材料、构配件、半成品等一次运输不能到达堆放地点，必须进行二次或多次搬运所发生的费用。

④冬雨季施工增加费：在冬季或雨季施工需增加的临时设施、防滑、排除雨雪，人工及施工机械效率降低等的费用。

⑤已完工程及设备保护费：竣工验收前，对已完工程及设备采取的必要保护措施所发生的费用。

⑥工程定位复测费：工程施工过程中进行全部施工测量放线和复测工作的费用。

⑦特殊地区施工增加费：工程在沙漠或其边缘地区、高海拔、高寒、原始森林等特殊地区施工增加的费用。

⑧大型机械设备进出场及安拆费：是指机械整体或分体自停放场地运至施工现场或由一个施工地点运至另一个施工地点，所发生的机械进出场运输及转移费用及机械在施工现场进行安装、拆卸所需的人工费、材料费、机械费、试运转费和安装所需的辅助设施的费用。

⑨脚手架工程费：施工需要的各种脚手架搭、拆、运输费用以及脚手架购置费的摊销（或租赁）费用。

措施项目及其包含的内容详见各类专业工程的现行国家或行业计量规范。

3) 其他项目费

①暂列金额：建设单位在工程量清单中暂定并包括在工程合同价款中的一笔款项。用于施工合同签订时尚未确定或者不可预见的所需材料、工程设备、服务的采购，施工中可能发生的工程变更、合同约定调整因素出现时的工程价款调整以及发生的索赔、现场签证确认等的费用。

②计日工：在施工过程中，施工企业完成建设单位提出的施工图纸以外的零星项目或工作所需的费用。

③总承包服务费：总承包人为配合、协调建设单位进行的专业工程发包，对建设单位自行采购的材料、工程设备等进行保管以及施工现场管理、竣工资料汇总整理等服务所需的费用。

2.3.4 建筑安装工程费用参考计算方法

1) 各费用构成要素参考计算方法

（1）人工费

$$人工费 = \sum（工日消耗量 \times 日工资单价）\tag{2.11}$$

$$日工资单价 = \frac{生产工人平均月工资（计时、计件）+ 平均月（奖金 + 津贴补贴 + 特殊情况下支付的工资）}{年平均每月法定工作日}$$

注：式（2.11）主要适用于施工企业投标报价时自主确定人工费，也是工程造价管理机构

编制计价定额确定定额人工单价或发布人工成本信息的参考依据。

$$人工费 = \sum (工程工日消耗量 \times 日工资单价) \quad (2.12)$$

日工资单价是指施工企业平均技术熟练程度的生产工人在每工作日(国家法定工作时间内)按规定从事施工作业应得的日工资总额。

工程造价管理机构确定日工资单价应通过市场调查、根据工程项目的技术要求,参考实物工程量人工单价综合分析确定,最低日工资单价不得低于工程所在地人力资源和社会保障部门所发布的最低工资标准的:普工1.3倍、一般技工2倍、高级技工3倍。

工程计价定额不可只列一个综合工日单价,应根据工程项目技术要求和工种差别适当划分多种日人工单价,确保各分部工程人工费的合理构成。

注:式(2.12)适用于工程造价管理机构编制计价定额时确定定额人工费,是施工企业投标报价的参考依据。

(2)材料费

①材料费:

$$材料费 = \sum (材料消耗量 \times 材料单价) \quad (2.13)$$

$$材料单价 = [(材料原价 + 运杂费) \times [1 + 运输损耗率(\%)]] \times [1 + 采购保管费率(\%)] \quad (2.14)$$

②工程设备费:

$$工程设备费 = \sum (工程设备量 \times 工程设备单价) \quad (2.15)$$

$$工程设备单价 = (设备原价 + 运杂费) \times [1 + 采购保管费率(\%)] \quad (2.16)$$

(3)施工机具使用费

①施工机械使用费:

$$施工机械使用费 = \sum (施工机械台班消耗量 \times 机械台班单价) \quad (2.17)$$

$$机械台班单价 = 台班折旧费 + 台班大修费 + 台班经常修理费 +$$
$$台班安拆费及场外运费 + 台班人工费 + 台班燃料动力费 + 台班车船税费 \quad (2.18)$$

注:工程造价管理机构在确定计价定额中的施工机械使用费时,应根据《建筑施工机械台班费用计算规则》结合市场调查编制施工机械台班单价。施工企业可以参考工程造价管理机构发布的台班单价,自主确定施工机械使用费的报价,如租赁施工机械,公式为:

$$施工机械使用费 = \sum (施工机械台班消耗量 \times 机械台班租赁单价) \quad (2.19)$$

②仪器仪表使用费:

$$仪器仪表使用费 = 工程使用的仪器仪表摊销费 + 维修费 \quad (2.20)$$

(4)企业管理费费率

①以分部分项工程费为计算基础:

$$企业管理费费率(\%) = \frac{生产工人年平均管理费}{年有效施工天数 \times 人工单价} \times$$
$$人工费占分部分项工程费比例(\%) \quad (2.21)$$

②以人工费和机械费合计为计算基础:

$$企业管理费费率(\%) = \frac{生产工人年平均管理费}{年有效施工天数 \times (人工单价 + 每一工日机械使用费)} \times 100\% \quad (2.22)$$

③以人工费为计算基础：

$$企业管理费费率(\%) = \frac{生产工人年平均管理费}{年有效施工天数 \times 人工单价} \times 100\% \quad (2.23)$$

注：式(2.21)至式(2.23)适用于施工企业投标报价时自主确定管理费,是工程造价管理机构编制计价定额确定企业管理费的参考依据。

工程造价管理机构在确定计价定额中企业管理费时,应以定额人工费或(定额人工费 + 定额机械费)作为计算基数,其费率根据历年工程造价积累的资料,辅以调查数据确定,列入分部分项工程和措施项目中。

(5)利润

①施工企业根据企业自身需求并结合建筑市场实际自主确定,列入报价中。

②工程造价管理机构在确定计价定额中利润时,应以定额人工费或定额人工费 + 定额机械费作为计算基数,其费率根据历年工程造价积累的资料,并结合建筑市场实际确定,以单位(单项)工程测算,利润在税前建筑安装工程费的比重可按不低于5%且不高于7%的费率计算。利润应列入分部分项工程和措施项目中。

(6)规费

社会保险费和住房公积金:社会保险费和住房公积金应以定额人工费为计算基础,根据工程所在地省、自治区、直辖市或行业建设主管部门规定费率计算。

$$社会保险费和住房公积金 = \sum (工程定额人工费 \times 社会保险费和住房公积金费率) \quad (2.24)$$

式中:社会保险费和住房公积金费率可以每万元发承包价的生产工人人工费和管理人员工资含量与工程所在地规定的缴纳标准综合分析取定。

(7)税金

税金计算公式：

$$增值税 = 税前造价 \times 增值税率(\%) \quad (2.25)$$

$$附加税 = 增值税税额 \times 附加税率(\%) \quad (2.26)$$

$$税金 = 增值税 + 附加税 + 环境保护税 \quad (2.27)$$

$$附加税 = 城市维护建设税 + 教育费附加 + 地方教育费附加 \quad (2.28)$$

①增值税:根据财政部、税务总局、海关总署公告2019年第39号的规定,按照《住房城乡建设部办公厅关于重新调整建设工程计价依据增值税税率的通知》(建办标函[2019]193号)的要求,从2019年4月1日起,将建筑业增值税税率均由10%调整为9%。

②附加税:包括城市维护建设税、教育费附加、地方教育费附加。区别纳税地点,按照国家和地方相关规定执行。

③环境保护税:由税务机关依照《中华人民共和国税收征收管理法》和《中华人民共和国环境保护税法》的规定征收管理。

2)建筑安装工程计价参考方法

(1)分部分项工程费

$$分部分项工程费 = \sum (分部分项工程量 \times 综合单价) \quad (2.29)$$

式中:综合单价包括人工费、材料费、施工机具使用费、企业管理费和利润以及一定范围的风险费用(下同)。

(2)措施项目费

①国家计量规范规定应予计量的措施项目,其计算公式为:

$$措施项目费 = \sum(措施项目工程量 × 综合单价) \tag{2.30}$$

②国家计量规范规定不宜计量的措施项目计算方法如下:

a.安全文明施工费:

$$安全文明施工费 = 计算基数 × 安全文明施工费费率(\%) \tag{2.31}$$

计算基数应为定额基价(定额分部分项工程费 + 定额中可以计量的措施项目费)、定额人工费或(定额人工费 + 定额机械费),其费率由工程造价管理机构根据各专业工程的特点综合确定。

b.夜间施工增加费:

$$夜间施工增加费 = 计算基数 × 夜间施工增加费费率(\%) \tag{2.32}$$

c.二次搬运费:

$$二次搬运费 = 计算基数 × 二次搬运费费率(\%) \tag{2.33}$$

d.冬雨季施工增加费:

$$冬雨季施工增加费 = 计算基数 × 冬雨季施工增加费费率(\%) \tag{2.34}$$

e.已完工程及设备保护费:

$$已完工程及设备保护费 = 计算基数 × 已完工程及设备保护费费率(\%) \tag{2.35}$$

注:式(2.32)至式(2.35)中措施项目的计费基数应为定额人工费或定额人工费 + 定额机械费,其费率由工程造价管理机构根据各专业工程特点和调查资料综合分析后确定。

(3)其他项目费

①暂列金额由建设单位根据工程特点,按有关计价规定估算,施工过程中由建设单位掌握使用、扣除合同价款调整后如有余额,归建设单位。

②计日工由建设单位和施工企业按施工过程中的签证计价。

③总承包服务费由建设单位在招标控制价中根据总包服务范围和有关计价规定编制,施工企业投标时自主报价,施工过程中按签约合同价执行。

(4)规费和税金

建设单位和施工企业均应按照省、自治区、直辖市或行业建设主管部门发布标准计算规费和税金,不得作为竞争性费用。

3)相关问题的说明

①各专业工程计价定额的编制及其计价程序,均按相关规定实施。

②各专业工程计价定额的使用周期原则上为 5 年。

③工程造价管理机构在定额使用周期内,应及时发布人工、材料、机械台班价格信息,实行工程造价动态管理,如遇国家法律、法规、规章或相关政策变化以及建筑市场物价波动较大时,应适时调整定额人工费、定额机械费以及定额基价或规费费率,使建筑安装工程费能反映建筑市场实际。

④建设单位在编制招标控制价时,应按照各专业工程的计量规范和计价定额以及工程造价信息编制。

⑤施工企业在使用计价定额时除不可竞争费用外,其余仅作参考,由施工企业投标时自主报价。

【例2.4】某市建筑公司承建某乡镇政府办公楼,税前造价为2 000万元,附加税税率为12%,求企业应缴纳的税金(不计环境保护税)。

【解】增值税 = 税前造价 × 增值税率(%)

$$= 2\ 000 × 9\% = 180(万元)$$

附加税 = 增值税税额 × 附加税税率(%)

$$= 180 × 12\% = 21.6(万元)$$

应纳税金 = 增值税 + 附加税 + 环境保护税

$$= 180 + 21.6 = 201.6(万元)$$

2.4　工程建设其他费用的构成

2.4.1　工程建设其他费用的概念和分类

1)工程建设其他费用的概念

工程建设其他费用是指从工程筹建到工程竣工验收交付使用为止的整个建设期间,除建筑安装工程费用和设备、工器具购置费用以外的,为保证工程建设顺利完成和交付使用后能够正常发挥作用而发生的各项费用。

2)工程建设其他费用的分类

工程建设其他费用按其内容分为以下3大类:

①土地使用;

②与项目建设有关的其他费用;

③与未来企业生产经营有关的其他费用。

工程建设
其他费用

2.4.2　土地使用费和其他补偿费

土地使用费是指建设项目使用土地应支付的费用,包括建设用地费、临时土地使用费以及由于使用土地发生的其他补偿费,如水土保持补偿费等。建设用地费是指为获得工程项目建设用地的使用权而在建设期内发生的费用。取得土地使用权的方式有出让、划拨和转让三种方式。临时土地使用费是指临时使用土地发生的相关费用,包括地上附着物和青苗补偿费、土地恢复费以及其他税费等。其他补偿费是指项目涉及的对房屋、市政、铁路、公路、管道、通信、电力、河道、水利、厂区、林区、保护区、矿区等不附属于建设用地的相关建构筑物或设施的补偿费用。

1)农用土地征用费

农用土地征用费由土地补偿费、安置补助费、土地投资补偿费、土地管理费、耕地占用税等组成,并按被征用土地的原用途给予补偿。

征用耕地的补偿费用包括土地补偿费、安置补助费以及地上附着物和青苗的补偿费。

①征用耕地的土地补偿费,为该耕地被征用前三年平均年产值的 6~10 倍。

②征用耕地的安置补助费,按照需要安置的农业人口数计算。需要安置的农业人口数,按照被征用的耕地数量除以征地前被征用单位平均每人占有耕地的数量计算。每一个需要安置的农业人口的安置补助费标准,为该耕地被征用前三年平均年产值的 4~6 倍。但是,每公顷被征用耕地的安置补助费,最高不得超过被征用前三年平均年产值的 15 倍。

征用其他土地的土地补偿费和安置补助费标准,由省、自治区、直辖市参照征用耕地的土地补偿费和安置补助费的标准规定。

③征用土地上的附着物和青苗的补偿标准,由省、自治区、直辖市规定。

④征用城市郊区的菜地,用地单位应当按照国家有关规定缴纳新菜地开发建设基金。

2) 取得国有土地使用费

取得国有土地使用费包括土地使用权出让金、城市建设配套费、房屋征收与补偿费等。

①土地使用权出让金是指建设工程通过土地使用权出让方式,取得有限期的土地使用权,依照《中华人民共和国城镇国有土地使用权出让和转让暂行条例》规定支付的费用。

②城市建设配套费是指因进行城市公共设施的建设而分摊的费用。

③房屋征收与补偿费是指根据《国有土地上房屋征收与补偿条例》的规定,房屋征收部门对被征收人给予的补偿。其内容包括:

a. 被征收房屋价值的补偿;

b. 因征收房屋造成的搬迁、临时安置的补偿;

c. 因征收房屋造成的停产停业损失的补偿。

市、县级人民政府应当制定补助和奖励办法,对被征收人给予补助和奖励。对被征收房屋价值的补偿,不得低于房屋征收决定公告之日被征收房屋类似房地产的市场价格。被征收房屋的价值,由具有相应资质的房地产价格评估机构按照房屋征收评估办法评估确定。被征收人可以选择货币补偿,也可以选择房屋产权调换。被征收人选择房屋产权调换的,市、县级人民政府应当提供用于产权调换的房屋,并与被征收人计算、结清被征收房屋价值与用于产权调换房屋价值的差价。因旧城区改建征收个人住宅,被征收人选择在改建地段进行房屋产权调换的,作出房屋征收决定的市、县级人民政府应当提供改建地段或者就近地段的房屋。因征收房屋造成搬迁的,房屋征收部门应当向被征收人支付搬迁费;选择房屋产权调换的,产权调换房屋交付前,房屋征收部门应当向被征收人支付临时安置费或产停业期限等因素确定。具体办法由省、自治区、直辖市制定。房屋征收部门与被征收人依照规定,就补偿方式、补偿金额和支付期限、用于产权调换房屋的地点和面积、搬迁费、临时安置费或者周转用房、停产停业损失、搬迁期限、过渡方式和过渡期限等事项,订立补偿协议。实施房屋征收应当先补偿、后搬迁。作出房屋征收决定的市、县级人民政府对被征收人给予补偿后,被征收人应当在补偿协议约定或者补偿决定确定的搬迁期限内完成搬迁。

2.4.3 与项目建设有关的其他费用

与项目建设有关的其他费用具体见表2.4。

表 2.4　与项目建设有关的其他费用

费用构成		内容及计算依据
与项目建设有关的其他费用	建设管理费 · 建设单位管理费	建设单位发生的管理性质的开支,如建设管理采用工程总承包方式,其总包管理费由建设单位与总包单位根据总包工作范围在合同中商定,从建设管理费中支出
		计算方法:建设单位管理费 = 工程费用 × 建设单位管理费费率,其中工程费用是指建筑安装工程费用和设备及工器具购置费用之和
	建设管理费 · 工程监理费	受建设单位委托,工程监理机构为工程建设提供技术服务所发生的费用,属建设管理范畴;如采用监理,建设单位部分管理工作量转移至监理单位
		计算方法:监理费应根据委托的监理工作范围和监理深度在监理合同中商定或按当地或所属行业部门有关规定计算。建设工程监理费按照国家发展改革委员会、原建设部《建设工程监理与相关服务收费管理规定》(发改价格〔2007〕670号)计算;其他建设工程施工阶段的监理收费和其他阶段的监理与相关服务收费实行市场调节价
	勘察设计费	对工程项目进行工程水文地质勘查、工程设计所发生的费用
		计算方法:勘察费按照原国家计划委员会、建设部《关于发布〈工程勘察设计收费管理规定〉的通知》(计价格〔2002〕10号)有关规定计算
	研究试验费	为建设项目提供和验证设计参数、数据、资料等进行必要的研究和试验,以及设计规定在施工中必须进行试验、验证所需要的费用
		计算方法:按照设计提出需要研究试验的内容和要求计算
	场地准备费和临时设施费 · 场地准备费	建设项目为达到工程开工条件所发生的、未列入工程费用的场地平整以及对建设场地余留的有碍于施工建设的设施进行拆除清理所发生的费用;改扩建项目一般只计拆除清理费
		计算方法:应根据实际工程量估算,或按工程费用的比例计算
	场地准备费和临时设施费 · 临时设施费	建设单位为满足施工建设需要而提供到场地界区的未列入工程费用的临时水、电、路、信、气等工程和临时仓库、办公、生活等建(构)筑物的建设、维修、拆除、摊销费用或租赁费用,以及铁路、码头租赁等费用
		计算方法:按工程量计算,或者按工程费用比例计算。临时设施费 = 工程费用 × 临时设施费费率,其中临时设施费费率视项目特点确定
	工程保险费	建设项目在建设期间根据需要对建筑工程、安装工程及机器设备和人身安全进行投保而发生的保险费用
		计算方法:根据投保合同计列保险费用或者按工程费用的比例估算工程保险费 = 工程费用 × 工程保险费费率,其中工程保险费费率按选择的投保险种综合考虑
	引进技术和进口设备材料其他费	引进技术和设备发生的但未计入引进技术费和设备材料购置费的费用
		计算方法:①图纸资料翻译复制费、备品备件测绘费根据引进项目的具体情况计列或按进口货价(FOB)的比例估列,备品备件测绘费时按具体情况估列;②出国人员费用依据合同或协议规定的费用标准计算,生活费按照财政部、外交部规定的现行标准计算;③来华人员费用依据引进合同或协议有关条款及来华技术人员派遣计划进行计算,来华人员接待费用可按每人次费用指标计算;④进口设备材料国内检验费 = 进口设备材料到岸价(CIF) × 人民币外汇牌价(中间价) × 进口设备材料国内检验费费率
	可行性研究费	在工程项目投资决策阶段,对有关建设方案、技术方案或生产经营方案进行的技术经济论证,以及编制、评审可行性研究报告等所需的费用
	专项评价费	建设单位按照国家规定委托有资质的单位开展专项评价及有关验收工作发生的费用
	特殊设备安全监督检验费	对在施工现场安装的列入国家特种设备范围内的设备(设施)检验检测和监督检查所发生的应列入项目开支的费用
		按照建设项目所在省(市、自治区)安全监察部门的规定标准计算;无具体规定的,在编制投资估算和概算时可按受检设备现场安装费的比例估算
	市政公用配套设施费	使用市政公用设施的工程项目,按照项目所在地政府有关规定建设或缴纳的市政公用设施建设配套费用
	专利及专有技术使用费	专利及专有技术使用费是指在建设期内取得专利、专有技术、商标、商誉和特许经营的所有权或使用权发生的费用,包括工艺包费、设计及技术资料费、有效专利、专有技术使用费、技术保密费和技术服务费等,商标权、商誉和特许经营权费,软件费等

2.4.4　与未来企业生产经营有关的其他费用

与未来企业生产经营有关的其他费用见表2.5。

表 2.5　与未来企业生产经营有关的其他费用计算

	费用构成	内容及计算依据
与未来企业生产经营有关的其他费用	联合试运转费	是指新建企业或新增生产工艺过程的扩建企业在竣工验收前,按设计规定进行整个车间的负荷或无负荷联合试运转发生费用支出大于试运转收入(试运转产品的销售和其他收入)的亏损部分 费用包括:试运转所需的原料、燃料、油料和动力的消耗费用,机械使用费用,低值易耗品及其他物品的购置费和施工单位参加试运转人员的工资以及专家指导开车费用等,不包括应由设备安装费用开支的单台设备调试及试车费用
		计算办法:按需要试运转车间的工艺设备购置费的百分率计算
	生产准备费	是指新建企业或新增生产能力的企业,为保证竣工交付使用进行必要的生产准备所发生的费用,包括生产人员培训费,生产单位提前进厂参加施工、设备安装及调试等人员的工资等费用
		计算办法:根据人数及培训时间按生产准备费用指标进行估算
	办公和生活家具购置费	是指为保证新建、扩建、改建项目初期正常生产、使用和管理所需购置的办公和生活家具、用具等的费用
		计算办法:按设计定员人数乘以综合指标计算,一般为 600 ~ 800 元/人

2.5　预备费、建设期贷款利息固定资产投资方向调节税

按我国现行规定,预备费包括基本预备费和涨价预备费两部分。

2.5.1　基本预备费

1)基本预备费的概念

基本预备费是指在初步设计及概算内难以预料的,而在工程建设实施期间又可能发生的工程费用。

预备费、建设期利息

2)基本预备费的内容

基本预备费的内容包括:

①在批准的初步设计范围内,技术设计、施工图设计及施工过程中所增加的工程费用;设计变更、局部地基处理等增加的费用。

②一般自然灾害造成的损失和预防自然灾害所采取的措施费用。实行工程保险的项目,费用应适当降低。

③竣工验收时,为鉴定工程质量对隐蔽工程进行必要的剥露和修复所产生的费用。

3)基本预备费的计算

基本预备费是以工程建设费为取费基础乘以基本预备费费率计算。计算公式为

基本预备费 = (设备器具购置费 + 建筑安装工程费 + 工程建设其他费用) × 基本预备费

费率(%)   (2.36)

基本预备费费率按国家及部门规定计取。一般在项目建议书阶段和可行性研究阶段取10% ~ 15%,在初步设计阶段取7% ~ 10%。

2.5.2 涨价预备费

1)涨价预备费的概念

涨价预备费是指建设项目在建设期间由于价格等变化引起工程造价变化的预测预留费用。

2)涨价预备费的内容

涨价预备费的内容包括:人工、设备、材料、施工机械的价差费,建筑安装工程费及工程建设其他费用调整,利率、汇率调整等增加的费用。

3)涨价预备费的计算

涨价预备费是根据国家规定的投资综合价格指数,按估算年份价格水平的投资额为基数,采用复利方法计算。计算公式为

$$PF = \sum_{t=1}^{n} I_t \left[(1 + f)^t - 1 \right]$$ (2.37)

式中　PF——涨价预备费;

　　　n——建设期年份数;

　　　I_t——建设期中第 t 年的投资计划额,包括设备及工器具购置费、建筑安装工程费和工程建设其他费用及基本预备费;

　　　f——年均投资价格上涨率。

【例2.5】某建设项目建设期为3年,第1年投资为3 600万元,第2年投资为1 080万元,第3年投资为3 600万元,年平均上涨率为6%,求建设项目建设期间涨价预备费。

【解】第1年涨价预备费:

$$PF_1 = I_1 \left[(1 + f) - 1 \right] = 3\,600 \times 0.06 = 216(万元)$$

第2年涨价预备费:

$$PF_2 = I_2 \left[(1 + f)^2 - 1 \right] = 1\,080 \times (1.06^2 - 1) = 133.49(万元)$$

第3年涨价预备费:

$$PF_3 = {}_3 \left[(1 + f)^3 - 1 \right] = 3\,600 \times (1.06^3 - 1) = 687.66(万元)$$

所以,涨价预备费 $PF = PF_1 + PF_2 + PF_3 = 216 + 133.49 + 687.66 = 1\,037.15(万元)$

2.5.3 建设期银行贷款利息的概念

建设期银行贷款利息是指项目建设期间向国内银行或其他非银行金融机构贷款、出口

信贷、外国政府贷款、国际商业银行贷款以及在境内外发行的债券等应偿还的借款利息。

2.5.4 建设期银行贷款利息的计算方法

①当总贷款分年均衡发放时,建设期利息的计算可按当年借款在年中支用考虑,当年贷款按半年计算利息,上年贷款按全年计算。计算公式为

$$q_j = \left(p_{j-1} + \frac{1}{2}A_j\right)i \tag{2.38}$$

式中　q_j——建设期第 j 年应计利息;

　　　i——年利率;

　　　p_{j-1}——建设期第 $(j-1)$ 年末贷款累计金额与利息累计金额之和;

　　　A_j——建设期第 j 年贷款金额。

②当贷款总额在年初一次性贷出且利率固定时,建设期贷款利息按下式计算:

$$I = P(1+i)^n - P \tag{2.39}$$

式中　P——一次性贷款数额;

　　　i——年利率;

　　　n——计算期;

　　　I——贷款利息。

【例 2.6】某建设项目建设期为 3 年,第 1 年贷款为 3 600 万元,第 2 年贷款为 1 080 万元,第 3 年贷款为 3 800 万元,年利率为 12%,建设期内利息只计算不支付,试计算建设期间贷款利息。

【解】第 1 年贷款利息:

$$q_1 = \left(p_0 + \frac{1}{2}A_1\right)i = \left(0 + 3\,600 \times \frac{1}{2}\right) \times 12\% = 216(万元)$$

第 2 年贷款利息:

$$q_2 = \left(p_1 + \frac{1}{2}A_2\right)i = \left(3\,600 + 216 + 1\,080 \times \frac{1}{2}\right) \times 12\% = 522.72(万元)$$

第 3 年贷款利息:

$$q_3 = \left(p_2 + \frac{1}{2}A_2\right)i = \left(3\,600 + 216 + 1\,080 + 522.72 + 3\,800 \times \frac{1}{2}\right) \times 12\% = 878.25(万元)$$

所以,建设期贷款利息之和 $q = q_1 + q_2 + q_3 = 216 + 522.72 + 878.25 = 1\,616.97(万元)$

2.6 案例分析

【综合案例 1】

某建设项目,设备购置费为 5 000 万元,工器具及生产家具定额费率为 5%,建安工程费为 580 万元,工程建设其他费用为 150 万元,基本预备费率为 3%,建设期为 2 年,各年投资比例分别为 40%、60%,建设期内价格变动率为 6%,如果 3 000 万为银行贷款,其余为自有资金,各年贷款比例分别为 70%、30%。求建设期涨价预备费、建设期贷款利息;假设贷款年利率为 10%,求本工程造价。

【解答】(1)工器具购置费 $= 5\,000 \times 5\% = 250$(万元)

(2)基本预备费 $= (5\,000 + 250 + 580 + 150) \times 3\% = 179.4$(万元)

(3)静态投资 $= 250 + 5\,000 + 580 + 150 + 179.4 = 6\,159.4$(万元)

(4)第1年涨价预备费 $= 6\,159.4 \times 40\% \times (1.06 - 1) = 147.83$(万元)

第2年涨价预备费 $= 6\,159.4 \times 60\% \times (1.06^2 - 1) = 456.78$(万元)

建设期涨价预备费 $= 147.83 + 456.78 = 604.61$(万元)

(5)第1年贷款利息 $= 3\,000 \times 70\% \times 0.5 \times 10\% = 105$(万元)

第2年贷款利息 $= (3\,000 \times 70\% + 105 + 3\,000 \times 30\% \times 0.5) \times 10\% = 265.5$(万元)

建设期贷款利息 $= 105 + 265.5 = 370.5$(万元)

工程造价 = 设备及工器具购置费 + 建筑安装工程费用 + 工程建设其他费用 + 预备费 + 建设期贷款利息 $= 6\,159.4 + 604.61 + 370.5 = 7\,134.51$(万元)

【综合案例2】:某建设工程项目在建设期初的建设安装工程费、设备及工器具购置费为45 000万元,项目建设期为3年,投资分年使用比例:第1年为25%,第2年为55%,第3年为20%,建设期内预计平均价格总水平上涨率为5%,建设期贷款利息为1 395万元,建设工程项目其他费用为3 860万元,基本预备费率为10%。

(1)计算项目建设期的涨价预备费。

(2)计算项目的建设投资。

【解答】(1)计算项目的涨价预备费

基本预备费 $= (45\,000 + 3\,860) \times 10\% = 4\,886$(万元)

静态投资 $= 45\,000 + 3\,860 + 4\,886 = 53\,746$(万元)

第1年末涨价预备费 $= 53\,746 \times 25\% \times [(1 + 5\%) - 1] = 671.83$(万元)

第2年末涨价预备费 $= 53\,746 \times 55\% \times [(1 + 5\%)^2 - 1] = 3\,029.93$(万元)

第3年末涨价预备费 $= 53\,746 \times 20\% \times [(1 + 5\%)^3 - 1] = 1\,694.34$(万元)

涨价预备费 $= 671.83 + 3\,029.93 + 1\,694.34 = 5\,396.10$(万元)

(2)计算项目的建设投资

建设投资 = 工程费用 + 工程建设其他费用 + 基本预备费 + 涨价预备费 $= 45\,000 + 3\,860 + 4\,886 + 5\,396.10 = 59\,142.10$(万元)

【综合案例3】

由美国某公司引进年产6万t全套工艺设备和技术的某精细化工项目,在我国某港口城市建设。该项目占地面积为10万 m^2,绿化覆盖率为36%。建设期为2年,固定资产投资为11 800万元人民币,流动资产投资为3 600万元人民币。固定资产中引进部分的合同总价为682万美元,用于主要生产工艺装置的外购费用。厂房、辅助生产装置、公用工程、服务项目、生活福利及厂外配套工程等均由国内设计配套,引进合同价款的细项如下:

①硬件费为620万美元,其中工艺设备购置费为460万美元,仪表为60万美元,电气设备为56万美元,工艺管道为36万美元,特种材料为8万美元。

②软件费为62万美元,其中计算关税的项目有:设计费、非专利技术及技术秘密费用48万美元;不计算关税的项目有:技术服务及资料费14万美元(不计海关监管手续费)。

人民币兑换美元的外汇牌价均按1美元 = 8.3元人民币计算。

③中国远洋公司的现行海运费费率为6%,海运保险费费率为0.35%,现行外贸手续费

率、中国银行财务手续费费率、增值税率和关税税率分别按 1.5%,0.5%,17%,17% 计取。

④国内供销手续费费率为 0.4%,运输、装卸和包装费费率为 0.1%,采购保管费费率为 1%。

【问题】

①对于引进工程项目的引进部分,硬、软件从属费用有哪些? 如何计算?

②本项目引进部分购置投资的价格是多少?

分析要点:

本案例主要考核引进工程项目中从属费用的计算内容和计算方法、引进设备国内运杂费的计算方法。本案例应解决以下几个主要的概念性问题:

①引进项目减免关税的技术资料、技术服务等软件部分不计国外运输费、国外运输保险费、外贸手续费和增值税。

②外贸手续费、关税计算,依据是硬件到岸价和应计关税软件的货价之和;银行财务费计算,依据是全部硬件、软件的货价。本例是引进工艺设备,故增值税的计算依据是应计关税价与关税之和,不考虑消费税。

$$硬件到岸价 = 硬价货价 + 国外运输费 + 国外运输保险费$$
$$应计关税 = 硬价到岸价 + 应计关税软件的货价$$

③引进部分的购置投资 = 引进部分的原价 + 国内运杂费。

式中:

引进部分的原价 = 货价 + 国外运费 + 国外运输保险费 + 外贸手续费 + 银行财务费 + 关税 + 增值税(不考虑进口车辆的消费税和附加费)

引进部分的国内运杂费包括:供销手续费、运输装卸费和包装费(设备原价中未包括的,而运输过程中需要的包装费)以及采购保管费等内容,并按以下公式计算:

$$引进设备国内运杂费 = 引进设备原价 \times 国内运杂费费率$$

【解答】

①本案例引进部分为工艺设备的硬、软件,其从属费用包括货价、国外运输费、国外运输保险费、外贸手续费、银行财务费、关税和增值税等费用。各项费用的计算方法见表 2.6。

表 2.6　引进项目硬、软件从属费用计算表

费用名称	计算公式	备注
货价(FOB)	货价 = 硬、软件的离岸价外币金额 × 外汇牌价	外汇牌价按合同生效,第一次付款日期的汇兑牌价
国际运费	国际运费 = 硬件货价 × 国际运费率	海运费费率取 6%,空运费费率取 8.5%,铁路运费费率取 1%
国外运输保险费(价内税)	运输保险费 = $\dfrac{硬件 FOB 价 + 国际运费}{1 - 保险费费率}$ × 保险费费率	海运保险费费率取 0.35%,空运保险费费率取 0.455%,陆运保险费费率取 0.266%
银行财务费	银行财务费 = 软、硬件货价(FOB 价) × 银行财务费率	一般取 0.4% ~0.5%

续表

费用名称	计算公式	备注
外贸手续费	外贸手续费 =（FOB 价 + 国际运费 + 运输保险费）× 外贸手续费费率	一般取 1.5%
关税	硬件关税 =（FOB 价 + 国际运费 + 运输保险费）× 进口关税税率 软件关税 = 应计关税软件的货价 × 进口关税率	一般取 1.5%
消费税	应纳消费税额 = $\dfrac{\text{到岸价（CIF）} + \text{关税}}{1 - \text{消费税税率}} \times$ 消费税税率	税率为：越野车、小汽车取 5%，小轿车取 8%，轮胎取 10%
增值税	增值税 =［硬件 CIF(FOB 价 + 国际运费 + 运输保险费) + 软件货价 + 关税］× 增值税税率	设备增值税率一般取 17%
海关监管手续费	海关监管手续费 = 减免关税部分的到岸价 × 海关监管费费率	一般取 0.3%
车辆购置附加税	车辆购置附加税 =（FOB 价 + 国际运费 + 运输保险费 + 关税 + 消费税 + 增值税）× 进口车辆购置附加率	

②本项目引进部分购置投资 = 引进部分的原价 + 国内运杂费。式中,引进部分的原价是指引进部分的从属费用之和,见表 2.7。

表 2.7　引进设备硬、软件原价计算表

费用名称	计算公式	费用/万元
货价（FOB）	货价 = 620 × 8.3 + 62 × 8.3 = 5 660.60	5 660.60
国际运费	国际运费 = 5 146 × 6% = 308.76	308.76
国外运输保险费（价内税）	国外运输保险费（价内税）=（5 146 + 308.76）× 0.35%/（1 - 0.35%）= 19.16	19.16
银行财务费	银行财务费 = 5 660.6 × 0.5% = 28.30	28.30
外贸手续费	外贸手续费 =（5 146 + 308.76 + 19.16 + 48 × 8.3）× 1.5% = 88.08	88.08
关税	硬件关税 =（5 146 + 308.76 + 19.16）× 17% = 930.57 软件关税 = 48 × 8.3 × 17% = 67.73 关税合计 = 930.57 + 67.73 = 998.30	998.30
增值税	增值税 =（5 872.32 + 998.30）× 17% = 1 168.01	1 168.01
引进设备原价	从属费用合计	8 271.21

由表 2.8 得知：

引进部分的原价 = 8 271.21 万元

国内运杂费 = 8 271.21 × (0.4% + 0.1% + 1%) = 124.07(万元)

引进设备购置投资 = 8 171.21 + 124.07 = 8 395.28(万元)

本章小结

本章详细介绍了我国现行建设工程投资和工程造价的具体构成。其中,固定资产投资即工程造价。工程造价涉及工程建设费用组成的 6 个部分:设备及工器具购置费、建筑安装工程费、工程建设其他费用、预备费、建设期贷款利息及固定资产投资方向调节税。设备及工器具购置费,要着重掌握国产标准设备和进口设备的原价组成、原价的计算方法、运杂费的组成及计算方法以及 FOB 和 CIF 等概念。

本章重点介绍了设备及工器具购置费用,建筑安装工程费用,工程建设其他费用,以及预备费、建设期贷款利息、固定资产投资方向调节税的构成与计算。

本章案例分析讲解了建设工程总造价、建设总投资、项目引进部分购置投资的综合计算方法。

本章是工程造价管理的重点内容,明确规定了哪些费用应该计算并怎样计算,以及计算出的内容应该归结到费用的哪个部分,造价人员或工程人员都必须掌握本章内容。

思考与练习

一、单项选择题

1.在进口设备运杂费中,运输费的运输区间是指(　　)。

A.出口国供货到进口国边境港口或车站

B.出口国边境或车站到进口国边境港口或车站

C.进口国边境或车站到工地仓库

D.出口国的边境港口或车站到工地仓库

2.国产设备原价一般是指(　　)。

A.设备预算价格　　　　　　　　　　B.设备制造厂交货价

C.出厂价与运费、装卸费之和　　　　D.设备购置费用

3.部分进口设备应纳的消费税计算公式是(　　)。

A.应纳消费税 = (到岸价 + 关税) × 消费税税率

B.应纳消费税 = (到岸价 + 关税 + 增值税) × 消费税税率

C.应纳消费税 = (到岸价 + 关税) × (1 + 消费税税率) × 消费税税率

D.应纳消费税 = (到岸价 + 关税) × 消费税税率 ÷ (1 − 消费税税率)

4.工具、器具及生产家具购置费一般通过(　　)计算。

A.原价 + 运杂费　　　　　　　　　　B.原价 × (1 + 运杂费率)

C.原价 × (1 + 运杂费率) × (1 + 损耗率)　　D.设备购置费 × 定额费率

5.在建筑安装工程费中,人工费是指(　　)。

A. 施工现场所有人员的工资性费用

B. 施工现场与建筑安装工程施工生产工人开支的各项费用

C. 直接从事建筑安装工程施工的生产工人开支的各项费用

D. 直接从事建筑安装工程施工的生产工人及机械操作人员开支的各项费用

6. 在建安工程施工中,周转材料租赁费应计入(　　)。

A. 材料费　　　　　B. 现场经费　　　　C. 直接工程费　　　　D. 措施费

7. 项目建设期间用于项目的建设投资、建设期贷款利息、固定资产投资方向调节税和流动资金的总和是(　　)。

A. 建设项目总投资　　B. 工程费用　　　　C. 安装工程费　　　　D. 预备费

8. 建设用地费属于(　　)。

A. 建筑安装工程费用　　　　　　　　B. 企业管理费

C. 工程建设其他费用　　　　　　　　D. 场地准备及临时设施费

9. 关于土地征用及迁移补偿费的说法中,正确的是(　　)。

A. 征用林地、牧场的土地补偿费标准为该地被征用前 3 年平均年产值的 6 ~ 10 倍。

B. 征收无收益的土地,不予补偿。

C. 地上附着物及青苗补偿费归农村集体所有。

D. 被征用耕地的安置补助费最高不超过被征用前 3 年平均年产值的 30 倍。

10. 下列不属于材料预算价格费用的是(　　)。

A. 材料原价　　　　　　　　　　　　B. 材料包装费

C. 材料采购保管费　　　　　　　　　D. 材料二次搬运费

11. 大型施工机械进出场费属于(　　)。

A. 施工机械使用费　　　　　　　　　B. 措施项目费

C. 企业管理费　　　　　　　　　　　D. 规费

12. 建筑安装工费中的税金是指(　　)。

A. 营业税、增值税和教育费附加

B. 营业税、固定资产投资方向调节税和教育费附加

C. 营业税、城市维护建设税和教育费附加

D. 增值税、城市维护建设税、教育费附加、地方教育附加及环境保护税

13. 某工程的建筑安装工程费为 900 万元,设备及工器具购置费为 500 万元,工程建设其他费用为 100 万元,项目基本预备费费率为 10% ,则该项目的基本预备费为(　　)万元。

A. 40　　　　　　　　B. 150　　　　　　　C. 100　　　　　　　D. 140

14. 研究试验费属于(　　)。

A. 建筑安装工程费用中的材料费

B. 建筑安装工程费用中的机械费

C. 工程建设其他费用

D. 场地准备及临时设施费

二、多项选择题

1. 国产非标准设备原价的估价方法包括(　　)。

A. 成本计算估价法　　　　　　　　　B. 系列设备插入估价法

C. 分部组合估价法　　　　　　　　　　D. 定额估价法

E. 实物估价法

2. 下列费用属于建筑安装工程措施项目费的是(　　)。

A. 大型机械设备进出场及安拆费　　　　B. 构成工程实体的材料费

C. 二次搬运费　　　　　　　　　　　　D. 施工排水、降水费

E. 施工现场办公费

3. 外贸手续费的计费基础是(　　)之和。

A. 装运港船上交货价　　　　　　　　　B. 国际运费

C. 银行财务费　　　　　　　　　　　　D. 关税

E. 运输保险费

4. 在设备购置费的构成内容中,不包括(　　)。

A. 设备运输包装费　　　　　　　　　　B. 设备安装保险费

C. 设备联合试运转费　　　　　　　　　D. 设备采购招标费

E. 设备检验费

5. 下列各项中的(　　)没有包含关税。

A. 到岸价　　　　B. 抵岸价　　　　C. C&F　　　　D. CIF

E. 关税完税价格

6. 设备及工器具购置费用由(　　)组成。

A. 设备购置费　　　　　　　　　　　　B. 工器具购置费

C. 管理费　　　　　　　　　　　　　　D. 间接费

E. 生产家具购置费

7. 在下列费用中,属于建筑安装工程措施项目费的有(　　)。

A. 安全施工费　　　　　　　　　　　　B. 工具、用具使用费

C. 钢筋混凝土模板及支架费用　　　　　D. 脚手架费用

E. 工程排污费

8. 下列费用中,属于土地征用及迁移补偿费的是(　　)。

A. 土地使用权出让金　　　　　　　　　B. 安置补助费

C. 土地补偿费　　　　　　　　　　　　D. 征地管理费

E. 土地契税

9. 设备运杂费是指(　　)。

A. 运费　　　　B. 装卸费　　　　C. 废品损失费　　　　D. 仓库保管费

三、计算题

1. 某进口设备 FOB 价为 1 200 万元,国际运费为 72 万元,国际运输保险费用为 4.47 万元,关税为 217 万元,银行财务费为 6 万元,外贸手续费为 19.15 万元,增值税为253.89万元,消费税率为 5%,试求该设备的消费税。

2. 某项目总投资为 1 300 万元,分 3 年均衡发放,第一年投资为 300 万元,第二年投资为 600 万元,第三年投资为 400 万元,建设期内年利率为 12%,则建设期应付利息为多少万元?

第3章

建设项目投资决策阶段的工程造价管理

3.1 概述

3.1.1 建设项目决策的含义

决策是在充分考虑各种可能的前提下,基于对客观规律的认识,对未来实践的方向、目标原则和方法作出决定的过程。投资决策是在实施投资活动之前,对投资的各种可行性方案进行分析和对比,从而确定效益好、质量高、回收期短、成本低的最优方案的过程。建设项目投资决策是选择和决定投资行动方案的过程,是对拟建项目的必要性和可行性进行技术经济论证,对不同建设方案进行技术经济比选及作出判断和决定的过程。建设项目决策需要决定项目是否实施、在什么地方兴建和采用什么技术方案兴建等问题,是对项目投资规模、融资模式、建设区位、场地规划、建设方案、主要设备选择、市场预测等因素进行有针对性的调查研究,多方案择优,最后确立项目(简称立项)的过程。建设项目投资决策是投资行为的准则。正确的项目决策是合理确定与控制工程造价的前提,直接关系到项目投资的经济效益。

3.1.2 建设项目决策与工程造价的关系

①建设项目决策的正确性是工程造价合理性的前提。建设项目决策是否正确直接关系到项目建设的成败。建设项目决策正确,意味着对项目建设作出科学的决断,选出最佳投资行动方案,达到资源合理配置。这样才能合理地估计和计算工程造价,在实施最优决策方案过程中,有效地进行工程造价管理。建设项目决策失误,如对不该建设的项目进行投资建设,或者项目建设地点的选择错误,或者投资方案的确定不合理等,会直接带来人力、物力及财力的浪费,甚至造成不可弥补的损失。在这种情况下,合理地进行工程造价控制已经毫无

意义了。因此,要达到项目工程造价的合理性,首先要保证建设项目决策的正确性。

②建设项目决策的内容是决定工程造价的基础。工程造价的管理贯穿于项目建设全过程,但决策阶段建设项目规模的确定、建设地点的选择、工艺技术的评选、设备选用等技术经济决策直接关系到项目建设工程造价的高低,对项目的工程造价有重大影响。据有关资料统计,在项目建设各阶段中,投资决策阶段所需投入的费用只占项目总投资的很小比例,但影响工程造价的程度最高,可达 70% ~90%。因此,决策阶段是决定工程造价的基础阶段,直接影响着决策阶段之后的各个建设阶段工程造价确定与控制的科学性和合理性。

③造价高低、投资多少影响项目决策。在项目的投资决策过程中对建设项目的投资数额进行估计而形成的投资估算是进行投资方案选择和项目决策的重要依据之一,同时,造价的高低、投资的多少也是决定项目是否可行以及主管部门进行项目审批的参考依据。因此,采用科学的估算方法和可靠的数据资料,合理地进行投资估算,全面准确地估算建设项目的工程造价是建设项目决策阶段的重要任务。

④项目决策的深度影响投资估算的精确度和工程造价的控制效果。投资决策过程分为投资机会研究及项目建议书阶段、可行性研究阶段和详细可行性研究阶段,各阶段由浅入深、不断深化,投资估算的精确度越来越高。在项目建设决策阶段、初步设计阶段、技术设计阶段、施工图设计阶段、工程招投标及承发包阶段、施工阶段以及竣工验收阶段,通过工程造价的确定与控制,相应形成投资估算、设计概算、修正概算、施工图预算、承包合同价、结算价以及竣工决算。这些造价形式之间为"前者控制后者,后者补充前者",即作为"前者"的决策阶段投资估算对其后各阶段的造价形式都起着制约作用,是限额目标。因此,要加强项目决策的深度,保证各阶段的造价被控制在合理范围内,使投资控制目标得以实现。

3.1.3　建设项目决策阶段是影响工程造价的主要因素

项目工程造价的多少主要取决于项目的建设标准。合理的建设标准能控制工程造价,指导建设投资。标准水平定得过高,会脱离我国的实际情况和财力、物力的承受能力,增加造价;标准水平定得过低,会妨碍技术进步,影响国民经济的发展和人民生活的改善。因此,建设标准水平,应从我国目前的经济发展水平出发,区别不同地区、不同规模、不同等级、不同功能,合理确定。建设标准包括建设规模、占地面积、工艺装备、建筑标准、配套工程、劳动定员等方面,主要归纳为以下四方面。

1)项目建设规模

项目建设规模即项目"生产多少"。每一个建设项目都存在着一个合理规模的选择问题,生产规模过小,资源得不到有效配置,单位产品成本较高,经济效益低下;生产规模过大,超过了项目产品市场的需求量,导致设备闲置、产品积压或降价销售,项目经济效益也会低下。因此,应选择合理的建设规模以达到规模经济的要求。在确定项目规模时,不仅要考虑项目内部各因素之间的数量匹配、能力协调,还要使所有生产力因素共同形成的经济实体(如项目)在规模上大小适应,这样可以合理确定和有效控制工程造价,提高项目的经济效益。项目规模合理化的制约因素有市场因素、管理因素和环境因素。

(1)市场因素

市场因素是项目规模确定中需要考虑的首要因素。其中,项目产品的市场需求状况是确定项目生产规模的前提，一般情况下，项目的生产规模应以市场预测的需求量为限，并根据项目产品市场的长期发展趋势做相应调整。除此之外，还要考虑原材料市场、资金市场、劳动力市场等，它们也对项目规模的选择起到不同程度的制约作用。如项目规模过大可能导致材料供应紧张和价格上涨，项目所需投资资金筹集困难和资金成本上升等。

（2）管理因素

先进的管理水平及技术装备是项目规模效益赖以存在的基础，而相应的管理技术水平则是实现规模效益的保证。若与经济规模生产相适宜的先进管理水平及其装备的来源没有保障，或获取技术的成本过高，或管理水平跟不上，则不仅预期的规模效益难以实现，还会给项目的生存和发展带来危机，导致项目投资效益低下，工程支出浪费严重。

（3）环境因素

项目的建设、生产和经营离不开一定的社会经济环境，项目规模确定中需要考虑的主要因素有政策因素、燃料动力供应、协作及土地条件、运输及通信条件。其中，政策因素包括产业政策、投资政策、技术经济政策，以及国家地区及行业经济发展规划等。特别是为了取得较好的规模效益，国家对部分行业的新建项目规模作了下线规定，选择项目规模时应予以遵照执行。

2）建设地区及建设地点（厂址）的选择

建设地区选择是在几个不同地区之间，对拟建项目适宜配置在哪个区域范围的选择。建设地点选择是在已选定建设地区的基础上，对项目具体坐落位置的选择。

（1）建设地区的选择

建设地区选择对建设工程造价和建成后的生产成本与经营成本均有直接的影响。建设地区选择得合理与否，在很大程度上决定着拟建项目的命运，影响着工程造价的高低、建设工期的长短、建设质量的好坏，还影响到项目建成后的经营状况。因此，建设地区的选择要充分考虑各种因素的制约。具体来说，建设地区的选择首先要符合国民经济发展战略规划、国家工业布局总体规划和地区经济发展规划的要求；其次要根据项目的特点和需要，充分考虑原材料条件、能源条件、水源条件、各地区对项目产品需求及运输条件等；再次要综合考虑气象、地质、水文等建厂的自然条件；最后，要充分考虑劳动力来源、生活环境、协作、施工力量、风俗文化等社会环境因素的影响。

在综合考虑上述因素的基础上，建设地区的选择还要遵循两个基本原则：靠近原料、燃料提供地和产品消费地的原则；工业项目适当聚集的原则。

（2）建设地点（厂址）的选择

建设地点的选择是一项极为复杂的技术经济综合性很强的系统工程，它不仅涉及项目建设条件、产品生产要素、生态环境和未来产品销售等重要问题，受社会、政治、经济、国防等多种因素的制约，而且还直接影响到项目建设投资、建设速度和施工条件，以及未来企业的经营管理及所在地点的城乡建设规划和发展。因此，必须从国民经济和社会发展的全局出发，运用系统的观点和方法分析决策。

在对项目的建设地点进行选择的时候应满足以下要求：项目的建设应尽可能节约土地和少占耕地，尽量把厂址放在荒地和不可耕种的地点，避免大量占用耕地，节约土地的补偿费用；减少拆迁移民；应尽量选在工程地质、水文地质条件较好的地段，土壤耐压力应满足工厂的要求,严禁选在断层、熔岩、流沙层与有用矿床上,以及洪水淹没区、已采矿坑塌陷区、滑坡区,厂址的地下水位应尽可能低于地下建筑物的基准面;要有利于厂区合理布置和安全运行,厂区土地面积与外形能满足厂房与各种结构物的需要,并适合于按科学的工艺流程布置厂房与构筑物,厂区地形力求平坦而略有坡度(一般以 5% ~ 10% 为宜),以减少平整土地的土方工程量,节约投资,又便于地面排水;尽量靠近交通运输条件和水电等供应条件好的地方,应靠近铁路、公路、水路,以缩短运输距离,便于供电、供热和其他协作条件的取得,减少建设投资;应尽量减少对环境的污染。排放大量有害气体和烟尘的项目,不能建在城市的上风口,以免对整个城市造成污染;噪声大的项目,厂址应选在距离居民集中地区较远的地方,同时要设置一定宽度的绿化带,以减小噪声的干扰。

在选择建设地点时,除考虑上述条件外,还应从以下两方面费用进行分析:项目投资费用,包括土地征收费、拆迁补偿费、土石方工程费、运输设施费、排水及污水处理设施费、动力设施费、生活设施费、临时设施费、建材运输费等;项目投产后生产经营费用,包括原材料、燃料运入及产品运出费用,给水、排水、污水处理费用,动力供应费用等。

3)技术方案

技术方案指产品生产所采用的工艺流程方案和生产方法。工艺流程是从原料到产品的全部工序,在可行性研究阶段就得确定工艺方案或工艺流程,随后各项设计都是围绕工艺流程展开的。技术方案不仅影响项目的建设成本,也影响项目建成后的运营成本。选定不同的工艺流程方案和生产方法,造价将会不同,项目建成后生产成本与经济效益也不同。因此,技术方案是否合理直接关系到企业建成后的经济利益,必须认真选择和确定。技术方案的选择应遵循先进适用、安全可靠和经济合理的基本原则。

4)设备方案

技术方案确定后,就要根据生产规模和工艺流程的要求,选择设备的种类、型号和数量。设备方案的选择应注意以下几个问题:设备应与确定的建设规模、产品方案和技术方案相适应,并满足项目投产后生产或使用的要求;主要设备之间、主要设备与辅助设备之间能力要相互匹配;设备质量可靠、性能成熟,保证生产和产品质量稳定;在保证设备性能前提下,力求经济合理;尽量选用维修方便、运用性和灵活性强的设备;选择的设备应符合政府部门或专门机构发布的技术标准要求;要尽量选用国产设备;只引进关键设备就能在国内配套使用的,就不必成套引进;要注意进口设备之间以及国内外设备之间的衔接配套问题;要注意进口设备与原有国产设备、厂房之间配套问题;要注意进口设备与原材料、备品备件及维修能力之间的配套问题。

3.2　建设项目可行性研究

3.2.1　可行性研究的概念及作用

1)可行性研究的概念

建设项目的可行性研究是在投资决策前,对与建设项目有关的社会、经济、技术等各方面进行深入细致的调查研究,对各种可能拟订的技术方案和建设方案进行全面的技术经济分析和比较论证,对项目建成后的经济效益进行科学的预测和评价。

项目可行性研究从项目选择立项、建设到生产经营全过程考察分析项目的可行性,是项目前期工作的最重要内容。可行性研究要解决的主要问题包括:为什么要进行这个项目,项目的产品或劳务市场的需求情况如何,项目的规模多大,项目选址定在何处合适,各种资源的供应条件怎样,采用的工艺技术是否先进可靠,项目如何融资等。项目可行性研究的结果是得出项目是否可行的结论,从而回答项目是否有必要建设和如何进行建设的问题,为投资者的最终决策提供直接的依据。可行性研究使项目的投资决策建立在科学性和可靠性的基础上,实现投资决策的科学化,减少和避免投资决策的失误,从而提高建设项目的经济效益。

2)可行性研究的作用

在建设项目的全生命周期中,前期工作具有决定性意义。作为建设项目的纲领性文件,通过可行性研究形成的可行性研究报告一经批准,在项目生命周期中,就会发挥极其重要的作用。具体体现在以下七个方面。

(1)作为建设项目投资决策的依据

可行性研究作为建设项目投资建设的首要环节,对建设项目有关的各方面都进行了调查研究和分析,并以大量数据充分论证了项目的先进适用性和经济合理性,最终形成可行性研究报告,以此为依据进行决策可大大提高投资决策的科学性。项目主管部门根据项目可行性研究的评估结果,结合国家的财政经济条件和国民经济发展的需要,作出该项目是否投资和如何进行投资的决定。

(2)作为编制设计文件的依据

可行性研究报告一经审批通过,意味着该项目正式立项,可以进行接下来的初步设计。可行性研究报告中对项目选址、建设规模、主要生产流程、设备选型和施工进度等方面都作了较详细的论证和研究。设计文件的编制应以可行性研究报告为依据。

(3)作为向银行贷款的依据

可行性研究报告详细预测了建设项目的财务效益、经济效益和社会效益。银行通过审查项目可行性研究报告,确认项目经济效益水平和偿还能力后,才能同意贷款。世界银行等国际金融组织,把可行性研究报告作为申请项目贷款的先决条件。我国的金融机构在审批建设项目贷款时,也以可行性研究报告为依据,对建设项目进行全面、细致的分析评估,确定项目偿还贷款的能力及抗风险水平后,才作出是否贷款的决策。

(4)作为建设项目与各协作单位签订合同和有关协议的依据

可行性研究报告对建设项目各方面都作了论证,拟建项目与各相关协作单位签订原材料、燃料、动力、运输、通信、建筑安装、设备购置等方面的协议都可以依据可行性研究报告。

(5)作为向当地政府和有关部门申请审批的依据

建设项目在建设过程中和建成后的运营过程对市政建设、环境及生态都有影响,因此项目的开工建设需要当地市政府、规划及环保部门的审批和认可。在可行性研究报告中,对选址、总图布置、环境及生态保护方案等方面都作了论证,为申请和批准建设执照提供了依据。

报告经审查,符合市政主管部门的要求,方能发建设执照。

(6)作为施工组织、工程进度安排及竣工验收的依据

可行性研究报告中对施工组织和工程进度安排有明确的要求,因此可行性研究又是检验施工进度及工程质量的依据。建设项目竣工验收也应以可行性研究所制定的生产纲领以及技术标准作为考核标准进行比较。

(7)作为项目后评估的依据

建设项目后评估指的是在项目建成运营一段时间后,评定项目的实际运营效果是否达到预期目标。建设项目的预期目标是在可行性研究报告中确定的,后评估以可行性研究报告为依据,将项目预期效果与实际效果进行对比考核,从而对项目的运行进行全面评价。

3.2.2　可行性研究的阶段划分

工程项目建设的全过程一般分为投资前、投资阶段和生产阶段,可行性研究工作在投资前进行,通过可行性研究,解决项目是否可行的问题。根据可行性研究目的、要求和内容不同,可行性研究工作主要包括四个阶段:投资机会研究阶段、初步可行性研究阶段、详细可行性研究阶段、评价和决策阶段。

1)投资机会研究阶段

投资机会研究阶段的主要任务是提出建设项目投资方向建议,解决是否满足社会需求以及有没有可以开展项目的基本条件两个方面的问题。在一个确定的地区和部门内,根据自然资源、市场需求、国家产业政策和国际贸易情况,通过调查、预测和分析研究,选择建设项目,寻找投资的有利机会。

投资机会研究阶段主要依据估计和经验判断估算投资额和生产成本,因此精确程度较粗略。此阶段的精确度误差大约控制在 ±30%,大中型项目的投资机会研究所需时间为 1 ~ 3 个月,所需费用约占投资总额的 0.2% ~ 1%。

2)初步可行性研究阶段

对于投资规模大、技术工艺较复杂的大中型骨干项目,在项目建议书被国家计划部门批准后,需要先进行初步可行性研究。初步可行性研究也称为预可行性研究,是在投资机会研究的基础上进行的,是正式的详细可行性研究的预备性研究阶段。此阶段对选定的投资项目进行初步技术经济评价,确定项目是否需要进行更深入的详细可行性研究、哪些关键问题(如市场考察、厂址选择、生产规模研究、设备选择方案等)需要进行辅助性专题研究这两个方面的问题。

初步可行性研究阶段对建设投资和生产成本的估算精度一般要求控制在 ±20% 左右,研究时间为 4 ~ 6 个月,所需费用占投资总额的 0.25% ~ 1.5%。

3)详细可行性研究阶段

详细可行性研究又称技术经济可行性研究。详细可行性研究阶段对项目进行深入细致的技术经济分析,减少项目的不确定性。本阶段主要解决生产技术、原料和投入等技术问题,以及投资费用和生产成本的估算、投资收益、贷款偿还能力等问题。通过多方案优选,提

出结论性意见,最终提出项目建设方案,为项目决策提供技术、经济、社会、商业方面的评价依据,为项目的具体实施提供科学依据,是可行性研究报告的重要组成部分。

这一阶段的内容比较详尽,所花费的时间和精力都比较大。建设投资和生产成本计算精度控制在 ±10% 以内。大型项目研究工作所花费的时间是 8 ~ 12 个月,所需费用占投资总额的 0.2% ~ 1%。中小型项目研究工作所花费的时间为 4 ~ 6 个月,所需费用占投资总额的 1% ~ 3%。

4) 评价和决策阶段

评价和决策是由投资决策部门组织和授权有关咨询公司或专家,代表项目业主和出资人对建设项目可行性研究报告进行全面的审核和再评价。项目评价与决策是在可行性研究报告基础上进行的,通过全面审核可行性研究报告中反映的各项情况是否属实,分析各项指标计算是否正确,从企业、国家和社会等方面综合分析和判断工程项目的经济效益和社会效益,分析判断项目可行性研究的可行性、真实性和客观性,确定项目最佳投资方案,作出最终的投资决策,写出项目评估报告。这项工作是可行性研究的最终结论,也是投资部门进行决策的基础。

可行性研究工作的四个阶段,研究内容由浅到深,项目投资和成本估算的精度要求由粗到细逐步提高,工作量由小到大,因而研究工作所需时间也逐渐增加。这种循序渐进的工作程序符合建设项目调查研究的客观规律,在任何一个阶段只要得出"不可行"的结论,便不再进行下一步研究。

3.2.3　可行性研究报告的内容

通过可行性研究四个阶段的工作,形成最终的可行性研究报告。报告包括以下内容:

①总论:包括项目背景、项目概况、问题与建议。项目背景即项目是在什么背景下提出的,也就是项目实施的目的。项目概况包括项目名称、性质、地址、法人代表、占地面积、建筑面积、建设内容、投资和收益情况等,使有关部门和人员对拟建项目有一个充分的了解。

②市场预测:包括国内外市场近期需求状况及趋势预测、市场风险分析,判断产品的市场竞争力。

③资源条件:评价资源可利用量、资源品质情况、资源储存条件和资源开发价值。

④建设规模与产品方案:确定项目的建设规模、构成范围、主要单项工程的组成,说明其总建设面积,分述各个单项工程的名称及建设面积。对场内外主体工程和公用工程、辅助工程的方案进行比较论证。

⑤场址选择:场址面积和占地范围,对地理位置、气象、水文、地质、地形条件、地震、洪水情况和社会经济现状进行调查研究,了解交通运输、通信设施及水、电、气、热的现状和发展趋势,对场址选择进行多方案的技术经济分析和比选,提出选择意见。

⑥技术方案、设备方案和工程方案:采用技术和工艺方案的论证,包括技术来源、工艺路线和生产方法,主要设备选型方案和技术工艺的比较;引进技术、设备的必要性及其来源国别的选择比较;设备的国外分别交付规定或与外商合作制造方案的设想;必要的工艺流

程图。

⑦主要材料、燃料及动力供应测算：主要原材料和燃料的消耗量及供应来源，所需动力（水、电、汽等）共用设施的数量、供应条件、外部协作条件，以及签订协议和合同的情况。

⑧总图布置、场内外运输与公用辅助工程：包括总图布置方案、场内外运输方案、公用工程与辅助工程方案以及技术改造项目、现有公用辅助设施利用情况。

⑨能源和资源节约措施：包括节能措施和能耗指标分析。

⑩环境影响评价：包括环境条件调查、影响环境因素分析、环境保护措施，分析拟建项目"三废"（废气、废水、废渣）的种类、成分和数量，预测其对环境的影响，提出治理方案的选择。环保部门有特殊要求的项目要单独编制环境影响评价。

⑪劳动安全卫生与消防：包括危险因素与危害程度分析、安全防范措施、卫生保健措施和消防措施。项目建设中，必须贯彻执行国家职业安全卫生方面的法律法规，对影响劳动者健康和安全的因素，都要在可行性研究阶段进行分析，提出防治措施，通过分析推荐最佳方案。

⑫组织与人力资源配置：包括组织机构设置及其适应性分析、人力资源配置、劳动定员及员工培训等内容。

⑬项目实施进度：项目实施指从正式确定建设项目到项目达到正常生产这段时间的工作，包括项目实施准备、资金筹集安排、勘察设计和设备订货、施工和生产准备、试运转直至竣工验收和交付使用等各个阶段。项目工程建设方案确定后，需确定项目实施进度。将项目实施时期各阶段各个工作环节进行统一规划、综合平衡，作出合理而又切实可行的安排。

⑭投资估算：包括建设项目总投资估算，主体工程及辅助、配套工程的估算，以及流动资金估算。

⑮融资方案：包括融资组织形式、资本金筹措、债务资金筹措和融资方案分析，说明各资金来源所占比例、资金成本及贷款的偿付方式，并制订用款计划。

⑯项目经济评价：项目技术路线确定后，需进行经济评价，判断项目经济上是否可行。项目经济评价包括财务评价和国民经济评价。财务评价包括财务评价基础数据与参数选取、销售收入与成本费用估算、财务评价报表、盈利能力分析、偿债能力分析、不确定性分析、财务评价结论。国民经济评价包括影子价格及评价参数选取、效益费用范围与数值调整、国民经济评价报表、国民经济评价结论。

⑰社会评价：包括项目对社会影响分析、项目所在地互相适应性分析、社会风险分析和社会评价结论。

⑱风险分析：包括项目主要风险识别、分析程度分析和防范风险对策。

⑲研究结论与建议：综合全部分析，对建设项目在经济、技术、社会、财务等方面进行全面的评价，对建设方案进行总结，对优缺点进行描述，推荐一个或几个方案供决策参考，指出项目存在的问题，提出结论性意见和建议。

综上所述，项目可行性研究的基本内容可概括为市场、技术、经济三个部分。第一部分是市场研究，包括市场调查和预测，这是项目可行性研究的前提和基础，其主要任务是解决项目建设的"必要性"问题；第二部分是技术研究，即建设条件和技术方案，这是项目可行性研究的技术基础,解决项目在技术上的"可行性"问题;第三部分是效益研究,即经济效益的分析与评价,这是可行性研究的核心,主要解决项目在经济上的"合理性"问题。市场研究、技术研究和效益研究共同构成项目可行性研究的三大支柱,可行性研究主要从这三个方面对项目进行优化研究,为投资决策提供依据。

3.2.4 可行性研究报告的编制

1)编制程序

①建设单位提出项目建议书和初步可行性研究报告。

②项目业主、承办单位委托有资格的单位进行可行性研究。

③咨询或设计单位进行可行性研究工作,编制完整的可行性研究报告。

2)编制依据

可行性研究报告的编制依据有:

建设项目
可行性研究

①项目建议书(初步可行性报告)及其批复文件;

②国家和地方的经济和社会发展规划以及行业部门发展规划;

③国家有关法律、法规、政策;

④对于大中型骨干项目,必须具有国家批准的资源报告、国土开发整治规划、区域规划、江河流域规划、工业基地规划等有关文件;

⑤有关机构发布的工程建设方面的标准、规范、定额;

⑥中外合资、合作项目各方签订的协议书或意向书;

⑦编制《可行性研究报告》的委托合同书;

⑧经国家统一颁布的有关项目评价的基本参数和指标;

⑨有关的基础数据。

3)编制要求

①编制单位必须具备承担可行性研究的条件。报告质量取决于编制单位的资质和编写人员的素质。报告内容涉及面广,且有一定深度要求。因此,编制单位必须具有经国家有关部门审批登记的资质等级证明,有承担编制可行性研究报告的能力和经验。研究人员应具有所从事专业的中级专业职称,并具有相关的知识、技能和工作经历。

②确保可行性研究报告的真实性和科学性。报告是投资者进行项目最终决策的重要依据。为保证可行性研究报告的质量,编制单位和人员应切实做好编制前的准备工作,应有大量的、准确的、可用的信息资料,进行科学的分析比较论证。编制单位和人员应遵照事物的客观经济规律和科学研究工作的客观规律办事,坚持独立、客观、公正、科学、可靠的原则,按客观实际情况实事求是地进行技术经济论证、技术方案比较和评价,对提供的可行性研究报告质量应负完全责任。

③可行性研究的深度要规范化和标准化。报告内容要完整、文件要齐全、结论要明确、数据要准确、论据要充分,能满足决策者确定方案的要求。

可行性研究报告编制完成后,应由编制单位的行政、技术、经济方面的负责人签字,并对研究报告质量负责。另外,还需把可行性研究报告上报主管部门审批。

3.3　建设项目投资估算

《建设项目投资估算编审规程》(CECA/GC1—2015)的具体内容,可依据前言指示方法下载电子资料包学习。

3.3.1　建设项目投资估算的含义、作用及阶段划分

1)建设项目投资估算的含义

建设项目投资估算(上)

投资估算是项目投资决策过程中,在项目的建设规模、产品方案、技术方案、场址方案和工程建设方案及项目进度计划等基本确定的基础上,依据现有的资料和特定的方法,对建设项目的投资数额进行的估计。投资估算是编制项目建议书、可行性研究报告的重要组成部分,是项目决策的重要依据之一。投资估算一经批准即为建设项目投资的最高限额,一般情况不得随意突破,即投资估算准确与否不仅影响建设前期的投资决策,也直接关系到下一阶段的设计概算、施工图预算的编制及项目建设期的造价管理控制。因此,准确、全面地估算建设项目工程造价,是项目投资决策阶段造价管理的重要任务。

2)建设项目投资估算的作用

建设项目投资估算的准确程度不仅影响可行性研究工作的质量和经济评价结果,也直接关系到下一阶段设计概算和施工图预算的编制,对建设项目资金筹措方案也有直接影响。其在项目开发建设过程中的作用可概括为以下几点:

①项目建议书阶段的投资估算,是项目主管部门审批项目建议书的依据之一,并对项目的规划、规模起参考作用。

②项目可行性研究阶段的投资估算,是项目投资决策的重要依据,也是研究、分析和计算项目投资经济效果的重要条件。

③项目投资估算对工程设计概算起控制作用,设计概算不得突破批准的投资估算额,并应控制在投资估算额以内。

④项目投资估算可作为项目资金筹措及制定建设贷款计划的依据,建设单位可依据批准的项目投资估算额,进行资金筹措和向银行申请贷款。

⑤项目投资估算是核算建设项目固定资产投资需要额和编制固定资产投资计划的重要依据。

3)建设项目投资估算的阶段划分

英、美等国把建设的投资估算分为五个阶段。第一阶段是项目的投资设想时期,其对投资估算精度的要求允许误差大于 ±30%;第二阶段是项目的投资机会研究时期,其对投资估算精度的要求为误差控制在 ±30% 以内;第三阶段是项目的初步可行性研究时期,其对投资

估算精度的要求为误差控制在±20%以内;第四阶段是项目的详细可行性研究时期,其对投资估算精度的要求为误差控制在±10%以内;第五阶段是项目的工程设计阶段,其对投资估算精度的要求为误差控制在±5%以内。

我国建设项目的投资估算分为以下四个阶段。

(1)项目规划阶段的投资估算

项目规划阶段是指有关部门根据国民经济发展规划、地区发展规划和行业发展规划的要求,编制一个建设项目的建设规划。此阶段是粗略地估算建设项目所需要的投资额,对投资估算精度的要求允许误差大于±30%。

(2)项目建议书阶段的投资估算

项目建议书阶段按项目建议书中的产品方案、项目建设规模、产品主要生产工艺、企业车间组成、初选建厂地点等,估算建设项目所需要的投资额。其对投资估算精度的要求为允许误差控制在±30%以内。

(3)初步可行性研究阶段的投资估算

初步可行性研究阶段是在掌握了更详细、更深入的资料条件下,估算建设项目所需的投资额。其对投资估算精度的要求为允许误差控制在±20%以内。

(4)详细可行性研究阶段的投资估算

详细可行性研究阶段的投资估算至关重要,这是因为这个阶段的投资估算经审查批准之后,便是工程设计任务书中规定的项目投资限额,并可据此列入项目年度基本建设计划。其对投资估算精度的要求为允许误差控制在±10%以内。

3.3.2 投资估算的内容

建设项目总投资估算包括固定资产投资估算和流动资金估算两部分,如图3.1所示。

固定资产投资估算的内容,按照费用的性质划分包括建筑安装工程费、设备及工器具购置费、工程建设其他费用(此时不含流动资金)、基本预备费、涨价预备费、建设期贷款利息、固定资产投资方向调节税等。其中,建筑安装工程费、设备及工器具购置费形成固定资产;工程建设其他费用可分别形成固定资产、无形资产及其他资产。基本预备费、涨价预备费、建设期贷款利息在可行性研究阶段为简化计算一并计入固定资产。

固定资产投资可分为静态部分和动态部分。建筑安装工程费、设备及工器具购置费、工程建设其他费用、基本预备费为静态投资部分。涨价预备费、建设期贷款利息和固定资产投资方向调节税构成动态投资部分。

流动资金是指生产经营性项目投产后,用于购买原材料、燃料、支付工资及其他经营费用等所需的周转资金,它是伴随着固定资产投资而发生的长期占用的流动资产投资。流动资金为流动资产与流动负债的差值。其中,流动资产主要考虑现金、应收账款、预付账款和存货;流动负债主要考虑应付账款和预收账款。因此,流动资金的概念,实际上就是财务中的运营资金。

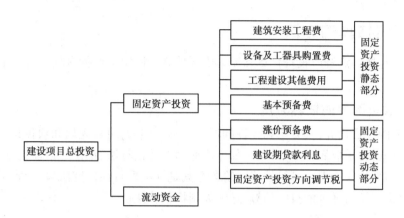

图3.1　建设项目总投资估算构成

3.3.3　投资估算的编制依据、要求及步骤

1)投资估算的编制依据

投资估算的编制应据如下：

①建设标准和技术、设备、工程方案；

②专门机构发布的建设工程造价费用构成、估算指标、计算方法，以及其他有关计算工程造价的文件；

③专门机构发布的工程建设其他费用计算办法和费用标准，以及政府部门发布的物价指数；

④拟建项目各单项工程的建设内容及工程量；

⑤资金来源及建设工程。

2)投资估算要求

投资估算作为项目决策的依据，它的准确程度直接影响经济评价结果，因此应满足以下要求：

①工程内容和费用构成齐全，计算合理，不重复计算，不提高或者降低估算标准，不漏项，不少算。

②选用指标与具体工程之间存在标准或者条件差异时，应进行必要的换算和调整。

③投资估算精度应能满足控制初步设计概算要求。

3)估算步骤

项目投资估算是做初步设计之前的一项工作，根据投资估算要求的内容，投资估算的步骤如下：

①分别估算各单项工程所需的建筑工程费、设备及工器具购置费和安装工程费。

②在汇总各单项工程费用的基础上，估算工程建设其他费用和基本预备费。

③估算涨价预备费和建设期贷款利息。

④估算流动资金。

⑤汇总建设项目总投资估算。

3.3.4 投资估算的方法

投资估算包括固定资产投资估算和流动资金估算。固定资产投资估算分为静态和动态投资估算。

1）静态投资部分的估算方法

不同时期的投资估算，其方法和允许的误差是不一样的，项目规划和项目建议书阶段的投资估算精度低，可采取简单的估算法，如生产能力指数估算法、单位生产能力估算法、比例估算法、系数估算法等。而在可行性研究阶段尤其是详细可行性研究阶段，投资估算的精度要求高，需要采用相对详细的投资估算方法，如指标估算法。

（1）单位生产能力估算法

依据调查的统计资料，利用相近规模的已建项目的单位生产能力投资乘以拟建项目的建设规模，即得到拟建项目的投资额。其计算公式为：

$$C_2 = \frac{C_1}{Q_1} \times Q_2 \times f \tag{3.1}$$

式中 C_1——已建类似项目投资额；

C_2——拟建项目投资额；

Q_1——已建类似项目生产能力；

Q_2——拟建项目生产能力；

f——不同时期、不同地点的定额、单价、费用变更等综合调整系数。

单位生产能力估算法把项目投资与其生产能力视为简单的线性关系。由于不同项目时间差异或多或少存在，在一段时间内技术、标准、价格等方面可能发生变化，两地经济情况也不完全相同，土壤、地质、水文情况、气候、自然条件的差异，材料、设备的来源、运输状况也不同，故此法只是粗略地快速估算。单位生产能力估算法主要用于新建项目或装置的估算，简便迅速，但要求估价人员掌握足够的典型工程的历史数据，且估算精度较差。

【例3.1】某地拟建一座300套客房的宾馆，另有一座类似宾馆最近在本地竣工，已建宾馆有200套客房，总造价4 800万元，试用单位生产能力估算法估算拟建项目的总投资。

【解】首先计算已建类似宾馆每套客房的造价为 $C_1/Q_1 = 4\ 800/200 = 24$（万元）

根据单位生产能力估算法，拟建宾馆的总投资为 $24 \times 300 = 7\ 200$（万元）

（2）生产能力指数法

生产能力指数法又称指数估算法，是根据已建成的类似项目生产能力和投资额以及拟建项目生产能力来粗略估算拟建项目投资额的方法。其计算公式为：

$$C_2 = C_1 \left(\frac{Q_2}{Q_1}\right)^n \times f \tag{3.2}$$

式中 n——生产能力指数。其他符号含义同式（3.1）。

式（3.2）表明，造价与规模呈非线性关系。在正常情况下，$0 \leqslant n \leqslant 1$。

不同生产率水平的国家和不同性质的项目中，n 的取值是不相同的。比如化工项目，美国取 $n = 0.6$，英国取 $n = 0.66$，日本取 $n = 0.7$。若已建类似项目的生产规模与拟建项目生产规模相差不大，Q_1 与 Q_2 的比值为 $0.5 \sim 2$，则指数 n 的取值近似为 1。

生产能力指数法主要应用于拟建项目与用来参考的已知项目的规模不同的场合。该方法计算简单、速度快，与单位生产能力估算法相比精确度略高，其误差可控制在 ±20% 以内。尽管估价误差仍较大，但有它独特的好处，首先这种估价方法不需要详细的工程设计资料，只要知道工艺流程及规模就可以，其次对于总承包工程而言，可作为估价的旁证，在总承包工程报价时，承包商大都采用这种方法估价。

【例3.2】2012 年在某地建成一座年产 100 万 t 的某水泥厂，总投资为 50 000 万元，2016年在该地拟建生产 500 万 t 的水泥厂，水泥的生产能力指数为 0.8，2012—2016 年每年平均造价指数递增 4%。请估算拟建水泥厂的静态投资额。

【解】2012—2016 年为 4 年，故 $f = (1 + 4\%)^4$。

$$C_2 = C_1 \left(\frac{Q_2}{Q_1} \right)^n \times f = 50\ 000 \times (500/100)^{0.8} \times (1 + 4\%)^4 = 211\ 972(万元)$$

【例3.3】按照生产能力指数法（$n = 0.8, f = 1.1$），如将设计中的化工生产系统的生产能力提高 2 倍，投资额将增加多少？

【解】根据生产能力指数法的计算公式，投资额将增加：

$$\left(\frac{Q_2}{Q_1} \right)^n \times f - 1 = (3/1)^{0.8} \times 1.1 - 1 = 164.9\%$$

（3）系数估算法

系数估算法也称为因子估算法，它是以拟建项目的主体工程费或主要设备费为基数，以其他工程费占主体工程费的百分比为系数估算项目总投资的方法。这种方法虽简单易行，但精度较低，一般用于项目建议书阶段，主要应用于设计深度不足，拟建项目与类似项目设备购置费投资比重较大且行业内相关系数等基础资料完备的情况。系数估算法的种类很多，下面介绍三种主要类型：

①设备系数法。以拟建项目的设备购置费为基数，根据已建成的同类项目的建筑安装费和其他工程费等与设备价值的百分比，求出拟建项目建筑安装工程费和其他工程费，进而求出建设项目总投资。其计算公式为：

$$C = E(1 + f_1 P_1 + f_2 P_2 + f_3 P_3 + \cdots) + I \tag{3.3}$$

式中　C——拟建项目投资额；

　　　E——拟建项目根据当时当地价格计算的设备购置费；

　　　$P_1, P_2, P_3, \cdots$——已建项目中建筑安装费和其他工程费等占设备购置费的比重；

　　　$f_1, f_2, f_3, \cdots$——由于时间因素引起的定额、价格、费用标准等变化的综合调整系数；

　　　I——拟建项目的其他费用。

【例3.4】拟建某项目设备购置费为 2 000 万元，根据已建同类项目统计资料，建筑工程费占设备购置费的 23%，安装工程费占设备购置费的 9%，调整系数均为 1.1，该拟建项目的其他有关费用估计为 200 万元，试估算该项目的建设投资。

【解】根据公式，该项目的建设投资

$$C = E(1 + f_1 P_1 + f_2 P_2) + I = 2\ 000 \times (1 + 23\% \times 1.1 + 9\% \times 1.1) + 200 = 2\ 904(万元)$$

②主体专业系数法。以拟建项目中投资比重较大，且与生产能力直接相关的工艺设备投资为基数，根据已建同类项目的有关统计资料，计算出拟建项目各专业工程（如总图、土

建、采暖、给排水、管道、电气、自控等)占工艺设备投资的百分比,据以求出拟建项目各专业投资,然后加总即为项目总投资。其计算公式为:

$$C = E(1 + f_1P'_1 + f_2P'_2 + f_3P'_3 + \cdots) + I \qquad (3.4)$$

式中　$P'_1,P'_2,P'_3,\cdots$——已建项目中各专业工程费用占工艺设备费的比重;其他符号含义同前。

③朗格系数法。以拟建项目设备购置费为基数,乘以适当系数来推算项目的建设费用。其计算公式为:

$$C = E(1 + \sum K_i) \times K_c \qquad (3.5)$$

式中　C——总建设费用;

　　　E——主要设备购置费;

　　　K_i——管线、仪表、建筑物等费用的估算系数;

　　　K_c——管理费、合同费、应急费等费用的总估算系数。

总建设费用与设备购置费用之比为朗格系数 K_L。其计算公式为:

$$K_L = (1 + \sum K_i) \cdot K_c \qquad (3.6)$$

应用朗格系数法估算投资也较简单,由于装置规模发生变化,不同项目的自然、经济地理条件存在差异,朗格系数法估算精度仍不高。朗格系数法是以设备购置费为计算基础,而设备费用在一项工程中所占的比重、同一项工程中每台设备所含有的管道、电气、自控仪表、绝热、油漆、建筑等都有一定的规律。所以,只要对各种不同类型工程的朗格系数准确掌握,估算精度仍可较高。朗格系数法估算误差在 10% ~ 15%。

(4)比例估算法

根据统计资料,首先求出已有同类企业主要设备投资占建设投资的比例,然后再估算出拟建项目的主要设备投资,即可按比例求出拟建项目的建设投资。其计算公式为:

$$I = \frac{1}{K} \sum_{i=1}^{n} Q_iP_i \qquad (3.7)$$

式中　I——拟建项目的建设投资;

　　　K——已建项目主要设备投资占拟建项目投资的比例;

　　　n——设备种类数;

　　　Q_i——第 i 种设备的数量;

　　　P_i——第 i 种设备的单价(到厂价格)。

(5)指标估算法

估算指标是一种比概算指标更为扩大的单位工程指标或单项工程指标。这种方法是把建设项目划分为建筑工程、设备安装工程、设备购置费及其他基本建设费等费用项目或单位工程,再根据各种具体的投资估算指标,进行各项费用项目或单位工程投资的估算,在此基础上,可汇总成为每一单项工程的投资。另外,再估算工程建设其他费用及预备费,即求得建设项目总投资。

使用指标估算法应根据不同地区、年代进行调整。因为地区、年代不同,设备与材料的价格均有差异,调整方法可以按主要材料消耗量或"工程量"为计算依据;也可以按不同的工程项目的"万元工料消耗定额"来定不同的系数。如果有关部门已颁布了有关定额或材料差系数(物价指数),也可据其调整。

使用指标估算法进行投资估算绝不能生搬硬套,必须对工艺流程、定额、价格及费用标准进行分析,经过实事求是的调整与换算后,才能提高其精确度。

2) 动态投资部分估算方法

动态投资部分主要包括价格变动可能增加的投资额(涨价预备费)和建设期贷款利息两部分内容,如果是涉外项目,还应计算汇率的影响。动态部分的估算应以基准年静态投资的资金使用计划为基础来计算,而不是以编制的年静态投资为基础计算。

(1)汇率变化对涉外建设项目的影响

汇率是两种不同货币之间的兑换比率,或者说是以一种货币表示的另一种货币的价格,汇率的变化意味着一种货币相对于另一种货币的升值或贬值。

①外币对人民币升值。项目从国外市场购买设备材料所支付的外币金额不变,但换算成人民币的金额增加;从国外借款,本息所支付的外币金额不变,但换算成人民币的金额增加。

②外币对人民币贬值。项目从国外市场购买设备材料所支付的外币金额不变,但换算成人民币的金额减少;从国外借款,本息所支付的外币金额不变,但换算成人民币的金额减少。

估算汇率变化对建设项目投资的影响,是通过预测汇率在项目建设期内的变动程度,以估算年份的投资额为基础计算求得。

(2)涨价预备费的估算

涨价预备费的估算可按国家或部门(行业)的具体规定执行。

(3)建设期贷款利息的估算

建设期贷款利息是指项目借款在建设期内发生并计入固定资产投资的利息。计算建设期贷款利息时,为了简化计算,通常假定当年借款按半年计息,其余年度借款按全年计息。对于有多种借款资金来源,每笔借款的年利率各不相同的项目,既可分别计算每笔借款的利息,又可先计算出各笔借款加权平均的年利率,并以此利率计算全部借款的利息。

3) 流动资金估算方法

流动资金是指生产经营性项目投产后,为进行正常生产运营,用于购买原材料、支付工资及其他经营费用等所需的周转资金。流动资金一般应在项目投资前开始筹措。为了简化计算,流动资金可在投产第一年开始安排,并随生产运营计划的不同而有所不同,因此流动资金的估算应根据不同的生产运营计划分年进行。

流动资金估算一般采用分项详细估算法,个别情况或者小型项目可采用扩大指标估算法。

(1)分项详细估算法

流动资金的显著特点是在生产过程中不断周转,其周转额的大小与生产规模及周转速度直接相关。分项详细估算法是根据周转额与周转速度之间的关系,对构成流动资金的各项流动资产和流动负债分别进行估算。在可行性研究中,为简化计算,仅对存货、现金、应收账款和应付账款四项内容进行估算。其计算公式为：

$$流动资金 = 流动资产 - 流动负债 \qquad (3.8)$$

$$流动资产 = 应收账款 + 预付账款 + 存货 + 现金 \qquad (3.9)$$

$$流动负债 = 应付账款 + 预收账款 \qquad (3.10)$$

$$流动资金本年增加额 = 本年流动资金 - 上年流动资金 \qquad (3.11)$$

估算的具体步骤：首先计算各类流动资产和流动负债的年周转次数，然后再分项估算占用资金额。

①周转次数估算。周转次数是指流动资金的各个构成项目在一年内完成多少个生产过程。其计算公式为：

$$周转次数 = 360 \text{天}/流动资金最低周转天数 \qquad (3.12)$$

应注意的是，最低周转天数取值对流动资金估算的准确程度有较大影响。在确定最低周转天数时应根据项目的特点、投入和产出性质、供应来源以及各分项的属性，并考虑保险系数分项确定。

存货、现金、应收账款和应付账款的最低周转天数，可参照同类企业的平均周转天数并结合项目特点确定，或按部门（行业）规定。估算时应根据项目实际情况分别确定项目的最低周转天数，并考虑一定保险系数，又因为：

$$周转次数 = 周转额/各项流动资金平均占用额 \qquad (3.13)$$

如果周转次数已知，则：

$$各项流动资金平均占用额 = 周转额/周转次数 \qquad (3.14)$$

②应收账款估算。应收账款是指企业对外赊销商品、提供劳务尚未收回的资金。应收账款的周转额应为全年赊销销售收入。在做可行性研究时，用销售收入代替赊销收入。其计算公式为：

$$应收账款 = 年经营成本/应收账款周转次数 \qquad (3.15)$$

③预付账款估算。预付账款是指企业为购买各类材料、半成品或服务所预先支付的款项。

$$预付账款 = 外购商品或服务年费用金额/预付账款周转次数 \qquad (3.16)$$

④存货估算。存货是企业在日常生产经营过程中持有以备出售，或者仍然处在生产过程，或者在生产或提供劳务过程中将消耗的材料或物料等。为简化计算，仅考虑外购原材料、外购燃料、其他材料、在产品和产成品，并分项进行计算。

在采用分项详细估算法时，对于存货中外购原材料、燃料要根据不同品种和来源，考虑运输方式和距离等因素确定。其计算公式为：

$$存货 = 外购原材料 + 外购燃料 + 其他材料 + 在产品 + 产成品 \qquad (3.17)$$

$$外购原材料 = 年外购原材料费用/原材料周转次数 \qquad (3.18)$$

$$外购燃料 = 年外购燃料/按种类分项周转次数 \qquad (3.19)$$

$$在产品 = (年外购原材料、燃料费用 + 年工资及福利费 + 年修理费 +$$
$$年其他制造费用)/在产品周转次数 \qquad (3.20)$$

$$产成品 = (年经营成本 - 年其他营业费用)/产成品周转次数 \qquad (3.21)$$

$$其他材料 = 年其他材料费用/其他材料周转次数 \tag{3.22}$$

⑤现金需要量。项目流动资金中的现金指货币资金,即企业生产运营活动中为维持正常生产运营必须预留于货币形态的那部分资金,包括企业库存现金和银行贷款。

$$现金 = (年工资及福利费 + 年其他费用)/现金周转次数 \tag{3.23}$$

$$年其他费用 = 制造费用 + 管理费用 + 营业费用 - (以上三项费用中所含的$$
$$工资及福利费、折扣费、摊销费、修理费) \tag{3.24}$$

⑥流动负债估算。流动负债是指将在一年(含一年)或者超过一年的一个营业周期内偿还的债务,包括短期借款、应付票据、应付账款、预收账款、应付工资、应付福利费、应付股利、应交税费、其他暂收应付款项、预提费用和一年内到期的长期借款等。在项目评价中,流动负债的估算只考虑应付账款和预收账款两项。其计算公式为:

$$应付账款 = 年外购原料、燃料动力费及其他材料年费用/应付账款周转次数 \tag{3.25}$$

$$预收账款 = 预收的营业收入年金额/预收账款周转次数 \tag{3.26}$$

根据流动资金各项估算结果,编制流动资金估算表。

（2）扩大指标估算法

扩大指标估算法是根据现有同类企业的实际资料,求各种流动资金率指标,也可根据行业或部门给定的参考值或经验确定比率。将各类流动资金率乘以相对应的费用基数来估算流动资金。一般常用的基数有销售收入、经营成本、总成本费用和固定资产投资等,究竟采用何种基数依行业习惯而定。此法简便易行,但准确度不高,可用于项目建议书阶段的估算。其计算公式为:

建设项目投资估算(下)

$$年流动资金额 = 年费用基数 \times 各类流动资金率 \tag{3.27}$$

$$年流动资金额 = 年产量 \times 单位产品量占用流动资金额 \tag{3.28}$$

3.4　建设项目财务评价

3.4.1　财务评价的基本概念

1）财务评价的概念及作用

建设项目经济评价包括国民经济评价(也称经济分析)和财务评价(也称财务分析)。

国民经济评价是在合理配置社会资源的前提下,从国家经济整体利益的角度出发,计算项目对国民经济的贡献,分析项目的经济效率、效果和对社会的影响,评价项目在宏观经济上的合理性。

财务评价是在国家现行财税制度和价格体系的前提下,从项目的角度出发,计算项目范围内的财务效益和费用,分析项目的盈利能力和清偿能力,评价项目在财务上的可行性。

财务评价的作用如下:

①财务评价可以考察项目的财务盈利能力。

②财务评价可用于制订适宜的资金规划。

③财务评价可为协调企业利益与国家利益提供依据。

2)财务评价的程序

项目财务评价是在项目市场研究和技术研究等工作的基础上进行的,项目在财务上的生存能力取决于项目的财务效益和费用的大小及项目在时间上的分布情况。项目财务评价的基本工作程序如下:

①选取财务评价基础数据与参数。

②估算各期现金流量。

③编制基本财务报表。

④计算财务评价指标,进行盈利能力和偿债能力分析。

⑤进行不确定性分析。

⑥得出评价结论。

3.4.2 基础财务报表的编制

在项目财务评价中的评价指标是根据有关项目财务报表中的数据计算所得的,因此在计算财务指标之前,需要编制一套财务报表。

财务评价的基本报表是根据国内外目前使用的一些不同的报表格式,结合我国实际情况和现行有关规定设计的,表中数据没有统一估算方法,但这些数据的估算及其精度对评价结论的影响都是很重要的。

为了进行投资项目的经济效果分析,需编制的财务报表主要有各类现金流量表、利润与利润分配表、资产负债表和财务外汇平衡表等。

1)现金流量表

在商品货币经济中,任何建设项目的效益和费用都可以抽象为现金流量系统。从项目财务评价角度看,在某一时点上流出项目的资金称为现金流出,记为 CO;流入项目的资金称为现金流入,记为 CI。现金流入与现金流出统称为现金流量,现金流入为正现金流量,现金流出为负现金流量。同一时点上的现金流入量与现金流出量的代数和(CI – CO)称为净现金流量,记为 NCF。

建设项目现金流量系统将项目计算期内各年的现金流入与现金流出按照各自发生的时点顺序排列,表达为具有确定时间概念的现金流量系统。现金流量表即是对建设项目现金流量系统的表格式反映,用以计算各项静态和动态评价指标,进行项目财务盈利能力分析。按投资计算基础的不同,现金流量表分为项目全部投资的现金流量表(项目投资现金流量表)和项目自有资金现金流量表(项目资本金现金流量表)。

(1)项目投资现金流量表

项目投资现金流量表是从项目自身角度出发,不分投资资金来源,以项目全部投资作为计算基础,考核项目全部投资的盈利能力,为项目各个投资方案进行比较建立共同基础,仅供项目决策研究。表格格式见表3.1。

表 3.1　项目投资现金流量表

单位:万元

序号	项目	合计	计算期							
			1	2	3	4	5	6	…	n
1	现金流入									
1.1	营业收入									
1.2	补贴收入									
1.3	回收固定资产余值									
1.4	回收流动资金									
2	现金流出									
2.1	建设投资									
2.2	流动资金									
2.3	经营成本									
2.4	营业税金及附加									
2.5	维持营运投资									
3	所得税前净现金流量(1−2)									
4	累计所得税前净现金流量									
5	调整所得税									
6	所得税后净现金流量(3−5)									
7	累计所得税后净现金流量									

计算指标:

项目投资财务内部收益率(所得税前)/%

项目投资财务内部收益率(所得税后)/%

财务净现值(所得税前)($i_c=$　%)

财务净现值(所得税后)($i_c=$　%)

投资回收期(所得税前)

投资回收期(所得税后)

注:①本表适用于新设法人项目与既有法人项目的增量和"有项目"的现金流量分析。

②调整所得税为以息税前利润为基数计算的所得税,区别于"项目资本金现金流量表"中的所得税。

(2)项目资本金现金流量表

项目资本金现金流量表是从项目投资者的角度出发,以投资者的出资额作为计算基础,把借款本金偿还和利息支出作为现金流出,考核项目自有资金的盈利能力,供项目投资者决策研究。报表格式见表 3.2。

表3.2　项目资本金现金流量表

单位:万元

序号	项目	合计	计算期							
			1	2	3	4	5	6	…	n
1	现金流入									
1.1	营业收入									
1.2	补贴收入									
1.3	回收固定资产余值									
1.4	回收流动资金									
2	现金流出									
2.1	项目资本金									
2.2	借款本金偿还									
2.3	借款利息支出									
2.4	经营成本									
2.5	营业税金及附加									
2.6	所得税									
2.7	维持营运投资									
3	净现金流量									
计算指标: 资本金财务内部收益率/% 财务净现值										

注:①项目资本金包括用于建设投资、建设利息和流动资金的资金。

②对于外商投资项目,现金流出中应增加职工奖励及福利基金科目。

③本表适用于新设法人项目与既有法人项目"有项目"的现金流量分析。

2)利润与利润分配表

利润与利润分配表反映项目计算期内各年的利润总额、所得税及税后利润分配情况,用以计算投资利润率、投资利税率和资本金利润率等指标。报表格式见表3.3。

表3.3　利润与利润分配表

单位:万元

序号	项目	合计	计算期							
			1	2	3	4	5	6	…	n
1	营业收入									
2	营业税金及附加									
3	总成本费用									

序号	项目	合计	计算期							
			1	2	3	4	5	6	…	n
4	补贴收入									
5	利润总额(1-2-3+4)									
6	弥补以前年度亏损									
7	应纳所得税额(5-6)									
8	所得税									
9	净利润(5-8)									
10	期初未分配利润									
11	可供分配利润(9+10)									
12	提取法定盈余公积金									
13	可供投资者分配的利润(11-12)									
14	应付优先股股利									
15	提取任意盈余公积金									
16	应付普通股股利(13-14-15)									
17	各投资方利润分配									
	其中:××方									
	××方									
18	未分配利润(13-14-15-17)									
19	息税前利润(利润总额+利息支出)									
20	息税折旧摊销前利润(息税前利润+折旧+摊销)									

注:①对于外商出资项目由第11项减去储备基金、职工奖励与福利基金和企业发展基金后,得出可供投资者分配的利润。

②第14—16项根据企业性质和具体情况选择填列。

③法定盈余公积金按净利润计提。

3)资产负债表

资产负债表综合反映项目计算期内各年末资产、负债和所有者权益的增减变化及对应关系,用以考察项目资产、负债、所有者权益的结构是否合理,并计算资产负债率、流动比率、速动比率等指标,进行项目清偿能力分析。报表格式见表3.4。

表 3.4　资产负债表

单位:万元

序号	项目	合计	计算期							
			1	2	3	4	5	6	…	n
1	资产									
1.1	流动资产总额									
1.1.1	货币资金									
1.1.2	应收账款									
1.1.3	预付账款									
1.1.4	存货									
1.1.5	其他									
1.2	在建工程									
1.3	固定资产净值									
1.4	无形及其他资产净值									
2	负债及所有者权益(2.4 + 2.5)									
2.1	流动负债总额									
2.1.1	短期借款									
2.1.2	应付账款									
2.1.3	预收账款									
2.1.4	其他									
2.2	建设投资借款									
2.3	流动资金借款									
2.4	负债小计(2.1 + 2.2 + 2.3)									
2.5	所有者权益									
2.5.1	资本金									
2.5.2	资本公益基金									
2.5.3	累计盈余公积金									
2.5.4	累计未分配利润									

计算指标:资产负债率/%

流动比率/%

速动比率/%

注:①对于外商投资项目,第2.5.3项改为累计储备金和企业发展基金。

　②对于既有法人项目,一般只针对法人编制,可按需要增加科目,此时表中资本金是指企业全部实收资本,包括原有和新增的实收资本。必要时,也可以针对"有项目"范围编制。此时表中资本金仅指"有项目"范围的对应数值。

　③货币资金包括现金和累计盈余资金。

4)财务外汇平衡表

财务外汇平衡表适用于有外汇收支的项目,用以反映项目计算期内各年外汇余缺情况,进行外汇平衡分析。该表主要有外汇来源和外汇运用两个项目。报表格式见表3.5。

表3.5　财务外汇平衡表

单位:万元

序号	项目	合计	计算期							
			1	2	3	4	5	6	…	n
1	外汇来源									
1.1	产品销售外汇收入									
1.2	外汇借款									
1.3	其他外汇收入									
2	外汇运用									
2.1	固定资产投资中外汇支出									
2.2	进口原材料									
2.3	进口零部件									
2.4	技术转让费									
2.5	偿还外汇借款本金									
2.6	其他外汇支出									
2.7	外汇余缺									

注:①其他外汇收入包括自筹外汇等。

②技术转让费是指生产期内支付的技术转让费。

3.4.3　财务评价指标

建设项目经济效果可采用不同指标来表达,这些指标可根据财务评价基本报表计算,并将其与财务评价参数进行比较,以判断项目的财务可行性。任何一种评价指标都是从一定的角度、某一个侧面反映项目的经济效果,总会带有一定局限性。因此需建立一整套指标体系来全面、真实、客观地反映项目的经济效果。建设项目的财务效果是通过一系列财务评价指标反映的。财务评价指标按评价内容不同,分为盈利能力评价指标和清偿能力评价指标,见表3.6。

表3.6 财务评价指标体系

评价内容	评价指标	评价标准	指标性质
财务盈利能力评价	财务内部收益率(FIRR)	FIRR≥i_0(基准收益率)时,项目可行	动态价值性指标
	财务净现值(FNPV)	FNPV≥0时,项目可行	动态价值性指标
	项目静态投资回收期(P_t)	$P_t \leq P_c$(基准投资回收期)时,项目可行	静态价值性指标
	项目动态投资回收期(P_t')	$P_t' \leq$项目寿命期时,项目可行	动态价值性指标
	总投资收益率(ROI)	高于同行业参考值时,项目可行	动态价值性指标
	项目资本金净利润率(ROE)	高于同行业参考值时,项目可行	动态价值性指标
清偿能力评价	利息备付率(ICR)	ICR>1	静态价值性指标
	偿债备付率(DSCR)	DSCR>1	静态价值性指标
	借款偿还期(LRP)	只是为估算利息备付率和偿债备付率指标所用	静态价值性指标
	资产负债率(LOAR)	比率越低,偿债能力越强。但其高低还反映了项目利用负债资金的程度,因此该指标水平应适中	静态价值性指标
	流动比率	一般在2:1较好	静态价值性指标
	速动比率	一般为1左右较好	静态价值性指标

1)财务盈利能力评价指标

财务盈利能力评价主要考察投资项目投资的盈利水平。为达到此目的,需编制投资现金流量表、自有资金现金流量表和损益表三个基本财务报表。

盈利能力评价的主要指标包括项目投资财务内部收益率、财务净现值、项目静态投资回收期、项目动态投资回收期、总投资收益率和项目资本金净利润率等,可根据项目的特点及财务评价的目的和要求等选用。

(1)财务内部收益率

财务内部收益率(FIRR)是指能使项目计算期内净现金流量现值累计等于零时的折现率,即FIRR作为折现率时式(3.29)成立:

$$\sum_{t=1}^{n} (CI - CO)_t (1 + FIRR)^{-t} = 0 \qquad (3.29)$$

式中 CI——现金流入量

CO——现金流出量;

FIRR——财务内部收益率;

$(CI - CO)_t$——第t年的净现金流量;

n——项目计算期。

判别准则：当 $\text{FIRR} \geqslant i_c$（$i_c$ 为基准收益率）时，项目方案在财务上可考虑接受。

（2）财务净现值

财务净现值（FNPV）是指按设定的折现率（一般采用基准收益率）计算的项目计算期内净现金流量的现值之和，可按式（3.30）计算：

$$\text{FNPV} = \sum_{t=1}^{n} (\text{CI} - \text{CO})_t (1 + i_e)^{-t} \tag{3.30}$$

式中　FNPV——财务净现值；

i_e——设定的折现率（同基准收益率）。

一般情况下，财务盈利能力评价只计算项目投资财务净现值，可根据需要选择计算所得税前净现值或所得税后净现值。按照设定的折现率计算的财务净现值大于或等于零时，项目方案在财务上可考虑接受。

（3）项目静态投资回收期

项目静态投资回收期（P_t）是指在不考虑资金时间价值的条件下以项目的净收益回收项目投资所需要的时间，一般以"年"为单位。项目投资回收期宜从项目建设开始算起，若从项目投产开始年计算，应予以特别注明。项目静态投资回收期可采用式（3.31）表达：

$$\sum_{t=1}^{P_t} (\text{CI} - \text{CO})_t = 0 \tag{3.31}$$

式中　P_t——静态投资回收期；

CI——现金流入量；

CO——现金流出量；

$(\text{CI} - \text{CO})_t$——第 t 年的净现金流量。

项目静态投资回收期可借助项目投资现金流量表计算。项目投资现金流量表中累计净现金流量由负值变为零的时点，即为项目的投资回收期。投资回收期应按式（3.32）计算：

$$P_t = T - 1 + \frac{\left| \sum_{i=1}^{T-1} (\text{CI} - \text{CO})_i \right|}{(\text{CI} - \text{CO})_T} \tag{3.32}$$

式中　T——各年累计净现金流量首次为正值或零的年数。其余同式（3.31）。

投资回收期短，表明项目投资回收快，抗风险能力强。

（4）项目动态投资回收期

项目动态投资回收期（P_t'）是指在计算回收期时考虑了资金的时间价值，采用式（3.33）表达：

$$\sum_{t=1}^{P_t'} (\text{CI} - \text{CO})_t = 0 \tag{3.33}$$

式中　P_t'——动态投资回收期。

项目动态投资回收期更为实用的计算公式为：

$$P_t' = T - 1 + \frac{\left| \sum_{i=1}^{T-1} (\text{CI} - \text{CO})_i \right|}{(\text{CI} - \text{CO})_T} \tag{3.34}$$

式中　T——各年累计净现金流量首次为正值或零的年数。其余同式（3.31）。

投资回收期短,表明项目投资回收快,抗风险能力强。

(5)总投资收益率

总投资收益率(ROI)表示总投资的盈利水平,是指项目达到设计能力后正常年份的年息税前利润或运营期内年平均息税前利润(EBIT)与项目总投资(TI)的比率。总投资收益率应按式(3.35)计算:

$$ROI = \frac{EBIT}{TI} \times 100\% \tag{3.35}$$

式中 EBIT——项目正常年份的年息税前利润或运营期内年平均息税前利润;

TI——项目总投资。

总投资收益率高于同行业的收益率参考值,表明用总投资收益率表示的盈利能力满足要求。

(6)项目资本金净利润率

项目资本金净利润率(ROE)表示项目资本金的盈利水平,是指项目达到设计能力后正常年份的年净利润或运营期内年平均净利润(NP)与项目资本金(EC)的比率。项目资本金净利润率应按式(3.36)计算:

$$ROE = \frac{NP}{EC} \times 100\% \tag{3.36}$$

式中 NP——项目正常年份的年净利润或运营期内年平均净利润;

EC——项目资本金。

项目资本金净利润率高于同行业的净利润率参考值,表明用项目资本金净利润率表示的盈利能力满足要求。

2)偿债能力分析指标

对筹措了债务资金的项目,偿债能力考察的是项目能否按期偿还借款的能力。通过计算利息备付率和偿债备付率指标,判断项目的偿债能力。如果能够得知或根据经验设定所要求的借款偿还期,可直接计算利息备付率和偿债备付率指标;如果难以设定借款偿还期,也可以先大致估算出借款偿还期,再采用适宜的方法计算出每年需要还本和付息的金额,代入公式计算利息备付率和偿债备付率指标。

对使用债务性资金的项目,应进行偿债能力分析,考察法人能否按期偿还借款。

偿债能力分析应通过计算利息备付率(ICR)、偿债备付率(DSCR)、借款偿还期(LRP)、资产负债率(LOAR)、流动比率和速动比率等指标,分析判断财务主体的偿债能力。

(1)利息备付率

利息备付率(ICR)是指在借款偿还期内的息税前利润(EBIT)与应付利息(PI)的比值,它从付息资金来源的充裕性角度反映项目偿付债务的保障程度,表示企业使用息税前利润偿付利息的保证倍率。应按式(3.37)计算:

$$ICR = \frac{EBIT}{PI} \times 100\% \tag{3.37}$$

式中　EBIT——息税前利润；

　　　PI——计入总成本费用的应付利息。

利息备付率适用于预先给定借款偿还期的技术方案。

利息备付率应分年计算。利息备付率高，表明利息偿付的保障程度高。正常情况下利息备付率应当大于1，并结合债权人的要求确定。当利息备付率低于1时，表示企业没有足够资金支付利息，偿债风险很大。

（2）偿债备付率

偿债备付率（DSCR）是指在借款偿还期内，用于计算还本付息的资金（$EBITDA - T_{AX}$）与应还本付息金额（PD）的比值，它表示可用于还本付息的资金偿还借款本息的保障程度，应按式（3.38）计算：

$$DSCR = \frac{EBITDA - T_{AX}}{PD} \times 100\% \tag{3.38}$$

式中　EBITDA——息税前利润加折旧和摊销；

　　　T_{AX}——企业所得税；

　　　PD——应还本付息金额，包括还本金额和计入总成本费用的全部利息。融资租赁费用可视同借款偿还。运营期内的短期借款本息也纳入计算。

如果项目在运营期内有维持运营的投资，可用于还本付息的资金应扣除维持运营的投资。

偿债备付率适用于预先给定借款偿还期的技术方案。

偿债备付率应分年计算，偿债备付率高，表明可用于还本付息的资金保障程度高。

正常情况偿债备付率应大于1，并结合债权人的要求确定。当指标小于1时表示企业当年资金来源不足以偿付当期债务，需要通过短期借款偿付已到期债务。

（3）借款偿还期

借款偿还期（P_d）是指根据国家财税规定及技术方案的具体财务条件，以可作为偿还贷款的收益（利润、折旧、摊销费及其他收益）来偿还技术方案投资借款本金和利息所需要的时间。它是反映技术方案借款偿债能力的重要指标。其计算公式为：

$$I_d = \sum_{t=0}^{P_d} (B + D + R_o - B_r)_t \tag{3.39}$$

式中　P_d——借款偿还期（从借款开始年计算，若从投产年算起时应予注明）；

　　　I_d——投资借款本金和利息（不包括已有自有资金支付的部分）之和；

　　　B——第 t 年可用于还款的利润；

　　　D——第 t 年可用于还款的折旧和摊销费；

　　　R_o——第 t 年可用于还款的其他收益；

　　　B_r——第 t 年企业留利。

在实际工作中，借款偿还期还可通过借款还本付息计算表推算，以"年"表示。其计算公式为：

$$P_d = （借款偿还开始出现盈余年份 - 1）+ \frac{盈余当年应偿还借款额}{盈余当年可用于还款的余额} \tag{3.40}$$

借款偿还期指标适用于不预先给定借款偿还期限,且按最大偿还能力计算还本付息的技术方案。

实际工作中,由于偿债能力分析注重法人的偿债能力而不是技术方案,因此在《建设项目经济评价方法与参数》(第三版)中将借款偿还期指标取消。

(4)资产负债率

资产负债率(LOAR)是指各期末负债总额(TL)同资产总额(TA)的比率。其计算公式为:

$$LOAR = \frac{TL}{TA} \times 100\% \tag{3.41}$$

式中　TL——期末负债总额;

　　　TA——期末资产总额。

适度的资产负债率,表明企业经营安全、稳健,具有较强的筹资能力,也表明企业和债权人的风险较小。对该指标的分析,应结合国家宏观经济状况、行业发展趋势、企业所处竞争环境等具体条件判断。项目财务分析中,在长期债务还清后,可不再计算资产负债率。

(5)流动比率

流动比率是流动资产与流动负债之比,反映法人偿还流动负债的能力。其计算公式为:

$$流动比率 = \frac{流动资产}{流动负债} \times 100\% \tag{3.42}$$

(6)速动比率

速动比率是速动资产与流动负债之比,反映法人在短期内偿还流动负债的能力。其计算公式为:

$$速动比率 = \frac{速动资产}{流动负债} \times 100\% \tag{3.43}$$

式中,速动资产 = 流动资产 − 存货。

根据计算项目财务评价指标时是否考虑资金时间价值,指标体系分为静态指标和动态指标两类。静态指标主要用于技术经济数据不完备和不精确的方案初选阶段,或对寿命期比较短的方案进行评价,包括静态投资回收期、借款偿还期、投资利润率、投资利税率、资本金利润率、资产负债率、流动比率、速动比率;动态指标用于方案最后决策前的详细可行性研究阶段,或对寿命期较长的方案进行评价,包括动态投资回收期、财务净现值、财务内部收益率。

3.4.4　不确定性分析

项目经济评价所采用的数据大部分来自预测和估算,具有一定程度的不确定性,为分析不确定性因素变化对评价指标的影响,估计项目可能承担的风险,应进行不确定性分析。不确定性分析主要包括盈亏平衡分析和敏感性分析。

1)盈亏平衡分析

盈亏平衡分析是指通过计算项目达产年的盈亏平衡点,分析项目成本与收入的平衡关系,判断项目对产出品数量变化的适应能力和抗风险能力。盈亏平衡分析只用于财务分析。

盈亏平衡分析的目的是寻找盈亏平衡点,据此判断项目风险大小及对风险的承受能力,为投资决策提供科学依据。盈亏平衡点(BEP)就是盈利与亏损的分界点,可采用生产能力利用率或产量表示,应按式(3.44)、式(3.45)计算:

$$BEP_{生产能力利用率} = \frac{年固定成本}{年营业收入 - 年可变成本 - 年营业税金及附加} \times 100\% \qquad (3.44)$$

$$BEP_{产量} = \frac{年固定总成本}{单位产品价格 - 单位产品年可变成本 - 单位产品营业税金及附加} \qquad (3.45)$$

当采用含增值税价格时,式中分母还应扣除增值税。

2)敏感性分析

敏感性分析是指通过分析不确定性因素发生增减变化时,对财务或经济评价指标的影响,并计算敏感度系数和临界点,找出敏感因素,通常只进行单因素敏感性分析。计算敏感度系数和临界点应符合下列要求。

①敏感度系数(S_{AF})指项目评价指标变化率与不确定性因素变化率之比。其计算公式为:

$$SAF = \frac{\Delta A/A}{\Delta F/F} \qquad (3.46)$$

式中 $\Delta F/F$——不确定性因素 F 的变化率;

      $\Delta A/A$——不确定性因素 F 发生 ΔF 变化时,评价指标 A 的相应变化率。

②临界点(转换值)是指不确定因素的变化使项目由可行变为不可行的临界数值,一般采用不确定性因素相对基本方案的变化率或其对应的具体数值表示。

3.5 投资决策阶段工程造价

随着我国经济的高速增长,我们与发达国家距离越来越近,发达国家在建设工程中走过的弯路我们应该避免。尤其对我们这样一个人口众多、资源短缺的泱泱大国,节约能源的设计方案显得尤为紧迫。建设项目的决策和设计各阶段工作所花费用不多,但是对项目工程造价的影响却非常大,是进行工程造价控制的关键阶段。然而,建设项目造价控制是个复杂的系统工程,不仅涉及的专业面广,而且涉及建设项目的参与各方,包括业主、监理、设计单位、施工单位、政府各相关部门。各方在设计管理过程中扮演什么角色,是否可以有通用的管理模式,如何改进项目决策阶段的造价控制的方法,使之更有实用性等,这些都值得作进一步的思考和探索。

3.5.1 项目投资决策阶段工程造价控制

1)在投资决策阶段做好基础资料的收集

造价人员需要收集工程所在地的水电路状况、地质情况、主要材料设备的价格资料、大宗材料的采购地以及已建类似工程资料,并对资料的准确性、可靠性认真分析,保证投资预测、经济分析的准确。

2) 必须做好可行性研究阶段的技术经济论证

可行性研究的结果直接影响项目的成败,且可行性研究阶段形成的项目投资估算是确定限额设计总值的重要依据,并影响设计总概算和施工图预算。为加强其精确性需要作充分的市场调查研究。市场研究就是指对拟建项目所提供的产品或服务的市场占有可能性分析,包括国内外市场在项目计算期内对拟建产品的需求状况;类似项目的建设情况;国家对该产业的政策和今后发展趋势等。

3) 做好方案优化是控制工程造价的关键

据国外统计资料表明,在项目决策方案优化过程中节约投资的可能性为80%左右。在完成市场研究以后,要结合项目的实际情况,在满足生产的前提下,遵循"效益至上"的原则,进行多方案比选。技术经济人员应该和设计人员密切配合,用动态分析方法进行多方案技术经济比较,通过方案优化,使工艺流程尽量简单,设备选型更加合理,从而节约大量资金。

3.5.2 建设工程造价控制的决策阶段

长期以来,我国的工程建设存在投资膨胀严重的现象,造成工期越拖越长,工程造价越来越高,其中一个重要原因是建设前期决策不合理。

1) 对工程造价投资决策不够重视

结合我国的具体情况,投资决策是产生工程造价的源头,这一阶段耗资占总投资额的0.5%~3%,但能有效提高项目的投资效益。对建设项目进行合理的选择是对经济资源进行优化配置的最直接、最重要的手段,项目投资效益影响整个国家经济的效率和效益。发达国家对投资决策阶段工程造价十分重视,不惜花大本钱,大力气进行投资决策阶段的工程造价研究,出具相对比较准确的工程造价,并进行控制。然而,长期以来我国的工程建设一直缺乏建设前期确定工程造价的有效依据,只能依据专家、决策者们借鉴已完成的项目工程造价进行估算,但又往往因为诸多因素影响,"三超"现象相当普遍。

2) 开展造价控制的基础性工作欠缺

根据我国现行的基本建设程序,建设前期准备工作包括提出项目建议书、编制可行性研究报告、进行初步设计和编制工程概预算,以及按照管理权限提请有关单位审批等。但是在实际工作中,许多政府投资项目因时间紧迫,在没有进行深入细致的前期准备工作的情况下,例如在没有充分做好项目的投资预测,对工程所在地的水文地质条件不了解、主要材料设备的价格未摸清的情况下,盲目地委托设计单位、勘察设计单位编制可行性研究报告,并编制投资估算。由于相关单位缺乏数据信息,或技术经济人员数量不够、质量不高、信息不灵,无法进行可靠的市场预测分析,使生产规模的确定缺乏足够的依据,加之基础资料不落实就急于开展工作,资金筹措和各种外部协作条件往往凭经验假定。所有这些都造成投资估算缺乏可信性。另外,还有部分建设单位为了所报项目能被立项部门顺利批准,要求设计单位在投资估算时有意低估,搞"钓鱼工程",增加了估算的不准确性。

3.5.3 投资决策阶段在工程造价中的控制措施

工程建设项目的各项技术经济决策,对项目的工程造价有重大影响,特别是建设标准水平的确定、建设地点的选择、工艺的选择、设备材料的选用等,都直接关系到工程造价的高低。因此项目投资决策阶段的造价控制是决定工程造价的基础,它直接影响着各个建设阶段工程造价的控制是否科学合理。建设单位作为投资的主体应积极做好工程造价的控制与管理工作,充分发挥自身的主体作用。

1)收集资料编制可行性研究报告

首先要做好投资决策阶段的基础资料收集工作,做好工程的投资预测,需要收集很多的资料,如工程所在地的水电状况、地质情况、主要材料设备的价格资料、大宗材料的采购地以及现有已建类似工程资料,对于做经济评价的项目还要收集更多资料。造价人员要对资料的准确性、可靠性认真分析,保证投资预测、经济分析的准确。其次要编制可行性研究报告。工程项目的可行性研究阶段,项目的各项技术经济决策,对工程造价以及项目的经济效益,有着决定性的影响,是工程造价控制的重要阶段。可行性研究要以质量控制为核心,对项目的规模建设标准、工艺布局、产业规划、技术进步等方面应实事求是地科学分析。

2)重视工程造价投资决策并选择最优方案

正确决策是合理确定与控制建设投资的前提,是确保投资方向正确性的基础。项目投资决策是选择和决定投资行动方案,对拟建项目的必要性和可行性进行技术经济论证,对不同建设方案进行技术经济比较选择及作出判断和决定的过程。正确的项目投资行动源自正确的项目投资决策。项目决策正确,意味着对项目作出科学的决断,以及在建设的前提下,选出最佳投资行动方案,达到资源的合理配置。这样才能合理地估计和计算建设投资,有效地进行投资控制。因此,要重视项目投资决策,在充分研究投资决策阶段影响投资控制等因素的基础上,进行多方案比选,选择能够实现业主投资意图的最经济方案。

投资决策阶段影响投资控制的因素一般包括:

①首先是建设区位选择(包括建设地区和建设地点的选择)。建设地区选择得合理与否,在很大程度上决定着拟建项目的命运,影响着项目投资、质量目标,影响项目建成后的经营状况。

②建设标准水平的确定。建设标准的主要内容有工艺装备、建筑标准、配套工程、劳动定员等方面的标准或指标。建设标准的编制、评估、审批是项目可行性研究的重要依据,是衡量建设投资是否合理及监督检查项目建设的客观尺度。

③工艺和设备的评定选用。

④融资模式的选择。

⑤建设时机的选择。

3)认真编制投资估算并进行严格审查,保证投资估算的准确性

投资估算是拟建项目前期可行性研究的一个重要内容,是经济效益评价的基础,是项目决策的重要依据。因为投资决策阶段进一步分为项目建议书阶段、初步可行性研究阶段、详细可行性研究阶段。投资估算工作也相应分为三个阶段。随着决策由浅到深、不断深化,投资估算的准确度逐渐加强。投资估算编制要有依据,要尽量细致,并力求尽可能全面,从现实出发,充分考虑施工过程中可能出现的各种情况及不利因素对工程造价的影响,考虑市场情况及建设期间预留价格浮动系数,使投资基本上符合实际并留有余地,使投资估算真正起

到控制项目总投资的作用。因此,只有加强决策深度,采用科学的估算方法和可行的数据资料,合理地计算投资估算,保证投资估算充足,才能保证其他阶段的建设投资控制在合理范围,使投资控制目标能够实现,避免"三超"现象的发生。此外,确保投资估算的准确性,必须保证估算指标的科学性和合理性。

目前我国使用的估算指标应进行较大改革,实行量价分离,指标中将"量"列全、列细,便于在使用指标时,根据拟建项目的具体情况对"量"作必要的修正,进一步提高估算的准确度。

4)重视建设项目的经济评价

建设项目经济评价是在可行性研究和评估过程中,采用科学的经济分析方法,对项目建设期和生产期内投入产出诸多经济因素进行调查、预测、研究、计算和论证,经过比较选择,推荐最佳决策项目的重要依据。经济评价是可行性研究和评估的核心内容,决定项目的上与下,其目的在于最大限度地提高投资的经济效益和社会效益,因此,在决策阶段必须做好项目的经济评价工作。

建设项目的经济评价应遵循动态分析与静态分析相结合、定量分析与定性分析相结合、宏观效益分析与微观效益分析相结合、价值量分析与实物量分析相结合、预测分析与统计分析等原则,完成以下主要任务:

①完成项目相关的市场供需预测,分析拟建规模、厂址、技术方案等内容。

②计算项目的投资估算,对项目建成投产后的经济效益进行预测和分析,综合考虑资金筹措和平衡问题,预测投产后的获利能力、投资清偿能力等经济效益指标。

③选出最优的投资方案,并提出结论性意见或建议,作为投资决策的经济论证评价。

随着我国社会主义市场经济体制的建立,特别是加入WTO后,对项目决策阶段造价的控制开始逐步尝试国际通行的做法,但是国外的经验存在着不适应中国国情等诸多方面的缺陷和不足。鉴于项目决策对整个建设项目工程造价控制与管理的重要性,只有从中国国情出发,从合理确定项目规模、合理确定建设标准水平、合理的选择建设地区及厂址和合理确定工程技术方案等方面入手,才能真正地做到工程造价的控制,才能提高投资效益。

3.6 案例分析

某拟建年产3 000万t的铸钢厂,根据可行性研究报告提供的已建类似项目资料,年产2 500万t类似工程的主厂房工艺设备投资约2 400万元。已建类似项目资料:与设备有关的其他各专业工程投资系数,见表3.7;与主厂房投资有关的辅助工程及附属设施投资系数,见表3.8。

本项目的资金来源为自有资金和贷款,贷款总额为8 000万元,贷款利率为8%(按年计息)建设期3年,第1年投入30%,第2年投入50%,第3年投入20%。预计建设期物价年平均上涨率3%,基本预备费5%,投资方向调节税率为0%。

表 3.7 与设备投资有关的各专业工程投资系数

加热炉	汽车冷却	余热锅炉	自动化仪表	起重设备	供电与传动	建安工程
0.12	0.01	0.04	0.02	0.09	0.18	0.40

表 3.8 与主厂房投资有关的辅助及附属设施投资系数

动力系统	机修系统	总图运输系统	行政及生活福利设施工程	工程建设其他费
0.30	0.12	0.20	0.30	0.20

【问题】

(1)已知拟建项目建设期与类似项目建设期的综合价格差异系数为 1.25,试用生产能力指数估算法估算拟建工程的工艺设备投资额;用系数估算法估算该项目主厂房投资和项目建设的工程费与其他费投资。

(2)估算该项目的固定资产投资额。

【解答】

(1)①根据生产能力指数估算法公式:

$$C_2 = C_1 \left(\frac{Q_2}{Q_1} \right)^n f$$

由于项目与已建类似项目生产规模相差较小,可取 $n = 1$,因此,

主厂房工艺设备投资 $= 2\,400 \times (3\,000/2\,500)^1 \times 1.25 = 3\,600$(万元)

②估算主厂房投资:用设备系数估算法。

主厂房投资 $= 3\,600 \times (1 + 12\% + 1\% + 4\% + 2\% + 9\% + 18\% + 40\%)$

$\qquad\qquad = 3\,600 \times (1 + 0.86) = 6\,696$(万元)

其中,建安工程投资 $= 3\,600 \times 0.4 = 1\,440$(万元)

设备购置投资 $= 3\,600 \times 1.46 = 5\,256$(万元)

工程费与工程建设其他费 $= 6\,696 \times (1 + 30\% + 12\% + 20\% + 30\% + 20\%)$

$\qquad\qquad\qquad\qquad\qquad = 6\,696 \times (1 + 1.12)$

$\qquad\qquad\qquad\qquad\qquad = 14\,195.52$(万元)

(2)①基本预备费计算:

$\qquad\qquad$基本预备费 $= 14\,195.52 \times 5\% = 709.78$(万元)

由此可得:

$\qquad\qquad$静态投资 $= 14\,195.52 + 709.78 = 14\,905.30$(万元)

建设期各年的静态投资额如下:

$\qquad\qquad$第 1 年 $\quad 14\,905.3 \times 30\% = 4\,471.59$(万元)

$\qquad\qquad$第 2 年 $\quad 14\,905.3 \times 50\% = 7\,452.65$(万元)

$\qquad\qquad$第 3 年 $\quad 14\,905.3 \times 20\% = 2\,981.06$(万元)

②涨价预备费计算:

涨价预备费 $= 4\,471.59 \times ([(1 + 3\%)^1 - 1] + 7\,452.65 \times [(1 + 3\%)^2 - 1] +$

$$2\ 981.06 \times \left[(1 + 3\%)3 - 1 \right]$$
$$= 134.15 + 453.87 + 276.42 = 864.44(万元)$$

由此可得：

$$预备费 = 709.78 + 864.44 = 1\ 574.22(万元)$$

③投资方向调节税计算：

$$投资方向调节税 = (14\ 905.3 + 864.44) \times 0\% = 0(万元)$$

④建设期贷款利息计算：

第1年贷款利息 $= (0 + 8\ 000 \times 30\% \div 2) \times 8\% = 96(万元)$

第2年贷款利息 $= \left[(96 + 8\ 000 \times 30\%) + (8\ 000 \times 50\% \div 2) \right] \times 8\% = 359.68(万元)$

第3年贷款利息 $= \left[(2\ 400 + 96 + 4\ 000 + 359.68) + (8\ 000 \times 20\% \div 2) \right] \times 8\%$
$$= 612.45(万元)$$

建设期贷款利息 $= 96 + 358.68 + 612.45 = 1\ 068.13(万元)$

由此可得：

项目固定投资额 $= 14\ 195.52 + 1\ 574.22 + 0 + 1\ 068.13 = 16\ 837.87(万元)$

本章小结

本章主要介绍了投资决策的含义,建设项目决策与工程造价的关系,决策阶段影响工程造价的主要因素,可行性研究的概念、作用及编制内容,我国项目投资估算的阶段划分,建设项目投资估算的内容、方法以及财务评价指标体系与方法等。

项目投资决策阶段工程造价管理的主要任务包括编制项目建议书,进行建设项目投资估算和项目财务评价。

投资估算的方法主要介绍了生产能力指数法、系数估算法、比例估算法、指标估算法等。财务评价指标主要包括财务盈利能力评价指标(财务内部收益率、财务净现值、静态回收期、动态回收期、总投资收益率、资本金净利润率)、偿债能力分析指标(利息备付率、偿债备付率、借款偿还期、资产负债率、流动比率、速动比率)、不确定性分析(盈亏平衡分析、敏感性分析)。

思考与练习

一、单项选择题

1. 建设项目规模的选择是否合理关系到项目的成败,决定了项目工程造价的合理与否。影响项目规模合理化的制约因素主要包括(   )。

　　A. 资金因素、技术因素和环境因素　　　　B. 资金因素、技术因素和市场因素

　　C. 市场因素、技术因素和环境因素　　　　D. 市场因素、环境因素和资金因素

2. 对于铁矿石、大豆等初步加工建设工程项目,在进行建设地区选择时应遵循的原则是(   )。

　　A. 靠近大中城市　　　　　　　　　　　　B. 靠近燃料提供地

C. 靠近产品消费地　　　　　　　　　　D. 靠近原料产地

3. 对于煤炭项目,确定合理规模时,除市场因素、技术因素外,还应考虑的因素是( )。

　　A. 资源合理开发利用要求和资源可采储量　　B. 地质条件

　　C. 建设条件　　　　　　　　　　　　　　D. 占用地方

4. 在项目建设规模的确定过程中,首先考虑的因素是( )。

　　A. 技术因素　　　　B. 市场因素　　　　C. 环境因素　　　　D. 效益因素

5. 项目投资估算精度要求在 ±10% 的阶段是( )。

　　A. 投资设想　　　　　　　　　　　　　B. 机会研究

　　C. 初步可行性研究　　　　　　　　　　D. 详细可行性研究

6. 按照生产能力指数法($n = 0.8, f = 1.1$),如将设计中的化工生产系统的生产能力提高到 3 倍,投资额将增加( )。

　　A. 118.9%　　　　B. 158.3%　　　　C. 164.9%　　　　D. 191.5%

7. 下列投资估算方法中,属于以设备费为基础估算建设项目固定资产投资的方法是( )。

　　A. 生产能力指数法　　　　　　　　　　B. 朗格系数法

　　C. 指标估算法　　　　　　　　　　　　D. 定额估算法

8. 2000 年已建成年产 10 万 t 的某钢厂,其投资额为 4 000 万元,2004 年拟建生产 50 万 t 的钢厂项目,建设期为 2 年,2000—2004 年每年平均造价指数递增 4%,预计建设期 2 年平均造价指数递减 5%,估算拟建钢厂的静态投资额为( )万元(生产能力指数 $x = 0.8$)。

　　A. 16 958　　　　B. 16 815　　　　C. 14 496　　　　D. 15 304

二、多项选择题

1. 关于建设项目决策与工程造价的关系,说法正确的是( )。

　　A. 项目决策的正确性是工程造价合理性的前提

　　B. 项目决策的内容是决定工程造价的基础

　　C. 造价高低、投资多少对项目决策的影响相对较小

　　D. 项目决策的深度影响投资估算的精确度

　　E. 项目决策的深度与工程造价的控制效果无关

2. 项目建设地区选择应遵循的基本原则是( )。

　　A. 靠近原料和燃料地原则　　　　　　　B. 靠近产品消费地原则

　　C. 节约土地原则　　　　　　　　　　　D. 工业项目适当聚集原则

　　E. 工业项目集中布局原则

3. 可行性研究的作用包括( )。

　　A. 作为编制投资估算的依据　　　　　　B. 作为项目投资决策的依据

　　C. 作为编制投资文件的依据　　　　　　D. 作为银行贷款的依据

　　E. 有关部门项目审批的依据

4. 技术方案选用的基本原则包括( )。

　　A. 节约能源　　　　B. 先进适用　　　　C. 价格低廉　　　　D. 经济合理

E. 安全可靠

5. 下列可用于工程建设静态投资估算的是(　　　)。

A. 指标估算法　　　　B. 比例估算法　　　　C. 系数估算法　　　　D. 成本估算法

E. 生产能力指数估算法

三、思考题

1. 建设项目决策阶段影响工程造价的主要因素有哪些？

2. 可行性研究报告的作用和内容有哪些？

3. 为了进行投资项目的经济效果分析,需编制的财务报表主要有哪些？

4. 投资估算的方法有哪些？

5. 建设项目财务评价指标有哪些？

第4章
建设项目设计阶段的工程造价管理

4.1 概述

4.1.1 工程设计的含义、阶段划分及程序

1)工程设计的含义

工程设计是指在工程开始施工之前,设计者根据已批准的设计任务书,为具体实现拟建项目的技术、经济要求,拟订建筑、安装及设备制造等所需的规划、图纸、数据等技术文件的工作。设计是建设项目由计划变为现实具有决定意义的工作阶段。设计文件是建筑安装施工的依据,拟建工程在建设过程中能否保证进度、保证质量和节约投资,在很大程度上取决于设计质量的优劣。工程建成后,能否获得满意的经济效果,除了项目决策外,设计工作起着决定性作用。

2)工程设计的阶段划分

为保证工程建设和设计工作有机地配合和衔接,将工程设计分为几个阶段。根据国家有关文件的规定,一般工业项目可分为初步设计和施工图设计两个阶段进行,称为"两阶段设计";对于技术复杂、设计难度大的项目,可按初步设计、技术设计和施工图设计三个阶段进行,称为"三阶段设计"。小型工程建设项目,技术上简单的,经项目主管部门同意可以简化"施工图设计";大型复杂建设项目,除按规定分阶段进行设计外,还应进行总体规划设计或总体设计。

民用建筑项目一般分为方案设计、初步设计和施工图设计三个阶段。对于技术上简单的民用建筑工程,经有关部门同意,并且合同中有可不做技术设计的约定,可在方案设计审批后直接进入施工图设计。

3)工程设计的程序

设计工作的重要原则之一是保证设计的整体性,因此设计必须按以下程序分阶段进行。

①设计准备首先要了解并掌握项目各种有关的外部条件和客观情况,包括自然条件,城市规划对建设物的要求,基础设施状况,业主对工程的要求,对工程经济估算的依据,所能提供的资金、材料、施工技术和装备等以及可能影响工程的其他客观因素。

②初步方案设计者应对工程主要内容的安排有个大概的布局设想,然后要考虑工程与周围环境之间的关系。在这一阶段设计者同使用者和规划部门充分交换意见,最后使自己的设计符合规划的要求,取得规划部门的同意,与周围环境有机融为一体。对于不太复杂的工程,这一阶段可以省略,把有关的工作并入初步设计阶段。

③初步设计是设计过程中的一个关键性阶段,也是整个设计构思基本形成的阶段。此阶段应根据批准的可行性研究报告和可靠的设计基础资料进行编制,综合考虑建筑功能、技术条件、建筑形象及经济合理性等因素提出设计方案,并进行方案的比较和优选,确定较为理想的方案。初步设计阶段包括总平面设计、工艺设计和建筑设计三部分。在初步设计阶段应编制设计概算。

④技术设计是初步设计的具体化,也是各种技术问题的定案阶段。技术设计的详细程度应能满足确定设计方案中重大技术问题和有关实验、设备选制等方面的要求,应能保证根据它可编制施工图和提出设备订货明细表。应根据批准的初步设计文件进行编制,并解决初步设计尚未完全解决的具体技术问题。如果对初步设计阶段所确定的方案有所更改,应对更改部分编制修正概算书。经批准后的技术图纸和说明书即为编制施工图、主要材料设备订货及工程拨款的依据文件。

⑤施工图设计这一阶段主要是通过图纸,把设计的意图和全部设计结果表达出来,解决施工中的技术措施、用料及具体做法,作为工人施工制作的依据。施工图设计的深度应能满足设备、材料的选择与确定、非标准设备的设计与加工制作、施工图预算的编制、建筑工程施工和安装的要求。此阶段编制施工图预算工程造价控制文件。

⑥设计交底和配合施工图发出后,根据现场需要,设计单位应派人到施工现场,与建设、施工单位共同会审施工图,进行技术交底,介绍设计意图和技术要求,修改不符合实际和有错误的图纸,参加试运转和竣工验收,解决试运转过程中的各种技术问题,并检验设计的正确和完善程度。

为确保固定资产投资及计划的顺利完成,在各个设计阶段编制相应工程造价控制文件时要注意技术设计阶段的修正设计概算应低于初步设计阶段的设计概算,施工图设计阶段的施工图预算应低于技术设计阶段的修正设计概算,各阶段逐步由粗到细确定工程造价,经过分段审批,层层控制工程造价,以保证建设工程造价不突破批准的投资限额。

4.1.2 设计阶段影响工程造价的因素

不同类型的建筑,使用目的及功能要求不同,影响设计方案的因素也不相同。

工业建筑设计是由总平面设计、工艺设计及建筑设计三部分组成,它们之间相互关联和制约。因此影响工业建筑设计的因素应从以上三部分考虑才能保证总设计方案经济合理。各部分设计方案侧重点不同,影响因素也略有差异。

民用建筑项目设计是根据建筑物的使用功能要求,确定建筑标准、结构形式、建筑物空间与平面布置以及建筑群体的配置等。

1)总平面设计

总平面设计是指总图运输设计和总平面配置。其内容主要包括:厂址方案、占地面积和土地利用情况;总图运输、主要建筑物和构筑物及公用设施的配置;水、电、气及其他外部协作条件等。

总平面设计是否合理对于整个设计方案的经济合理性有重大影响。正确合理的总平面设计可以大大减少建筑工程量,节约建设用地,节省建设投资,降低工程造价和项目运行后的使用成本,加快建设进度,可以为企业创造良好的生产组织、经营条件和生产环境,还可以为城市建设和工业区创造完美的建筑艺术整体。

总平面设计中影响工程造价的因素有以下几方面。

(1)占地面积

占地面积的大小一方面影响征地费用的高低,另一方面影响管线布置成本及项目建成后运营的运输成本。因此,要注意节约用地,不占或少占农田,同时还要满足生产工艺过程的要求,适应建设地点的气候、地形、工程水文地质等自然条件。

(2)功能分区

无论是工业建筑还是民用建筑都由许多功能组成,这些功能之间相互联系和制约。合理的功能分区既可以使建筑物各项功能充分发挥,又可以使总平面布置紧凑、安全,避免大挖大填,减少土石方量和节约用地,还能使生产工艺流程顺畅,运输简便,能降低造价和项目建成后的运营费用。

(3)运输方式

不同运输方式的运输效率及成本不同。有轨运输运量大,运输安全,但需要一次性投入大量资金;无轨运输无须一次性大规模投资,但是运量小,运输安全性较差。因此,应合理组织场内外运输,选择方便经济的运输设施和合理的运输路线。从降低工程造价角度看,应尽可能选择无轨运输,但若考虑项目运营的需要,如果运输量较大,则有轨运输往往比无轨运输成本低。

2)工艺设计

一般来说先进的技术方案所需投资较大,劳动生产率较高,产品质量好。选择工艺技术方案时,应认真进行经济分析,根据我国国情和企业的经济与技术实力,以提高投资的经济效益和企业投产后的运营效益为前提,积极稳妥地采用先进的技术方案和成熟的新技术、新工艺,确定先进适度、经济合理、切实可行的工艺技术方案。

主要设备方案应与拟选的建设规模和生产工艺相适应,满足投产后生产的要求。设备质量、性能成熟,以保证生产的稳定和产品质量。设备选择应在保证质量性能前提下,力求经济合理。主要设备之间、主要设备与辅助设备之间的能力相互配套。选用设备时,应符合国家和有关部门颁布的相关技术标准要求。

3)建筑设计

建筑设计部分要在考虑施工过程合理组织和施工条件的基础上,决定工程的立体平面设计和结构方案的工艺要求、建筑物和构筑物及公用辅助设施的设计标准,提出建筑工艺方案、暖气通风、给排水等问题简要说明。在建筑设计阶段影响工程造价的主要因素有以下几方面。

(1)平面形状

一般来说,建筑物平面形状越简单,其单位面积造价越低。不规则建筑物将导致室外工程、排水工程、砌砖工程及屋面工程等复杂化,从而增加工程费用。一般情况下,建筑物周长与面积的比值 K(即单位建筑面积所占外墙长度)越低,设计越经济。K 值按圆形、正方形、矩形、T 形、L 形的次序依次增大。因此,建筑物平面形状的设计应在满足建筑物功能要求的前提下,降低建筑物周长与建筑面积之比,实现建筑物寿命周期成本最低的要求。除考虑造价因素外,还应注意到美观、采光和使用要求方面的影响。

(2)流通空间

建筑物的经济平面布置的主要目标之一是在满足建筑物使用要求的前提下,将流通空间(门厅、过道、走廊、楼梯及电梯井等)减少到最小。但是造价不是检验设计是否合理的唯一标准,其他要求(如美观和功能质量)也是非常重要的。

(3)层高

在建筑面积不变的情况下,层高增加会引起各项费用的增加——如墙与隔墙及其有关粉刷、装饰费用的提高;供暖空间体积增加,导致热源及管道费增加;卫生设备、上下水管道长度增加;楼梯间造价和电梯设备费用的增加;施工垂直运输量增加;如果由于层高增加而导致建筑物总高度增加很多,则还可能需要增加结构和基础造价。

单层厂房的高度主要取决于车间内的运输方式。选择正确的车间内部运输方式,对于降低厂房高度,降低造价具有重要意义。在可能的条件下,特别是当起重量较小时,应考虑采用悬挂式运输设备来代替桥式吊车;多层厂房的层高应综合考虑生产工艺、采光、通风及建筑经济的因素来进行选择,多层厂房的建筑层高还取决于能否容纳车间内的最大生产设备和满足运输的要求。

(4)建筑物层数

建筑工程总造价是随着建筑物的层数增加而提高的。但是当建筑层数增加时,单位建筑面积所分摊的土地费用及外部流通空间费用将有所降低,从而使建筑物单位面积造价发生变化。建筑物层数对造价的影响,因建筑类型、形式和结构不同而不同。如果增加一个楼层不影响建筑物的结构形式,单位建筑面积的造价可能会降低。但是当建筑物超过一定层数时,结构形式就要改变,单位造价通常会增加。建筑物越高,电梯及楼梯的造价有提高的趋势,建筑物的维修费用也将增加,但是采暖费用有可能下降。

工业厂房层数的选择应重点考虑生产性质和生产工艺的要求。对于需要跨度大和层度高,拥有重型生产设备和起重设备,生产时有较大振动及大量热和气散发的重型工业设备,采用单层厂房是经济合理的;而对于工艺过程紧凑,设备和产品重量不大,并要求恒温条件的各种轻型车间,可采用多层厂房,以充分利用土地,节约基础工程量,缩短交通线路和工程管线的长度,降低单方造价。同时还可以减少传热面,节约热能。

确定多层厂房的经济层数主要有两个因素:一是厂房展开面积的大小。展开面积越大,层数越能增加。二是厂房宽度和长度。宽度和长度越大,则经济层数越能增加,造价也随之降低。

（5）柱网布置

柱网布置是确定柱子的行距（跨度）和间距（每行柱子中相邻两个柱子间的距离）的依据。柱网布置是否合理，对工程造价和厂房面积的利用效率都有较大的影响。由于科学技术的飞跃发展，生产设备和生产工艺都在不断地变化。为适应这种变化，厂房柱距和跨度应适当扩大，以保证厂房有更大的灵活性，避免生产设备和工艺的改变受到柱网布置的限制。

（6）建筑物的体积与面积

通常情况下，随着建筑物体积和面积的增加，工程总造价会提高。因此应尽量减少建筑物的体积与总面积。为此，对于工业建筑，在不影响生产能力的条件下，厂房、设备布置力求紧凑合理；要采用先进工艺和高效能的设备，节省厂房面积；要采用大跨度、大柱距的大厂房平面设计形式，提高平面利用系数。

（7）建筑结构

建筑结构是指建筑工程中由基础、梁、板、柱、墙、屋架等构件所组成的起骨架作用的、能承受直接和间接"作用"的体系。建筑结构按所用材料可分为砌体结构、钢筋混凝土结构、钢结构和木结构等。

4.1.3　设计阶段工程造价管理的主要工作内容和意义

1）设计阶段工程造价管理的主要工作内容

设计阶段工程造价管理的主要工作内容是根据委托合同约定可选择设计概算、施工图预算或进行概（预）算审查，工作目标是保证概（预）算编制依据的合法性、时效性、适用性和概（预）算报告的完整性、准确性、全面性。可通过概（预）算对设计方案作出客观经济评价，同时还可根据委托人的要求和约定对设计提出可行的造价管理方法及优化建议。

设计阶段工程造价管理的阶段性工作成果文件是指设计概算造价报告、施工图预算造价报告或其审查意见等。

2）设计阶段控制工程造价的重要意义

设计阶段的工程造价控制有以下重要意义：

①在设计阶段进行工程造价的计价分析可以使造价构成更合理，提高资金利用效率。在设计阶段工程造价的计价形式是编制设计概算，通过概算了解工程造价的构成，分析资金分配的合理性。并可以利用设计阶段各种控制工程造价的方法使经济与成本更趋于合理化。

②在设计阶段进行工程造价的计价分析可以提高投资控制效率。编制设计概算可以了解工程各组成部分的投资比例。对于投资比例较大的部分应作为投资控制的重点，这样可以提高投资控制效率。

③在设计阶段控制工程造价会使控制工作更主动。设计阶段控制工程造价，可以使被动控制变为主动控制。设计阶段可以先开列新建建筑物每一部分或分项的计划支出费用的报表，即投资计划，然后当详细设计方案制订出来后，对照造价计划中所列的指标进行审核，

预先发现差异,主动采取一些控制方法消除差异,使设计更经济。

④在设计阶段控制工程造价,便于技术与经济相结合。设计人员往往关注工程的使用功能,力求采用较先进的技术方法实现项目所需功能,对经济因素考虑较少。在设计阶段吸引控制造价的人员参与全过程设计,使设计一开始就建立在健全的经济基础之上,在做出重要决定时就能充分认识其经济后果。

⑤在设计阶段控制工程造价效果最显著。工程造价控制贯穿项目建设全过程。设计阶段的造价对投资造价的影响程度很大。控制建设投资的关键在设计阶段,在设计一开始就将控制投资的思想植根于设计人员的头脑中,以保证选择恰当的设计标准和合理的功能水平。

4.2 设计方案优选

4.2.1 设计方案的评价原则

建筑工程设计方案评价就是对设计方案进行技术与经济分析、计算、比较和评价,从而选出技术上先进、结构上坚固耐用、功能上适用、造型上美观、环境上自然协调和经济合理的最优设计方案,为决策提供科学的依据。

为了提高工程建设投资效果,从选择建设场地和工程总平面布置开始,直至建筑节点的设计都应进行多方案比选,从中选取技术先进、经济合理的最佳设计方案。设计方案优选应遵循以下原则:

①设计方案必须要处理好经济合理性与技术先进性之间的关系,如图 4.1 所示。技术先进性与经济合理性有时是一对矛盾体,设计者应妥善处理好两者的关系,一般情况下,要在满足使用者要求的前提下,尽可能地降低工程造价。

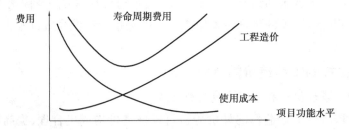

图 4.1 工程造价、使用成本与项目功能水平之间的关系

②设计方案必须兼顾建设与使用,并考虑项目全寿命费用。造价水平的变化会影响项目将来的使用成本。如果单纯降低造价,建造质量得不到保障,就会导致使用过程中的维修费用很高,甚至有可能发生重大事故。在设计过程中应兼顾建设过程和使用过程,力求项目寿命周期费用最低。

③设计必须兼顾近期与远期的要求。一项工程建成后,往往会在很长时间内发挥作用,如果按照目前的要求设计工程,将来可能会出现由于项目功能水平无法满足需要而重新建造的情况。所以设计者要兼顾近期和远期的要求,选择项目合理的功能水平。

4.2.2 设计方案评价方法

1)多指标评价法

多指标评价法通过对反映建筑产品功能和耗费特点的若干技术经济指标的计算、分析、比较,评价计划方案的经济效果,分为多指标对比法和多指标综合评分法。

(1)多指标对比法

这是目前采用比较多的一种方法,其基本特点是使用一组适用的指标体系,将对比方案的指标值列出,然后逐一进行对比分析,根据指标值的高低来分析判断方案的优劣。

利用这种方法首先需要将指标体系中的各个指标,按其在评价中的重要性分为主要指标和辅助指标。主要指标是能够比较充分反映工程的技术经济特点的指标,是确定工程项目经济效果的主要依据。辅助指标在技术经济分析中处于次要地位,是主要指标的补充。当主要指标不足以说明方案的技术经济效果的优劣时,辅助指标就成为进一步进行技术经济分析的依据,但是要注意参选方案在功能、价格、时间及风险等方面的可比性。如果方案不完全符合对比条件,要加以调整,使其满足对比条件后再进行对比,并在综合分析时予以说明。

这种方法的优点是指标全面、分析确切,可通过各种技术经济指标定性或定量地直接反映方案技术经济性能的主要方面,但不便于考虑对某一功能评价,不便于综合定量分析,容易出现某一方面有些指标较优另一些指标较差,而另一方面则可能是有些指标较差而另一些指标较优这种不同指标的评价结果不同的情况,从而使分析工作复杂化。

(2)多指标综合评分法

该法首先对需要进行分析评价的方案设定若干个评价指标,并按其重要程度确定各指标的权重;然后确定评分标准,并就各设计方案对各指标的满足程度打分;最后计算各方案的加权得分,以加权得分高者为最优设计方案。这种方法是定性分析、定量打分相结合的方法,该方法的关键是评价指标的选取和指标权重的确定。

$$S = \sum_{i=1}^{n} w_i S_i \qquad (4.1)$$

式中 S——设计方案总得分;

S_i——某方案在评价指标 i 上的得分;

W_i——评价指标 i 的权重;

n——评价指标数。

这种方法的优点在于避免了多指标对比法指标间可能发生相互矛盾的现象,评价结果是唯一的。但是在确定权重及评分过程中存在主观臆断成分,同时由于分值是相对的,因而不能直接判断出各方案的各项功能实际水平。

【例4.1】某住宅项目有A、B、C、D四个设计方案,各设计方案从适用、安全、美观、技术和经济五个方面进行考察,具体评价指标、权重和评分值如表4.1所示。运用多指标评分法选择最优设计方案。

表4.1 各设计方案评价指标得分表

评价指标		权重	A	B	C	D
适用	平面布置	0.1	9	10	8	10
	采光通风	0.07	9	9	10	9
	层高层数	0.05	7	8	9	9
安全	牢固耐用	0.08	9	10	10	10
	"三防"设施	0.05	8	9	9	7
美观	建筑造型	0.13	7	9	8	6
	室外装修	0.07	6	8	7	5
	室内装修	0.05	8	9	6	7
技术	环境设计	0.1	4	6	5	5
	技术参数	0.05	8	9	7	8
	便于施工	0.05	9	7	8	8
	易于设计	0.05	8	8	9	7
经济	单方造价	0.15	10	9	8	9

【解】运用多指标法分别计算A、B、C、D四个设计方案的综合得分(表4.2)。设计方案B的综合得分最高,故方案B为最优设计方案。

表4.2 A、B、C、D四个设计方案的综合得分表

评价指标		权重	A	B	C	D
适用	平面布置	0.1	9×0.1	10×0.1	8×0.1	10×0.1
	采光通风	0.07	9×0.07	9×0.07	10×0.07	9×0.07
	层高层数	0.05	7×0.05	8×0.05	9×0.05	9×0.05
安全	牢固耐用	0.08	9×0.08	10×0.08	10×0.08	10×0.08
	"三防"设施	0.05	8×0.05	9×0.05	9×0.05	7×0.05
美观	建筑造型	0.13	7×0.13	9×0.13	8×0.13	6×0.13
	室外装修	0.07	6×0.07	8×0.07	7×0.07	5×0.07
	室内装修	0.05	8×0.05	9×0.05	6×0.05	7×0.05
技术	环境设计	0.1	4×0.1	6×0.1	5×0.1	5×0.1
	技术参数	0.05	8×0.05	9×0.05	7×0.05	8×0.05
	便于施工	0.05	9×0.05	7×0.05	8×0.05	8×0.05
	易于设计	0.05	8×0.05	8×0.05	9×0.05	7×0.05
经济	单方造价	0.15	10×0.15	9×0.15	8×0.15	9×0.15
综合得分		1	7.88	8.61	7.93	7.71

2)静态投资效益评价法

静态投资效益评价法不考虑资金占用时间价值,包括投资回收期法和计算费用法两种方法。

（1）投资回收期法

投资回收期反映初始投资的补偿速度,是衡量设计方案优劣的重要依据。投资回收期越短,设计方案越好。

不同设计方案的比较和选择,实际上是互斥方案的选择和比较,首先要考虑方案可比性问题。当互相比较的各设计方案能满足相同的需要时,就只需比较它们的投资和经营成本的大小,用差额投资回收期比较。

差额投资回收期是指在不考虑时间价值的情况下,用投资大的方案比投资小的方案所节约的经营成本来回收差额投资所需要的期限。两个方案年业务量相同情况下的计算公式为:

$$\Delta P_t = \frac{K_2 - K_1}{C_1 - C_2} \tag{4.2}$$

式中　K_2——方案 2 的投资额;

　　　K_1——方案 1 的投资额,且 $K_2 > K_1$;

　　　C_2——方案 2 的年经营成本;

　　　C_1——方案 1 的年经营成本,且 $C_1 > C_2$;

　　　ΔP_t——差额投资回收期。

当 $\Delta P_t \leqslant P_c$（基准投资回收期）时,投资大的方案优;反之,投资小的方案优。

如果两个比较方案的年业务量不同,则需将投资和经营成本转化为单位业务量的投资和成本,然后再计算差额投资回收期,进行方案比较、选择。其计算公式为:

$$\Delta P_t = \frac{\dfrac{K_2}{Q_2} - \dfrac{K_1}{Q_1}}{\dfrac{C_1}{Q_1} - \dfrac{C_2}{Q_2}} \tag{4.3}$$

式中,Q_1、Q_2 分别为各设计方案的年业务量,其他符号含义同式(4.2)。

（2）计算费用法

评价设计方案的优劣应考虑工程的全寿命费用。全寿命费用不仅包括初始建设费,还包括运营期的费用。但是初始投资和运营期的费用是两类不同性质的费用,两者不能直接相加。一种合乎逻辑的计算费用的方法是将二次性投资与经常性的经营成本统一为一种性质的费用,可直接用来评价设计方案的优劣。

①总计算费用法。其计算公式为

$$K_2 + P_c C_2 \leqslant K_1 + P_c C_1 \tag{4.4}$$

式中　K——项目总投资;

　　　C——年经营成本;

　　　P_c——基准投资回收期。

令 $TC_1 = K_1 + P_c C_1$,$TC_2 = K_2 + P_c C_2$ 分别表示方案 1、方案 2 的总计算费用,总计算费用

最小的方案最优。

②年计算费用法。差额投资回收期的倒数就是差额投资效果系数。

$$\Delta R = \frac{C_1 - C_2}{K_2 - K_1}(K_2 > K_1, C_2 < C_1) \tag{4.5}$$

当 $\Delta R \geq R_c$（基准投资效果系数）时，方案 2 优于方案 1。

将 $\Delta R = \frac{C_1 - C_2}{K_2 - K_1} \geq R_c$ 移项整理得计算公式：

$$C_1 + R_c K_1 \geq C_2 + R_c K_2$$

令 $A_c = C + R_c K$ 表示投资方案的年计算费用，年计算费用越小的方案越优。

【例 4.2】某工程项目有 3 个设计方案，3 个设计方案的投资总额和年经营成本见表 4.3。基准投资回收期 $P_c = 5$ 年，基准投资效果系数 $R_c = 0.2$，采用计算费用法优选出最佳设计方案。

表 4.3　设计方案的投资总额和年经营成本表

设计方案	投资总额 K/万元	年经营成本 C/万元
方案 1	2 000	2 400
方案 2	2 200	2 300
方案 3	2 800	2 100

【解】方案 1：总计算费用：$TC_1 = K_1 + P_C C_1 = 2\,000 + 2\,400 \times 5 = 14\,000$（万元）

年计算费用：$A_c = C_1 + R_c K_1 = 2\,400 + 0.2 \times 2\,000 = 2\,800$（万元）

方案 2：总计算费用：$TC_2 = K_2 + P_C C_2 = 2\,200 + 2\,300 \times 5 = 13\,700$（万元）

年计算费用：$A_c = C_2 + R_c K_2 = 2\,300 + 0.2 \times 2\,200 = 2\,740$（万元）

方案 3：总计算费用：$TC_3 = K_3 + P_C C_3 = 2\,800 + 2\,100 \times 5 = 13\,300$（万元）

年计算费用：$A_c = C_3 + R_c K_3 = 2\,100 + 0.2 \times 2\,800 = 2\,660$（万元）

显然，方案 3 的年计算费用和总计算费用均为最低，故方案 3 为最佳设计方案。

3) 动态经济评价指标

动态经济评价指标是考虑时间价值的指标。对于寿命期相同的设计方案，可采用净现值法、净年值法、差额内部收益率法等进行比较。对于寿命期不同的设计方案，可采用净年值法进行比较。净年值（Net Annual Value，简称 NAV）又称等额年值或等额年金，是以基准收益率将项目计算期内净现金流量等值换算而成的等额年值。净年值与净现值的相同之处是两者都要在给出的基准收益率基础上进行计算；不同之处是，净现值把投资过程的现金流量折算为基准期现值，而净年值把现金流量折算为等额年值，主要用于寿命期不同的多方案评价与比较，特别是寿命周期相差较大的多方案评价与比较。

【例 4.3】某公司欲开发某种新产品，为此需设计一条新的生产线。现有 A、B、C 三个设计方案，各设计方案预计的初始投资、每年年末的销售收入和生产费用见表 4.4，各设计方案的寿命期均为 6 年，6 年后的残值为零。当基准收益率为 8% 时，选择最佳设计方案。

表 4.4　A、B、C 三个设计方案的现金流量表

设计方案	初始投资/万元	年销售收入/万元	年生产费用/万元
方案 A	2 000	1200	500
方案 B	3 000	1 600	650
方案 C	4 000	1 600	450

【解】方案 A:NPV(8%)A = 2 000 + (1 200 - 500)(P/A,8%,6) = 1 236.16(万元)

方案 B:NPV(8%)A = 3 000 + (1 600 - 650)(P/A,8%,6) = 1 391.95(万元)

方案 C:NPV(8%)A = 4 000 + (1 600 - 450)(P/A,8%,6) = 1 316.57(万元)

方案 B 净现值最大,故方案 B 为最佳设计方案。

4.2.3　工程设计方案的优化途径

实际工作中可通过设计招投标和方案竞选、推广标准化设计、限额设计、运用价值工程等方法对工程设计进行优化。

1)通过设计招投标和方案竞选优化设计方案

设计招标建设单位或招标代理机构首先就拟建设计任务编制招标文件,并通过报刊、网络或其他媒体发布招标会,吸引设计单位参加设计招标或设计方案竞选,然后对投标单位进行资格审查,并向合格的设计单位发售招标文件,组织投标单位勘察工程现场,解答投标单位提出的问题。投标单位编制并投送标

设计方案的评价与优选

书。建设单位或招标代理机构组织开标和评标活动,择优确定中标设计单位并发出中标通知,双方签订设计委托合同。

设计招标鼓励竞争,促使设计单位改进管理,采用先进技术,降低工程造价,提高设计质量,也有利于控制项目建设投资和缩短设计周期,降低设计费用,提高投资效益。

设计招投标是招标方和投标方之间的经济活动,其行为受我国《招标投标法》的保护和监督。

设计方案竞选建设单位或招标代理机构竞选文件一经发出,不得擅自变更其内容或附加文件,参加方案竞选的各设计单位提交设计竞选方案后,建设单位组织有关人员和专家组成评定小组对设计方案按规定的评定方法进行评审,从中选择技术先进,功能全面,结构合理,安全适用,满足建筑节能及环保要求,经济美观的设计方案。综合评定各设计方案优劣,从中选择最优的设计方案,或将各方案的可取之处重新组合,提出最佳方案。

方案竞选有利于设计方案的选择和竞争,建设单位选用设计方案的范围广泛,同时,参加方案竞选的单位想要在竞争中获胜,就要有独创之处。中选项目所做出的设计概算一般要控制在竞选文件规定的投资范围内。

2)推广标准化设计优化设计方案

(1)标准化设计的概念

标准化设计又称定型设计、通用设计,是工程建设标准化的组成部分。各类工程建设的构件、配件、零部件、通用的建筑物、构筑物、公用设施等,只要有条件,都应该实施标准化设计。

因为标准化设计来源于工程建设实际经验和科技成果,是将大量成熟的、行之有效的实际经验和科技成果,按照统一简化、协调选优的原则,提炼上升为设计规范和设计标准,所以设计质量都比一般工程设计质量高。另外,由于标准化设计采用的都是标准构配件,建筑构配件和工具式模板的制作过程可以从工地转移到专门的工厂中批量生产,使施工现场变成"装配车间"和机械化浇筑场所,把现场的工程量压缩到最低程度。

广泛采用标准化设计,可以提高劳动生产率,加快工程建设进度。设计过程中,采用标准构件,可以节省设计力量,加快设计图纸的提供速度,大大缩短设计时间,一般可以加快设计速度1~2倍,从而使施工准备工作和定制预制构件等生产准备工作提前,缩短整个建设周期。另外,由于生产工艺定型,生产均衡,统一配料,劳动效率提高,因而使标准配件的生产成本大幅度降低。

广泛采用标准化设计,可以节约建筑材料,降低工程造价。由于标准构配件的生产是在场内大批量生产,便于预制厂统一安排,合理配置资源,发挥规模经济的作用,节约建筑材料。

标准化设计是经过多次反复实践,加以检验和补充完善的,能较好地贯彻国家技术经济政策,密切结合自然条件和技术发展水平,合理利用资源,充分考虑施工生产、使用维修的要求,既经济又优质。

(2)标准化设计优化的目的

工程设计的整体性原则要求我们不仅要追求工程设计各个部分的优化,而且要注意各个部分的协调配套。设计方案的优化是设计阶段的重要步骤,是控制工程造价的有效方法,其目的是通过论证拟采用的设计方案技术上是否先进可行,功能上是否满足需要,经济上是否合理,使用上是否安全可靠,从而有效地从源头上控制工程造价。

(3)标准化设计优化的步骤

设计优化的步骤如图4.2所示。

3)限额设计优化设计方案

限额设计的全过程实际上就是建设项目投资目标管理的过程,即目标分解与计划、目标实施、目标实施检查、信息反馈的控制循环过程。

限额设计的基本原理是通过合理确定设计标准、设计规模和设计原则,合理取定概预算基础资料,并通过层层设计限额来实现投资限额的控制和管理。

(1)限额设计的概念

限额设计就是按照项目设计任务书批准的投资估算额进行初步设计,按照初步设计概算造价限额进行施工图设计,按施工图预算造价对施工图设计的各个专业设计文件做出决策。各专业在保证达到使用功能的前提下,按分配的投资限额控制设计,严格控制技术设计和施工图设计的不合理变更,保证总投资限额不被突破。限额设计即资金一定的情况下,尽可能提高工程功能水平的一种设计方法。

限额设计是建设项目投资控制系统中的一个重要环节,或称为一项关键措施。在整个设计过程中,设计人员与经济管理人员密切配合,做到技术与经济的统一。设计人员在设计时要考虑经济支出,做出方案比较,有利于强化设计人员的工程造价意识,进行优化设计。经济管理人员应及时进行造价计算,为设计人员提供信息,使设计小组内部形成有机整体,

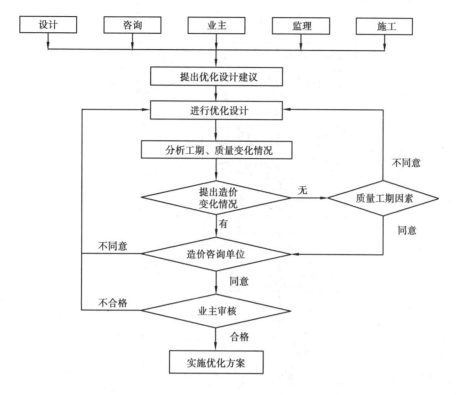

图 4.2　设计优化的步骤

克服相互脱节现象,达到动态控制投资的目的。推行限额设计有利于处理好技术与经济的关系,提高设计质量,优化设计方案,且有利于增强设计单位的责任感。

（2）限额设计的目标

限额设计的目标是在初步设计开始前,根据批准的可行性研究报告及其投资估算确定的。由于工程设计是一个从概念到实施的不断认识的过程,控制限额的提出难免会产生偏差或错误,因此限额设计应以合理的限额为目标。目标值过低会造成这个目标值被突破,限额设计无法实现;目标值过高会造成投资浪费。限额设计以系统工程理论为基础,应用现代数学方法对工程设计方案、设备造型、参数匹配、效益分析等进行优化设计,确保限额目标的实现。

（3）限额设计的过程

投资分解和工程量控制是实行限额设计的有效途径和主要方法。投资分解就是把投资限额合理地分配到单项工程、单位工程,甚至分部工程中去,通过层层限额设计,实现对投资限额的控制与管理。工程量控制是实现限额设计的主要途径,工程量的大小直接影响工程造价,但是工程量的控制应以设计方案的优选为手段,不应牺牲质量和安全。

限额设计过程是一个目标分解与计划、目标实施、目标实施检查、信息反馈的控制循环过程,如图 4.3 所示。

限额设计体现了设计标准、规模、原则的合理确定,体现了有关概预算基础资料的合理确定,通过层层限额设计,实现了对投资限额的控制。

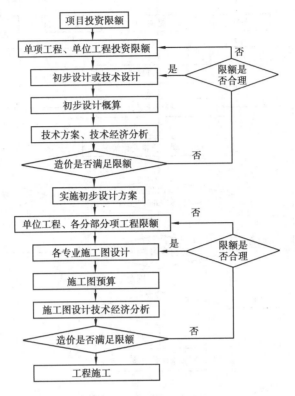

图 4.3　限额设计流程图

（4）限额设计的控制内容

限额设计控制工程造价可以从纵向控制和横向控制两个角度入手。限额设计的纵向控制指在设计工作中，根据前一设计阶段的投资确定控制后一设计阶段的投资控制额。具体来说，可行性研究阶段的投资估算作为初步设计阶段的投资限额，初步设计阶段的设计概算作为施工图设计阶段的投资限额。即按照限额设计过程从前往后依次进行控制，成为纵向控制。限制设计的控制内容具体包括以下几个阶段。

①投资分解。设计任务书获批准后，设计单位在设计之前应在设计任务书的总框架内将投资先分解到各专业，然后再分配到各单项工程和单位工程，作为进行初步设计的造价控制目标。

②初步设计阶段的限额设计。初步设计应严格按分配的造价控制目标进行设计。在初步设计开始前，项目总设计师应将设计任务书规定的设计原则、建设方针和投资限额向设计人员交底，将投资限额分专业下达到设计人员，发动设计人员认真研究实现投资限额的可能性，切实进行多方案比选，从中选出既能达到工程要求，又不超过投资限额的方案，作为初步设计方案。

③施工图设计阶段的限额控制。在施工图设计中，无论是建设项目总造价，还是单项工程造价，均不应该超过初步设计概算造价。设计单位按照造价控制目标确定施工图设计的构造，选用材料和设备。进行施工图设计应把握两个标准，一个是质量标准，一个是造价标准，并应做到两者协调一致，相互制约。

④设计变更。在初步设计阶段由于外部条件制约和人们主观认识的局限，往往会造成

施工图设计阶段,甚至施工过程中的局部修改和变更,引起对已经确认的概算价值的变化。这种变化在一定范围内是允许的,但必须经过核算和调整,即先算账后变更。

如果涉及建设规模、设计方案等的重大变更,使预算大幅度增加时,必须重新编制或修改初步设计文件,并重新报批。为实现限额设计的目标,应严格控制设计变更。

限额设计的横向控制指的是对设计单位及其内部各专业、科室及设计人员进行考核,实施奖惩,进而保证设计质量的一种控制方法。首先,横向控制必须明确设计单位内部各专业科室对限额设计所负的责任,将工程投资按专业进行分配,并分段考核,下段指标不得突破上段指标。责任落实越接近个人,效果就越明显,并赋予责任者履行责任的权利。

其次,要建立健全奖惩制度。设计单位在保证工程安全和不降低工程功能的前提下,采用新材料、新工艺、新设备、新方案,节约了投资的,应根据节约投资额的大小,对设计单位给予奖励;因设计单位设计错误、漏项或扩大规模和提高标准而导致静态投资超支的,要视其超支比例扣减相应比例的设计费。

(5)限额设计的要点

①严格按建设程序办事。

②在投资决策阶段,要提高投资估算的准确性,据以确定限额设计。

③充分重视、认真对待每个设计环节及每项专业设计。

④加强设计审核。

⑤建立设计单位经济责任制。

⑥施工图设计应尽量吸收施工单位人员意见,使之符合施工要求。

(6)限额设计的不足与完善方法

限额设计的不足主要有如下三个方面:

①限额设计的理论及操作技术有待进一步发展。

②限额设计由于突出地强调了设计限额的重要性,忽视了工程功能水平的要求及功能与成本的匹配性,可能会出现功能水平过低而增加工程运营维护成本的情况,或者在投资限额内没有达到最佳功能水平的现象,甚至可能降低设计的合理性;

③限额设计中对投资估算、设计概算、施工图预算等的限额均是指建设项目的一次性投资,而对项目建成后的维护使用费、项目使用期满后的报废拆除费用则考虑较少,这样就可能出现限额设计效果较好,但项目的全寿命费用不一定经济的现象。

4)运用价值工程优化设计方案

价值工程(Value Engineering,简称VE),也称为价值分析(Value Analysis,简称VA),是当前广泛应用的一种技术经济分析方法,是一门显著降低成本、提高效率、提升价值的资源节约型管理技术。价值工程从技术和经济相结合的角度,以独有的多学科团队工作方式,注重功能分析和评价,通过持续创新活动优化方案,降低项目、产品或服务的全生命期费用,提升各利益相关方的价值。价值工程于20世纪40年代产生于美国,其创始人为通用电气公司工程师劳伦斯·迈尔斯。

(1)价值工程原理

价值工程是一门科学现代化管理技术,是一项新兴的技术与经济结合的分析方法,它广泛应用于产品设计与工艺,提高项目建设经济效果,研究用最小的成本支出实现必要功能,从而达到提高产品价值。

在工程设计过程中,客观上存在两个问题:一是工程的目标和效果,二是工程建设所付出的成本费用。价值工程不单纯追求降低成本,也不片面追求提高功能,而是要求提高它们之间的比值。

价值工程是通过各相关领域的协作,对研究对象的功能与费用进行系统分析。分析项目功能和成本之间的关系,力求以最低的项目寿命周期投资实现项目的必要功能的有组织的活动。

价值工程中的"价值"指使用价值,是功能和实现这个功能的全部费用的比值,可用公式表示如下:

$$V = \frac{F}{C} \tag{4.6}$$

式中　V——价值;

　　　F——功能;

　　　C——成本或费用。

(2)提高产品价值的基本途径

价值工程的目的是要从技术与经济的结合上改进和创新产品,使产品既要在技术上可靠实现,又要在经济上所支付费用最小,达到两者的最佳结合。根据价值的表达式,提高产品的价值有以下五种途径。

①提高功能水平的同时降低成本;

②保持成本不变的情况下提高功能水平;

③保持功能水平不变的情况下降低成本;

④成本稍有增加,但功能水平大幅度提高;

⑤功能水平稍有下降,但成本大幅度下降。

(3)价值工程的工作程序

价值工程是一项有组织的管理活动,涉及面广,研究过程复杂,必须按照一定的程序进行。价值工程的程序分为4个阶段、12个步骤,见表4.5。

表4.5　价值工程的程序

阶段	步骤	回答的问题
准备阶段	对象选择	对象是什么?
	组织价值工程领导小组	
	制订工作计划	
分析阶段	收集整理相关信息资料	该对象的用途是什么? 成本和价值是多少?
	功能系统分析	
	功能评价	

续表

阶段	步骤	回答的问题
创新阶段	方案创新	是否有替代方案? 新方案的成本是多少?
	方案评价	
	提案编写	
实施阶段	审批	新方案能否满足要求? 是否需要继续改进?
	实施与检查	
	成果鉴定	

价值工程的工作程序如下。

①对象选择;

②组织价值工程领导小组,并制订工作计划;

③收集整理相关的信息资料;

④功能系统分析;

⑤功能评价;

⑥方案创新及评价;

⑦由主管部门组织审批;

⑧方案实施与检查。

(4)设计阶段实施价值工程的意义

在设计阶段,实施价值工程的意义重大,尤其是对于建筑工程。一方面,建筑产品具有单件性的特点,工程设计也是一次性的,一旦图纸已经设计完成,产品的价值就基本确定了,这时再进行价值工程分析就变得很复杂,而且效果也不好。另一方面,在设计过程中涉及多部门多专业工种,就一项简单的民用住宅工程设计来说,就要涉及建筑、结构、电气、给排水、供暖、煤气等专业工种。在工程设计过程中,每个专业都各自独立进行设计,势必会产生各个专业工程设计的相互协调问题。通过实施价值工程,不仅可以保证各专业工种的设计符合各种规范和用户的要求,而且可以解决各专业工种设计的协调问题,得到整体合理和优良的方案。设计阶段实施价值工程的意义有以下三个方面。

①价值工程可以使建筑产品的功能更合理。工程设计实质上就是对建筑产品的功能进行设计,而价值工程的核心就是功能分析。通过实施价值工程,可以使设计人员更准确地了解用户所需及建筑产品各项功能之间的比重,从而使设计更加合理。

②可以有效地控制工程造价。开展价值工程需要对研究对象的功能与成本之间的关系进行系统分析。设计人员参与价值工程,可以避免在设计过程中只重视功能而忽略成本的问题。在明确功能的前提下,发挥设计人员的创造精神,提出各种实施功能的方案,从中选取最合理的方案。这样既保证了用户所需功能的实现,又有效地控制了工程造价。

③可以节约社会资源。开展价值工程对设计方案进行论证,可以评价设计技术是否先进,功能是否满足需要,经济上是否合理,使用上是否安全可靠,便于投资者确定设计方案,少走弯路,节约社会资源。

(5)价值工程在新建项目不同设计方案优选中的应用

由于建设项目具有单件性和一次性的特点,在新建项目设计中应用价值工程与一般工业产品中应用价值工程略有不同。利用其他项目的资料选择价值工程研究对象,效果较差。而设计主要是对项目的功能及实现手段进行设计,因此整个设计方案就可以作为价值工程研究对象。在设计阶段实施价值工程的步骤一般有以下四项。

①功能分析。建筑功能是指建筑产品满足社会需要的各种性能的总和。不同的建筑产品有不同的使用功能,它们通过一系列建筑因素体现出来,反映建筑物的使用要求。建筑产品的功能一般分为社会性功能、适用性功能、技术性功能、物理性功能和美学功能五类。功能分析首先应明确项目各类功能具体有哪些,哪些是主要功能,并对功能进行定义和整理,绘制功能系统图。比较各项功能的重要程度,计算各项功能评价系数,作为该功能的重要度权数。

②功能评价。比较各项功能的重要程度,可用 0~1 评分法、0~4 评分法或其他评分法计算各项功能评价系数,作为该功能的重要度权数。

0~1 评分法的计算权重原则是将功能的重要性互相比较。不论两者的重要程度相差有多大,较重要的得 1 分,较不重要的得 0 分。这样计算结果可能出现总分得 0 分的功能,其权重即为 0。为了避免这种情况的出现,将各功能的总得分都加 1 后再除以修正后的总得分,得出各功能权重。

0~4 评分法的计算权重原则是将功能的重要性互相比较。很重要的功能得 4 分,相对很不重要的得 0 分;较重要的功能得 3 分,相对较不重要的得 1 分;同样重要的各得 2 分。

③方案创新。根据功能分析的结果,提出各种实现功能的方案。

④方案评价。以方案创新中提出的各种方案对各项功能的满足程度打分,然后以功能评价系数作为权数计算各方案的功能评价得分。最后再计算各方案的价值系数,以价值系数最大者为最优。

【例 4.4】某厂有三层混砖结构住宅 14 幢。随着企业的不断发展,职工人数逐年增加,职工住房条件日趋紧张。为改善职工居住条件,该厂决定在原有住宅区内新建住宅。

①新建住宅功能分析。为了使住宅扩建工程达到投资少、效益高的目的。价值工程小组工作人员认真分析了住宅扩建工程的功能,认为增加住房户数(F_1)、改善居住条件(F_2)、增加使用面积(F_3)、利用原有土地(F_4)、保护原有林木(F_5)等五项功能作为主要功能。

②功能评价。经价值工程小组集体讨论,认为增加住房户数最重要,其次改善居住条件与增加使用面积同等重要,利用原有土地与保护原有林木同样不太重要。即 $F_1 > F_2 = F_3 > F_4 = F_5$,利用 0~4 评分法,各项功能的评价系数见表 4.6。

表 4.6 0~4 评分法

功能	F_1	F_2	F_3	F_4	F_5	得分	功能评分系数
F_1	×	3	3	4	4	14	0.35
F_2	1	×	2	3	3	9	0.225
F_3	1	2	×	3	3	9	0.225
F_4	0	1	1	×	2	4	0.1
F_5	0	1	1	2	×	4	0.1
合计						40	1.00

③方案创新。在对该住宅功能评价的基础上,为确定住宅扩建工程设计方案,价值工程人员走访了住宅原设计施工负责人,调查了解住宅的居住情况和建筑物自然状况,认真审核住宅楼的原设计图纸和施工记录,最后认定原住宅地基条件较好,地下水位深且地耐力大;原建筑虽经多年使用,但各承重构件尤其原基础十分牢固,具有承受更大荷载的潜力。价值工程人员经过严密计算分析和征求各方面意见,提出两个不同的设计方案:

方案甲:在对原住宅楼实施大修理的基础上加层。工程内容包括:屋顶地面翻修,内墙粉刷,外墙抹灰,增加厨房、厕所($333 \mathrm{~m}^2$),改造给排水工程,增建两层住房($605 \mathrm{~m}^2$)。工程需投资 50 万元,工期 4 个月,施工期间住户需全部迁出。工程完工后,可增加住户 18 户,原有绿化林木 50% 被破坏。

方案乙:拆除旧住宅,建设新住宅。工程内容包括:拆除原有住宅两栋,可新建一栋,新建住宅每栋 60 套,每套 $80\mathrm{m}^2$,工程需投资 100 万元,工期 8 个月,施工期间住户需全部迁出。工程完工后,可增加住户 18 户,原有绿化林木全部被破坏。

④方案评价。利用加权评分法对甲乙两个方案进行综合评价,结果见表 4.7。各方案价值系数计算结果如表 4.8 所示。

表 4.7　各方案的功能评价

项目功能	重要度权数	方案甲		方案乙	
		功能得分	加权得分	功能得分	加权得分
F_1	0.35	10	3.5	10	3.5
F_2	0.225	7	1.575	10	2.25
F_3	0.225	9	2.025	9	2.025
F_4	0.1	10	1.0	6	0.6
F_5	0.1	5	0.5	1	0.1
方案加权得分和		8.6		8.475	
方案功能评价系数		0.503 7		0.496 3	

表 4.8　各方案价值系数计算

方案名称	功能评价系数	成本费用/万元	成本指数	价值系数
修理加层	0.5037	50	0.333	1.513
拆旧建新	0.4963	100	0.667	0.744
合计	1.000	150	1.000	

经计算可知,修理加层方案价值系数较大,据此选定方案甲为最优方案。

4.3 设计概算的编制与审查

4.3.1 设计概算的基本概念

1)设计概算的含义

设计概算编制(上)

设计概算是设计文件的重要组成部分,是在投资估算的控制下由设计单位根据初步设计或扩大初步设计图纸及说明,利用国家或地区颁发的概算定额、概算指标或综合指标预算定额、设备材料预算价格等资料,按照设计要求,概略地计算建设项目从筹建至竣工交付使用所需全部费用的文件。

采用两阶段设计的项目,初步设计阶段必须编制设计概算,采用三阶段设计项目的,技术设计阶段必须编制修正概算。概算由设计单位负责编制。一个设计项目由几个设计单位共同设计时,应由主体设计单位负责汇总编制总概算书,其他单位负责编制所承担工程设计的概算。

2)设计概算的作用

设计概算的作用可归纳为以下几点。

①设计概算是编制建设项目投资计划、确定和控制建设项目投资的依据。竣工结算不能突破施工图预算,施工图预算不能突破设计概算,以确保国家固定资产投资计划的严格执行和有效控制。如果由于设计变更等原因使建设费用超过概算,必须重新审查批准。

②设计概算是签订建设工程合同和贷款合同的依据。设计总概算一经批准,就作为工程造价管理的最高限额,作为银行拨款或签订贷款合同的最高限额。

③设计概算是控制施工图设计和施工图预算的依据。设计单位必须按照批准的初步设计和总概算进行施工图设计,施工图预算不得突破设计概算,如确需突破设计概算时,应按规定程序报批。

④设计概算是衡量设计方案经济合理性和选择最佳设计方案的依据。设计部门在初步设计阶段要选择最佳设计方案,设计概算是从经济角度衡量设计方案经济合理性的重要依据。因此,设计概算是设计方案技术经济合理性的综合反映,据此可以对不同设计方案进行技术与经济的比较,选择最佳的设计方案。

⑤设计概算是考核建设项目投资效果的依据。通过设计概算与竣工决算的对比,可以分析和考核投资效果的好坏,同时还可以验证实际概算的准确性,有利于加强设计概算管理和设计项目的造价管理工作。

3)设计概算的内容

设计概算可分为单位工程概算、单项工程概算和建设项目总概算三级。各概算之间的关系如图4.4所示。

(1)单位工程概算

单位工程是指具有独立设计文件,能够独立组织施工,但不能独立发挥生产能力或使用

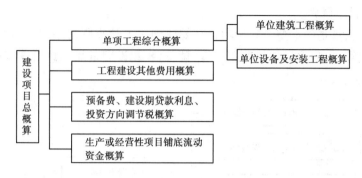

图 4.4　设计概算的三级概算关系

效益的工程,是单项工程的组成部分。单位工程概算是确定各单位工程建设费用的文件,是编制单项工程综合概算的依据。

单位工程按其工程性质可分为建筑工程和设备及安装工程两类。建筑工程概算包括土建工程概算,给排水、采暖工程概算,通风、空调工程概算,电气照明工程概算,弱电工程概算,特殊构筑物工程概算等。设备及安装工程概算包括机械设备及安装工程概算,电气设备及安装工程概算,热力设备及安装工程概算,工具、器具及生产家具购置费概算等。

(2)单项工程概算

单项工程是指在一个建设项目中具有独立的设计文件,建成后可以独立发挥生产能力或工程效益的项目,是建设项目的组成部分,如生产车间、办公楼、食堂、图书馆、学生宿舍、住宅楼等。

单项工程概算是确定一个单项工程所需建设费用的文件,它是由单项工程中的各项单位工程概算汇总编制而成的,是建设项目总概算的组成部分。

单项工程综合概算的组成部分如图 4.5 所示。

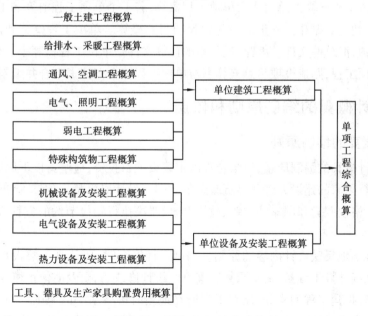

图 4.5　单项工程综合概算的组成内容

（3）建设项目总概算

建设项目总概算是确定整个建设项目从筹建到竣工验收所需全部费用的文件，是由各单项工程综合概算、工程建设其他费用概算、预备费、建设期贷款利息概算等汇总编制而成的，如图4.6所示。

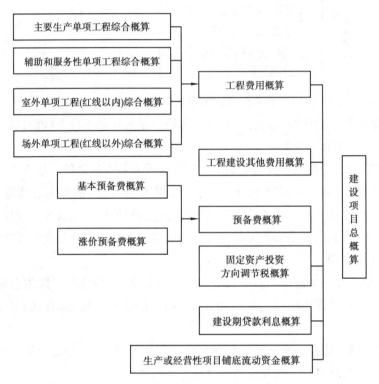

图4.6　建设项目总概算的组成内容

若干个单位工程概算汇总后成为单项工程概算，若干个单项工程概算和工程其他费用、预备费、建设期利息等概算文件汇总成为建设项目总概算。单项工程概算和建设项目总概算仅是一种归纳、汇总性文件。因此，最基本的计算文件是单位工程概算书。建设项目若为一个独立的单项工程，则建设项目总概算书与单项工程综合概算书可合并编制。

4.3.2　设计概算的编制原则和依据

1）设计概算的编制原则

为提高设计概算的编制质量，科学合理确定建设项目投资，应坚持以下原则：

①严格执行国家的建设方针和经济政策的原则。设计概算是一项技术和经济相结合的重要工作，要严格按照党和国家的方针、政策办事，坚决执行勤俭节约的方针，严格遵照规定的设计标准。

②完整、准确地反映设计内容的原则。编制设计概算时，要认真了解设计意图，根据设计文件、图纸准确计算工程量，避免重算和漏算。设计修改后，要及时修正概算。

③坚持结合拟建工程的实际，反映工程所在地当时价格水平的原则。为提高设计概算的准确性，要实事求是地对工程所在地的建设条件、可能影响造价的各种因素进行认真调查

研究。在此基础上正确使用定额、指标、费率和价格等各项编制依据,按照现行工程造价的构成,根据有关部门发布的价格信息及价格调整指数,使概算尽可能地反映设计内容、施工条件和实际价格。

2) 设计概算的编制依据

编制设计概算依据以下内容:

①国家发布的有关法律法规和方针政策等;

②批准的可行性研究报告及投资估算和主管部门的有关规定;

③初步设计图纸及有关资料;

④有关部门颁布的现行概算定额、概算指标、费用定额等,以及建设项目设计概算编制办法;

⑤工程造价管理部门发布的人工、设备、材料参考价格、工程造价指数等;

⑥建设地区的自然、技术、经济条件等资料;

⑦有关合同、协议等;

⑧其他相关资料。

4.3.3　设计概算的编制方法

建设项目设计概算的编制,一般是从最基本的单位工程概算编制开始,然后再逐级汇总,形成单项工程综合概算及建设项目总概算。下面分别介绍单位工程概算、单项工程综合概算和建设项目总概算的编制方法。

设计概算
编制(下)

1) 单位工程概算的编制方法

单位工程概算是确定单位工程建设费用的文件,是单项工程综合概算的组成部分。

单位工程概算分建筑工程概算和设备及安装工程概算两大类。建筑工程概算的编制方法有概算定额法、概算指标法、类似工程预算法等;设备及安装工程概算的编制方法有预算单价法、扩大单价法、设备价值百分比法和综合吨位指标法等。

(1)建筑工程概算的编制方法

①概算定额法。概算定额法又称扩大单价法或扩大结构定额法,是采用概算定额编制建筑工程概算的方法,类似用预算定额编制建筑工程预算,它是根据初步设计图纸资料和概算定额的项目划分计算出工程量,然后套用概算定额单价(基价),计算汇总后,再计取有关费用,便可得出单位工程概算造价。

概算定额法要求初步设计达到一定深度,建筑结构比较明确,能按照初步设计的平面、立面、剖面图纸计算出楼地面、墙身、门窗和屋面等扩大分项工程(或扩大结构构件)项目的工程量时才可采用。

【例4.5】某市拟建一座 7 560 m^2 教学楼,请按给出的工程量和扩大单价(表4.9)编制出该教学楼土建工程设计概算造价和平方米造价。按有关规定标准计算得到措施费为438 000元,各项费率:间接费费率为5%,利润率为7%,综合税率为3.413%(以直接费为计算基础)。

表 4.9　某教学楼土建工程量和扩大单价表

分部工程名称	单位	工程量	扩大单价/元
基础工程	10 m³	160	2 500
混凝土及钢筋混凝土	10 m³	150	6 800
砌筑工程	10 m³	280	3 300
地面工程	100 m³	40	1 100
楼面工程	100 m²	90	1 800
卷材屋面	100 m²	40	4 500
门窗工程	100 m²	35	5 600
脚手架	100 m²	180	600

【解】根据已知条件和表 4.9 中的数据,求得该教学楼土建工程概算造价见表 4.10。

表 4.10　某教学楼土建工程概算造价计算表

序号	分部工程名称	单位	工程量	单价/元	合价/元
1	基础工程	10m³	160	2500	400 000
2	混凝土及钢筋混凝土	10 m³	150	6 800	1 020 000
3	砌筑工程	10 m³	280	3 300	24 000
4	地面工程	100 m³	40	1 100	44 000
5	楼面工程	100 m²	90	1 800	162 000
6	卷材屋面	100 m²	40	4 500	180 000
7	门窗工程	100 m²	35	5 600	196 000
8	脚手架	100 m²	180	600	108 000
A	直接工程费小计	以上 8 项之和			3 034 000
B	措施费				438 000
C	直接费小计				3 472 000
D	间接费	C×5%			173 600
E	利润	(C+D)×7%			255 192
F	税金	(C+D+E)×3.413%			133 134
	概算造价	C+D+E+F			4 033 926
	平方米造价	4 033 926/7 560			533.6

②概算指标法。概算指标法是用拟建的厂房、住宅的建筑面积(或体积)乘以技术条件相同或基本相同的概算指标得出人、料、机费用,然后按规定计算出企业管理费、利润、规费和税金等,编制出单位工程概算的方法。

概算指标法的适用范围是当初步设计深度不够,不能准确地计算出工程量,但工程设计是采用技术比较成熟而又有类似工程概算指标可以利用时,可采用此法。

采用概算指标法编制概算有两种情况,一种是直接套用,一种是调整概算指标后采用。若设计对象的结构特征与概算指标的技术条件完全相符,可直接套用指标上的 100 m^2 建筑面积造价指标,根据设计图纸的建筑面积分别乘以概算指标中的土建、水卫、采暖、电气照明工程各单位工程的概算造价指标,即直接套用概算指标编制概算法。而调整概算指标的方法是由于拟建工程(设计对象)与类似工程的概算指标的技术条件不尽相同,而且概算指标编制年份的设备、材料、人工等价格与拟建工程当时当地的价格也不一样,因此必须对其进行调整,称为修正概算指标编制概算法。

设计对象的结构特征与概算指标有局部差异时的调整。计算公式为:
$$结构变化修正概算指标(元/m^2) = J + Q_1P_1 - Q_2P_2 \tag{4.7}$$
式中　　J——原概算指标;

　　　　Q_1——换入新结构的含量;

　　　　Q_2——换出旧结构的含量;

　　　　P_1——换入新结构的单价;

　　　　P_2——换出旧结构的单价。

结构变化修正概算指标的人工、材料、机械数量的计算公式:

结构变化修正概算指标的人工、材料、机械数量 = 原概算指标的人工、材料、机械数量 + 换入结构件工作量×相应定额人工、材料、机械消耗量 - 换出结构件工作量×相应定额人工、材料、机械消耗量
$$\tag{4.8}$$

设备、人工、材料、机械台班费用的调整,计算公式为:

设备、人工、材料、机械修正概算费用 = 原概算指标的设备、人工、材料、机械费用 + $\sum${换入设备、人工、材料、机械数量×拟建地区相应单价} - $\sum${换出设备、人工、材料、机械数量×原概算指标设备、人工、材料、机械单价}
$$\tag{4.9}$$

【**例** 4.6】某新建工程,其建筑面积为 3 500 m^2,按概算指标和地区材料预算价格等算出单位造价为 738 元/m^2。其中,一般土建工程 640 元/m^2,采暖工程 32 元/m^2,给排水工程 36 元/m^2,照明工程 30 元/m^2。但新建工程设计资料与概算指标相比较,其结构构件有部分变更。设计资料表明,外墙为 1.5 砖外墙,而概算指标中外墙为 1 砖外墙。根据当地土建工程预算定额,外墙带形毛石基础的预算单价为 147.87 元/m^3,1 砖外墙的预算单价为 177.10 元/m^3,1.5 砖外墙的预算单价为 178.08 元/m^3;概算指标中每 100 m^2 中含外墙带形毛石基础为 18 m^3,1 砖外墙为 46.5 m^3。新建工程设计资料表明,每 100 m^2 中含外墙带形毛石基础为 19.6 m^3,1.5 砖外墙为 61.2 m^3。请计算调整后的概算单价和该工程的概算造价。

【**解**】土建工程中对结构构件的变更和单价调整见表 4.11。

表 4.11 结构变化引起的单价调整

序号	结构名称	单位	数量(每 100 m² 含量)	单价/元	合价/元
	土建工程单位面积造价				640
	换出部分				
1	外墙带形毛石基础	m³	18	147.87	2661.66
2	1 砖外墙	m³	46.5	177.10	8 235.15
	合计	元			10 896.81
	换入部分				
3	外墙带形毛石基础	m³	19.6	147.87	2 898.25
4	1.5 砖外墙	m³	61.2	178.08	10 898.50
	合计	元			13 796.75
单位造价修正:640 − 10 896.81/100 + 13 796.75/100 ≈ 669(元)					

其余的单价指标都不变,因此经调整后的概算造价 = 669 + 32 + 36 + 30 = 767(元/m²)。

新建工程的概算造价 = 767 × 3500 = 2 684 500(元)。

③类似工程预算法

类似工程预算法是利用技术条件与设计对象相类似的已完工程或在建工程的工程造价资料来编制拟建工程设计概算的方法。

类似工程预算法适用于拟建工程初步设计与已完工程或在建工程的设计相类似而又没有可用的概算指标时采用,但必须对建筑结构差异和价差进行调整。建筑结构差异的调整方法与概算指标的调整方法相同。类似工程造价的价差调整常用的两种方法如下:

a.类似工程造价资料有具体的人工、材料、机械台班的用量时,可按类似工程预算造价资料中的主要材料用量、工日数量、机械台班用量乘以拟建工程所在地的主要材料预算价格、人工单价、机械台班单价,计算出直接工程费,再乘以当地的综合费率,即可得出所需的造价指标。

b.类似工程造价资料只有人工、材料、机械台班费用和措施费、间接费时,可按公式调整:

$$D = AK \tag{4.10}$$

$$K = a\% K_1 + b\% K_2 + C\% K_3 + d\% K_4 + e\% K_5 \tag{4.11}$$

式中　D——拟建工程单方概算造价;

　　　A——类似工程单方预算造价;

　　　K——综合调整系数;

　　　$a\%$,$b\%$,$c\%$,$d\%$,$e\%$——分别为类似工程预算的人工费、材料费、机械台班费、措施费、间接费占预算造价的比重,如 $a\%$ = 类似工程人工费(或工资标准)/类似工程预算造价 × 100%,$b\%$,$c\%$,$d\%$,$e\%$ 类同;

K_1, K_2, K_3, K_4, K_5——分别为拟建工程地区与类似工程预算造价在人工费、材料费、机械台班费、措施费、间接费之间的差异系数,如 K_1 = 拟建工程概算的人工费(或工资标准)/类似工程预算人工费(或地区工资标准),K_2, K_3, K_4, K_5 类同。

【例4.7】拟建某办公楼,建筑面积 3 000 m^2,类似工程建筑面积 2 800 m^2,预算造价为 3 200 000元。经测算,人工费修正系数 K_1 = 1.02,材料费修正系数 K_2 = 1.05,机械使用费修正系数 K_3 = 0.99,措施费修正系数 K_4 = 1.04,其他费用修正系数 K_5 = 0.95,各种费用占预算造价的相应比例分别为 6%,55%,6%,3%,30%。试用类似工程预算法计算拟建办公楼的概算造价。

【解】应用类似工程预算法,根据题意得知:

综合调整系数 K = 6% × 1.02 + 55% × 1.05 + 6% × 0.99 + 3% × 1.04 + 30% × 0.95
　　　　　　　 = 1.014 3

价差修正后的类似工程预算造价 = 3 200 000 × 1.014 3 = 3 245 760(元)

价差修正后的类似工程预算单方造价 = 3 245 760/2 800 = 1 159.2(元)

由此可得,拟建办公楼概算造价 = 1 159.2 × 3 000 = 3 477 600(元)

(2)设备及安装工程概算的编制方法

设备及安装工程概算包括设备购置费用概算和设备安装工程费用概算两大部分。

①设备购置费用概算。设备购置费是根据初步设计的设备清单计算出设备原价,并汇总求出设备总原价,然后按有关规定的设备运杂费率乘以设备总原价,两项相加即为设备购置费概算。其公式为:

设备购置费概算 = $\sum$(设备清单中的设备数量 × 设备原价) × (1 + 运杂费率)

或

设备购置费概算 = $\sum$(设备清单中的设备数量 × 设备预算价格)　　　(4.12)

国产非标准设备原价在设计概算时可按下列两种方法确定。

a.非标准设备台(件)估价指标法。根据非标准设备的类型、质量、性能、材质等情况,以每台设备规定的估价指标计算。其公式为:

非标准设备原价 = 设备台数 × 每台设备估价指标(元/台)　　　(4.13)

b.非标准设备吨重估价指标法。根据非标准设备的类型、质量、性能、材质等情况,以每台设备规定的吨位估价指标计算。其公式为:

非标准设备原价 = 设备吨重 × 每吨重设备估价指标(元/t)　　　(4.14)

②设备安装工程费概算。设备安装工程费概算的编制方法应根据初步设计深度和要求所明确的程度采用。其主要编制方法如下:

a.预算单价法。当初步设计较深,有详细的设备清单时,可直接按安装工程预算定额单价编制,编制程序基本与安装工程施工图预算相同。

b.扩大单价法。当初步设计深度不够,设备清单不完备,只有主体设备或成套设备重量时,可采用主体设备或成套设备的综合扩大安装单价来编制概算。

上述两种方法的具体操作与建筑工程概算相类似。

c.设备价值百分比法,又称为安装设备百分比法。当初步设计深度不够,只有设备出厂价而无详细规格、质量时,安装费可按占设备费的百分比计算。其百分比值(即安装费率)由相关管理部门制订或由设计单位根据已完类似工程确定。该方法常用于设备价格波动不大的定型产品和通用设备产品。其计算公式为:

$$设备安装费 = 设备原价 \times 安装费率(\%) \tag{4.15}$$

d.综合吨位指标法。当初步设计提供的设备清单有规格和设备质量时,可采用综合吨位指标编制概算,其综合吨位指标由相关主管部门或由设计院根据已完类似工程资料确定。该方法常用于设备价格波动较大的非标准设备和引用设备的安装工程概算。其计算公式为:

$$设备安装费 = 设备吨重 \times 每吨设备安装费指标(元/吨) \tag{4.16}$$

2)单项工程综合概算的编制方法

(1)单项工程综合概算的含义

单项工程综合概算是确定单项工程建设费用的综合性文件,它是由该单项工程的各专业的单位工程概算汇总而成的,是建设项目总概算的组成部分。

(2)单项工程综合概算的内容

单项工程综合概算文件一般包括编制说明和综合概算表(含其所附的单位工程概算表和建筑材料表)两部分。

①编制说明。编制说明应列在综合概算表的前面,其内容如下。

a.工程概况:简述建设项目性质、生产规模、建设地点等主要情况。

b.编制依据:包括国家和有关部门的规定、设计文件,现行概算定额或概算指标、设备材料的预算价格和费用指标等。

c.编制方法:说明设计概算的编制方法是根据概算定额、概算指标还是类似预算。

d.主要设备和材料数量:说明主要机械设备、电气设备及主要建筑安装材料的数量。

e.其他需要说明的问题。

②综合概算表。综合概算表是根据单项工程所辖范围内的各单位工程概算等基础资料,按照国家或部委所规定的统一表格进行编制。

a.综合概算表的项目组成:工业建设项目综合概算表由建设工程和设备及安装工程两大部分组成;民用工程项目综合概算表就是建筑工程一项。

b.综合概算的费用组成:一般由建筑工程费用、安装工程费用、设备购置及工器具和生产家具购置费组成;当不编制总概算时,还应包括工程建设其他费用、建设期贷款利息、预备费和固定资产方向调节税等费用项目。

3)建设项目总概算的编制方法

(1)建设项目总概算的含义

建设项目总概算是设计文件的重要组成部分,是确定整个建设项目从筹建到竣工交付使用所预计花费的全部费用的文件。它是由各单项工程综合概算、工程建设其他费用、建设期贷款利息、预备费、固定资产投资方向调节税和经营性项目的铺底流动资金概算所组成,按照主管部门规定的统一表格进行编制而成的。

（2）建设项目总概算的内容

①封面、签署页及目录。

②编制说明：应包括工程概况、资金来源及投资方式、编制依据及编制原则、编制方法、投资分析、其他需要说明的问题。

③总概算表：应反映静态投资和动态投资两部分。静态投资是按设计概算编制期价格、费率、利率、汇率等确定的投资；动态投资指概算编制期到竣工验收前工程和价格变化等多种因素所需的投资。

④工程建设其他费用概算表：按国家、地区或部委所规定的项目和标准确定，并按统一格式编制。

⑤单项工程综合概算表和建筑安装单位工程概算表。

⑥工程量计算表和工、料数量汇总表。

⑦分年度投资汇总表和分年度资金流量汇总表。

4.3.4　设计概算的审查

审查概算造价是确定工程建设投资的一个重要环节，通过审查使概算投资总额尽可能地接近实际造价，做到概算投资额更加完整、合理、确切，从而促进概预算编制人员严格执行国家有关概算的编制规定和费用标准，防止任意扩大投资规模或出现漏项，从而减少投资缺口，避免故意压低概算投资。

设计概算在工程建设项目融资、建设计划、工程管理中起着至关重要的作用。因此，对设计概算的审核，是确保设计概算的合理性、准确性和可靠性的重要手段。

1）审查设计概算的意义

设计概算审查的意义包括以下五个方面：

①有利于合理分配投资资金，加强投资计划管理，有助于合理确定和有效控制工程造价。设计概算编制偏高或偏低，不仅影响工程造价的控制，也会影响投资计划的真实性，影响投资资金的合理分配。

②有利于促进概算编制单位严格执行国家的相关法规和费用标准，从而提高概算的编制质量。

③有利于促进设计的技术先进性与经济合理性。概算中的技术经济指标，是概算的综合反映，与同类工程对比，便可看出它的先进与合理程度。

④有利于核定建设项目的投资规模，可使总投资力求做到准确、完整，防止任意扩大投资规模或出现漏项，从而减少投资缺口，缩小概算与预算之间的差距，避免故意压低概算投资，最后导致实际造价大幅度突破概算。

⑤经审查的概算，为建设项目投资的落实提供可靠的依据，有利于提高项目投资效益。

2）设计概算的审查内容

设计概算审查的重点，主要包括建设项目总概算的编制依据、编制深度和工程概算的编制内容三部分。

（1）审查设计概算的编制依据

①审查编制依据的合法性。采用的各种编制依据必须经过国家和授权机关的批准，符合国家的编制规定，未经批准的不能采用；也不能强调特殊情况，擅自提高概算定额、指标或费用标准。

②审查编制依据的时效性。各种依据都应根据国家有关部门的现行规定进行，注意有无调整和新的规定，如果有，应按新的调整办法和规定执行。

③审查编制依据的适用范围。各种编制依据都有规定的适用范围，如各主管部门规定的各种专业定额及其取费标准，只适用于该部门的专业工程；各地区规定的各种定额及其取费标准只适用于该地区范围内。

（2）审查概算编制深度

①审查编制说明。审查编制说明可以检查概算的编制方法、深度和编制依据等重大原则问题，若编制说明有差错，具体概算必有差错。

②审查概算编制深度。审查是否有符合规定的"三级概算"，各级概算的编制、核对、审核是否按规定签署，有无随意简化，有无把"三级概算"简化为"二级概算"，甚至"一级概算"。

③审查概算的编制范围。审查概算编制范围及具体内容是否与主管部门批准的建设项目范围及具体工程内容一致；审查建设项目具体工作内容有无重复计算或漏算；审查其他费用应列的项目是否符合规定，静态投资、动态投资和经营性项目铺底流动资金是否分别列出等。

（3）审查工程概算的内容

①审查概算的编制是否符合党的方针、政策，是否根据工程所在地的自然条件而编制。

②审查建设规模（投资规模、生产能力等）、建设标准（用地指标、建筑标准等）、配套工程、设计定员等是否符合原批准的可行性研究报告或立项批文的标准。

③审查编制方法、计价依据和程序是否符合现行规定，包括定额或指标的适用范围和调整方法是否正确。进行定额或指标的补充时，要求补充定额的项目划分、内容组成、编制原则等要与现行的定额精神相一致。

④审查工程量是否正确。工程量的计算是否根据工程计算量规则和施工组织设计的要求进行，有无多算或漏算，尤其对工程量大、价高的项目要重点审查。

⑤审查材料用量和价格。审查主要材料的用量数据是否正确，材料预算价格是否符合工程所在地的价格水平，材料价差调整是否符合现行规定及其计算是否正确。

⑥审查设备规格、数量和配置是否符合设计要求，是否与设备清单相一致，设备预算价格是否真实，设备原价和运杂费的计算是否正确，非标准设备原价的计价方法是否符合规定，进口设备的各项费用的组成及其计算程序、方法是否符合国家主管部门的规定。

⑦审查建筑安装工程的各项费用的计取是否符合国家或地方有关部门的现行规定，计算程序和取费标准是否正确。

⑧审查综合概算、总概算的编制内容、方法是否符合现行规定和设计文件的要求，有无设计文件外项目，有无将非生产性项目以生产性项目列入。

⑨审查总概算文件的组成内容，是否完整地包括了建设项目从筹建到竣工投产为止的

全部费用组成。

⑩审查工程建设其他各项费用。要按国家和地区规定逐项审查,不属于总概算范围的费用项目不能列入概算,具体费率或计取标准是否按国家、行业有关部门规定计算,有无随意列项、交叉列项和漏项等。审查项目的"三废"治理:拟建项目必须安排"三废"(即废水、废气、废渣)的治理方案和投资,以满足"三废"排放达到国家标准。

⑪审查技术经济指标。技术经济指标计算方法和程序是否正确,综合指标和单项指标与同类型工程指标相比,是偏高还是偏低,其原因是什么,并予纠正。

⑫审查投资经济效果。设计概算是初步设计经济效果的反映,要按照生产规模、工艺流程、产品品种和质量,从企业的投资效益和投产后的运营效益全面分析,是否达到了先进可靠、经济合理的要求。

3)审查设计概算的方法

采用适当的方法审查设计概算,是确保审查质量,提高工作效率的关键。常用方法如下。

(1)对比分析法

对比分析法主要是通过建设规模、标准与立项批文对比,工程数量与设计图纸对比,综合范围、内容与编制方法、规定对比,各项取费与规定标准对比,材料、人工单价与统一信息对比,引进设备、技术投资与报价要求对比,技术经济指标与同类工程对比等。通过以上对比,容易发现设计概算存在的主要问题和偏差。

(2)查询核实法

查询核实法是对一些关键设备和设施、重要装置、引进工程图纸不全、难以核算的较大投资进行多方查询核对、逐项落实的方法。主要设备的市场价向设备供应部门或招标公司查询核实;重要生产装置、设施向同类企业(工程)查询了解;引进设备价格及有关税费向进出口公司调查落实;复杂的建筑安装工程向同类工程的建设、承包、施工单位征求意见;深度不够或不清楚的问题直接向原概算编制人员、设计者询问清楚。

(3)联合会审法

联合会审前,可先采取多种形式分头审查,包括设计单位自审,主管、建设、承包单位初审,工程造价咨询公司评审,邀请同行专家预审,审批部门复审等,经层层审查把关后,由有关单位和专家进行联合会审。在会审大会上,由设计单位介绍概算编制情况及有关问题,各有关单位、专家汇报初审、预审意见;然后进行认真分析、讨论,结合对各专业技术方案的审查意见所产生的投资增减,逐一核实原概算出现的问题;经过充分协商,认真听取设计单位意见后,实事求是地处理和调整。

通过以上复审后,对审查中发现的问题和偏差,按照单项工程、单位工程顺序,先按设备费、安装费、建筑费和工程建设其他费用分类整理,然后按照静态投资、动态投资和铺底流动资金三大类,汇总核增或核减的项目及其投资额,最后将具体审核数据,按照"原编概算""审核结果""增减投资""增减幅度"四栏列表,并按照原总概算表汇总顺序,将增减项目逐一列出,相应调整所属项目投资合计,再依次汇总审核后的总投资及增减投资额。对于差错较多、问题较大或不能满足要求的,责成按会审意见修改返工后重新报批;对于无重大原则问题,深度基本满足要求,投资增减不多的,当场核定概算投资额,并提交审批部门复核后,正式下达审批概算。

4.4 施工图预算的编制与审查

4.4.1 施工图预算的基本概念

施工图预算
编制

1)施工图预算的含义

施工图预算是施工图设计预算的简称,又称设计预算。它是由设计单位在完成施工图设计后,根据施工图设计图纸、地方现行预算定额、费用定额以及地区设备、材料、人工、施工机械台班等预算价格编制和确定的建筑安装工程造价的技术经济文件。

2)施工图预算的作用

①施工图预算是设计阶段控制工程造价的重要环节,是控制施工图设计不突破设计概念的重要措施。

②施工图预算是编制或调整固定资产投资计划的依据。

③对于实行工程招标的工程,施工图预算是招投标的重要依据,即是工程量清单的编制依据,是编制标底的依据,也是承包企业投标报价的基础。

④对于不宜实行招标而采取施工图预算加调整价结算的工程,施工图预算可作为确定合同价款的基础,或作为审查施工企业提出的施工图预算的依据。

⑤对于工程造价管理部门来说,施工图预算是监督、检查执行定额标准,合理确定工程造价,测算造价指数的依据。

3)施工图预算的内容

施工图预算有单位工程预算、单项工程预算和建设项目总预算。

单位工程预算包括建筑工程预算和设备安装工程预算。建筑工程预算按其工程性质分为一般土建工程预算、采暖工程预算、给排水工程预算、电气照明工程预算、弱电工程预算、特殊构筑物工程和工业管道工程预算等。设备安装工程预算可分为机械设备安装工程预算、电气设备安装工程预算和热力设备安装工程预算等。

单位工程预算是根据施工图设计文件、现行预算定额、费用定额以及人工、材料、设备、机械台班等预算价格资料,编制单位工程的施工图预算;然后汇总所有各单位工程施工图预算,成为单项工程施工图预算;再汇总所有单项工程施工图预算,得到建设项目建筑安装工程总预算。

4.4.2 施工图预算的编制

1)施工图预算的编制依据

(1)国家、行业和地方政府有关工程建设和造价管理的法律、法规和规定。

(2)施工图纸及说明书和标准图集。经审定的施工图纸、说明书、标准图集是编制施工图预算的重要依据。

（3）现行预算定额、建筑安装工程费用定额以及单位估价表等。现行预算定额和单位估价表是确定分项工程项目、计算工程量、套用定额计价以及计算其他各项费用的重要依据。建筑安装工程费用定额一般以某个或多个指标为计算基础,反映了专项费用社会必要劳动量的百分率或标准。

（4）反映社会平均水平的施工组织设计或施工方案。其中包含了编制施工图预算所需要的施工方法、施工进度计划、采用的施工机械、施工平面图的布置及主要技术措施等。

（5）材料、人工、机械台班预算价格及调价规定。地区材料、人工、机械预算价格是构成综合单价的重要因素。尤其是材料费,在工程成本中占的比重大,而且在市场经济条件下,人、材、机的价格因时因地不断变化。为此,各地区主管部门对此都有明确的调价规定,都要定期发布人、材、机的价格信息。

（6）经批准的设计概算文件。它是控制工程拨款或贷款的最高限额,也是控制单位工程预算的主要依据。如果工程预算确定的投资总额超过设计概算,需补做调整设计概算,经原批准机构批准后方可实施。

（7）预算员工作手册及有关工具书。其中包括各种常用数据、计算公式、金属材料的规格、单位重量等内容。

2）施工图预算的编制方法

施工图预算的编制可以采用工料单价法和综合单价法。

（1）工料单价法

工料单价法是传统施工图预算采用的方法,用事先编制好的分项工程的单位估价表来编制施工图预算,按施工图计算的各分项工程的工程量乘以相应单价,汇合相加,得到单位工程的人工费、材料费、机械使用费之和,再加上按规定程序计算出来的措施费、间接费、计划利润和税金,便可得出单位工程的施工图预算造价。其计算公式为:

$$单位工程施工图预算直接费 = \sum（工程量 \times 预算定额单价） \tag{4.17}$$

工料单价法编制施工图预算的步骤如下:

①搜集各种编制依据资料;

②熟悉施工图纸和定额;

③计算工程量;

④套用预算定额单价;

⑤编制工料分析表;

⑥计算其他各项应取费用和汇总造价;

⑦复核;

⑧编制说明,填写封面。

（2）综合单价法

综合单价法是指分项工程单价综合了直接工程费及以外的多项费用,按照单价综合的内容不同,综合单价法可分为全费用综合单价法和清单综合单价法。

①全费用综合单价法。全费用综合单价,即单价中综合了分项工程人工费、材料费、机械费、管理费、利润、规费以及有关文件规定的调价、税金和一定范围的风险等全部费用。以

各分项工程量乘以全费用单价的合价汇总后,再加上措施项目的完全价格,就生成了单位工程的施工图预算造价。其计算公式如下:

建筑安装工程预算造价 = ($\sum$ 分项工程量 × 分项工程全费用单价) + 措施项目完全价格

$$(4.18)$$

②清单综合单价法。分部分项工程清单综合单价中综合了人工费、材料费、施工机械使用费、企业管理费、利润,并考虑了一定范围的风险费用,但并未包括措施费、规费和税金,因此它是一种不完全单价。以各分部分项工程量乘以该综合单价的合价汇总后,再加上措施项目费、规费和税金后,即得单位工程的施工图预算造价。其计算公式如下:

建筑安装工程预算造价 = ($\sum$ 分项工程量 × 分项工程不完全单价) +

措施项目不完全价格 + 规费 + 税金 $\qquad(4.19)$

4.4.3 施工图预算的审查

1)审查施工图预算的意义

施工图预算编完之后,需要认真进行审查。加强施工图预算的审查,对于提高预算的准确性,正确贯彻党和国家的有关方针政策,降低工程造价具有重要的现实意义。

①有利于控制工程造价,克服和防止预算超支。

②有利于加强固定资产投资管理,节约建设资金。

③有利于施工承包合同价的合理确定和控制——对于招标工程,它是编制标底的依据;对于不宜招标的工程,它是合同价款结算的基础。

④有利于积累和分析各项技术经济指标,不断提高设计水平。通过审查工程预算,核实预算价值,为积累和分析技术经济指标提供了准确数据,进而通过有关指标的比较,找出设计中的薄弱环节,以便及时改进,不断提高设计水平。

2)审查施工图预算的内容

审查施工图预算的重点,应该放在工程量计算、预算单价套用、设备材料预算价格取定是否正确,各项费用标准是否符合现行规定等方面。

(1)审查工程量

根据图纸和工程量计算规则审查工程量的计算是否正确,有无多算、复算或漏算,使用的计算方法及计算结果是否正确等。

(2)审查设备和材料的预算价格

设备、材料预算价格是施工图预算造价所占比重最大和变化最大的,应当重点审查。审查设备、材料的预算价格是否符合工程所在地的真实价格,要注意信息价的时间、地点是否符合要求,是否按规定调整;设备、材料的原价确定方法是否正确;设备运杂费的计算是否正确,材料预算价格的计算是否符合规定。

(3)审查预算单价的套用

预算中所列各分项工程预算单价是否与现行预算定额的预算单价相符,其名称、规格、计量单位和所包含的工程内容是否与单位估价表一致;审查换算的分项工程是否允许换算,换算是否正确,换算的单价是否正确;审查补充定额和单位估价表的编制是否符合编制原则。

（4）审查有关费用及计取

主要检查费用定额与预算定额是否配套，费用程序是否正确；措施项目费、其他项目费、规费和税金的计算是否符合有关规定的费率标准；相关计取基础是否符合现行规定；预算外调增的材料差价是否计取正确，有无巧立名目、乱计费、乱摊费等现象。

3）审查施工图预算的方法

施工图预算的审查方法较多，主要有全面审查法、标准预算审查法、分组计算审核法、对比审查法、筛选审查法、重点抽查法、利用手册审查法七种。

（1）全面审查法

全面审查法又称为逐项审查法，就是按预算定额顺序或施工的先后顺序，逐一全部进行审查的方法。其具体计算方法和审查过程与编制施工图基本相同。此方法的优点是全面、细致，经审查的工程预算差错比较少、质量比较高；缺点是工程量比较大。对于一些工程量比较小、工艺比较简单的工程，编制工程预算的技术力量又比较薄弱，可采用全面审查法。

（2）标准预算审查法

对于利用标准图纸或通过图纸施工的工程，先集中力量编制标准预算，以此为标准审查预算的方法称为标准预算审查法。按标准图纸设计或通用图纸施工的工程一般大部分结构和做法相同，可集中力量细审一份预算或编制一份预算，作为这种标准图纸的标准预算，或用这种标准图纸的工程量为标准，对照审查，而对局部不同的部分进行单独审查即可。这种方法的优点是时间短、效果好、好定案；缺点是只适用于按标准图纸设计的工程，适应范围小。

（3）分组计算审核法

这是一种加快审查工程量速度的方法，把预算中的项目划分为若干组，并把相邻且有一定联系的项目编为一组，审查或计算同一组中某个分项工程量，利用工程量间具有相同或相似计算基础的关系，判断同组其他几个分项工程量计算的准确程度的方法。

（4）对比审查法

这是用已建成工程的预算或虽未建成但已审查修正的工程预算对比审查拟建的类似工程预算的一种方法。

（5）筛选审查法

建筑工程各个分部分项工程的工程量、造价、用工量在每个单位面积上的数值变化不大，把这些数据加以汇集、优选、归纳为工程量、造价、用工三个单方基本值表，并注明其适用的建筑标准，用来筛选各分部分项工程。对于单位建筑面积数值不在基本值范围之内的应对该分部分项工程详细审查。若所审查的预算建筑面积标准与基本值所适用的标准不同，就要对其进行调整。筛选法的优点是简单易懂，便于掌握，审查速度和发现问题快，但解决差错、分析原因需继续审查。

（6）重点抽查法

重点抽查法是抓住工程预算中的重点进行审查的方法。审查的重点一般是工程量大或造价较高、工程结构复杂的工程，补充单位估价表，计取各项费用（如计费基础、取费标准等）。重点抽查法的优点是重点突出、审查时间短、效果好。

（7）利用手册审查法

利用手册审查法是把工程中常用的构件、配件事先整理成预算手册，按手册对照审查的方法。这种方法可大大简化预结算的编审工作。

4）审查施工图预算的步骤

（1）做好审查前的准备工作

①熟悉施工图纸。施工图纸是编制预算分项工程数量的重要依据，必须全面熟悉了解：一是核对所有图纸，清点无误后，依次识读；二是参加技术交底，解决图纸中的疑难问题，直至完全掌握图纸。

②了解预算的范围。根据预算编制说明，了解预算包括的工程内容，例如配套设施、室外管线、道路以及会审图纸后的设计变更等。

③弄清编制预算采用的单位工程估价表。任何单位工程估价表或预算定额都有一定的适用范围。根据工程性质，搜集熟悉相应的单价、定额资料，特别是市场材料单价和取费标准等。

（2）选择合适的审查方法

由于工程规模、繁简程度不同，施工方法和施工企业情况不一样，所编工程预算的质量也不同，因此，需选择适当的审查方法进行审核。

（3）调整预算综合整理审查资料

与编制单位交换意见，定案后编制调整预算。审查后，需要进行增加或核减的，经与编制单位协商，统一意见后，进行相应修正。

4.5 案例分析

【综合案例】：

某建设工程通过公开招标，现有 A、B、C 三个设计方案，有关专家决定从四个功能（平面设计 F_1、立面设计 F_2、结构形式 F_3、绿色节能 F_4）对三个方案进行评价，各方案的功能得分见表 4.12。若四个功能之间的重要性关系为：F_1 相对 F_2 很重要，F_3 相对 F_4 很重要，F_3 相对 F_2 较重要。

据造价工程师估算，A、B、C 三个设计方案的目前成本及成本组成见表 4.13。

表 4.12　各方案功能得分表

功能项目	各方案功能得分		
	方案 A	方案 B	方案 C
F_1	8	10	9
F_2	8	9	8
F_3	10	9	8
F_4	9	7	10

表 4.13 各方案目前成本及成本组成表

方案	单位工程成本/万元				目前总成本/万元
	空调工程	外装饰工程	内装饰工程	主体工程	
A	700	1 300	3 000	3 600	8 600
B	800	1 400	3 050	3 650	8 900
C	800	1 300	3 050	3 650	8 800

【问题】

(1)试采用 0~4 评分法确定各功能的权重,并应用价值工程法从中选择最优的设计方案。

(2)该工程由四个单位工程组成,各单位工程的功能得分见表 4.14,请按限额及优化设计要求,对选中的设计方案进行价值工程分析,要求总的目标成本额控制为 8 500 万元。试分析各单位工程的目标成本及其可能降低的额度,并确定功能改进顺序。

表 4.14 各单位工程功能项目评分表

单位工程	空调工程	外装饰工程	内装饰工程	主体工程	合计
功能得分	8	14	34	40	96

【解答】问题(1):

①计算各功能权重,结果见表 4.15。

表 4.15 功能权重计算表

功能	F_1	F_2	F_3	F_4	得分	权重
F_1	—	4	3	4	11	11/24 = 0.458
F_2	0	—	1	3	4	4/24 = 0.167
F_3	1	3	—	4	8	8/24 = 0.333
F_4	0	1	0	—	1	1/24 = 0.042
合计					24	1.000

②计算各方案的功能指数,结果见表 4.16。

表 4.16 各方案的功能指数计算表

功能	功能权重	功能加权得分		
		A	B	C
F_1	0.458	8 × 0.458 = 3.664	10 × 0.458 = 4.580	9 × 0.458 = 4.122
F_2	0.167	8 × 0.167 = 1.336	9 × 0.167 = 1.503	8 × 0.167 = 1.336
F_3	0.333	10 × 0.333 = 3.330	9 × 0.333 = 2.997	8 × 0.333 = 2.664

续表

功能	功能权重	功能加权得分		
		A	B	C
F_4	0.042	$9 \times 0.042 = 0.378$	$7 \times 0.042 = 0.294$	$10 \times 0.042 = 0.420$
合计		8.708	9.374	8.542
功能指数		8.708/26.624 = 0.327	0.352	0.321

注:各方案功能加权得分之和为 $8.708 + 9.374 + 8.542 = 26.624$。

③计算各方案的成本指数,结果见表4.17。

表4.17　各方案的成本指数计算表

方案	成本/万元	成本指数
A	8 600	0.327
B	8 900	0.338
C	8 800	0.335
合计	26 300	1.000

④计算各方案的价值指数,结果见表4.18。

表4.18　各方案的价值指数计算表

方案	功能指数	成本指数	价值指数	备注
A	0.327	0.327	1.000	
B	0.352	0.338	1.041	最优方案
C	0.321	0.335	0.958	

结论:因为B方案的价值指数最大,所以应选择B方案。

问题(2):

对选定的B方案进行价值工程分析,在计算给定的各单位工程功能指数的基础上,针对给定的总目标成本控制额,分别计算各单位工程的目标成本额,从而确定其成本降低额,见表4.19。根据成本降低额的大小,确定功能改进顺序依次为:外装饰工程、主体工程、空调工程、内装饰工程。

表4.19　功能指数、目标成本降低额及功能改进顺序表

功能项目	功能评分	功能指数	目前成本/万元	目标成本/万元	成本降低额/万元	功能改进顺序
空调工程	8	0.083 3	800	708.33	91.67	3
外装饰工程	14	0.145 8	1 400	1 239.58	160.42	1
内装饰工程	34	0.354 2	3 050	3 010.42	39.58	4
主体工程	40	0.416 7	3 650	3 541.67	108.33	2
合计	96	1.000 0	8 900	8 500	400	

本章小结

　　本章主要介绍了工程设计的含义、阶段的划分及程序、设计阶段影响工程造价的因素、设计阶段工程造价管理的主要工作内容和成果文件、工程设计优化的途径和方法、价值工程的应用、设计概算的含义及作用、设计概算的内容及编制方法、设计施工图预算的基本概念及施工图预算的编制方法等。

　　通过本章的学习可知,限额设计和推广标准设计是确定和控制建设项目工程造价的重要措施。根据价值工程原理,对所研究对象的功能与成本进行系统分析,可以对不同的设计思路与方案进行比较,确定最佳的设计方案和设计值,从而使得设计达到最优。设计概算和施工图预算的编制与审查是确定工程造价的重要依据。

思考与练习

一、单项选择题

1. 对于技术上复杂、在设计时有一定难度的工程一般采取(　　)。

　　A. 一阶段设计　　　　B. 两阶段设计　　　　C. 三阶段设计　　　　D. 四阶段设计

2. 对于一些牵扯面较广的大型工业建设项目,设计者根据收集设计资料,对工程主要内容(包括功能和形式)有一个大概的布局设想,然后考虑工程与周围环境之间的关系。这一阶段的工作属于(　　)。

　　A. 方案设计　　　　B. 总体设计　　　　C. 初步设计　　　　D. 技术设计

3. 随着建筑物层数的增加,下列趋势变动正确的是(　　)。

　　A. 单位建筑面积分摊土地费用降低

　　B. 单位建筑面积分摊土地费用增加

　　C. 单位建筑面积分摊外部流通空间费用增加

　　D. 单位建筑面积造价减少

4. 在建筑设计评价指标中,厂房有效面积和建筑面积之比主要用于(　　)。

　　A. 评价平面形状是否合理

　　B. 评价柱网布置是否合理

　　C. 评价厂房经济层数与展开面积的比例是否合理

　　D. 评价建筑物功能水平是否合理

5. 某新建企业有两个设计方案,年产量均为 800 件,方案甲总投资 1 000 万元,年经营成本 400 万元;方案乙总投资 1 500 万元,年经营成本 360 万元。当行业的基准投资回收期为(　　)年时,甲方案优。

　　A. 12.5　　　　　　B. 10　　　　　　　　C. 11.5　　　　　　D. 8

6. A 公司拟新建一生产企业,有两个方案可供选择,甲方案总投资 2 000 万元,年经营成本 600 万元,年产量 1 200 件;乙方按总投资 1 400 万元,年经营成本 550 万元,年产量 1 000件。当行业的标准投资效果系数大于(　　)时,乙方案最优。

　　A. 15%　　　　　　B. 18.75%　　　　　　C. 7.14%　　　　　　D. 13%

7. 价值工程中价值的含义是(　　)。

A. 产品功能的实用程度

B. 产品消耗的社会必要劳动时间

C. 产品成本与功能的比值

D. 产品的功能与实现这个功能所消耗费用的比值

8. 某住宅设计方案的功能评价系数和功能的现实成本(目前成本)见表4.20。

表4.20　功能评价系数和功能的现实成本

功能	功能评价系数	目前成本/万元
F1	0.5	220
F2	0.3	100
F3	0.2	80
合计	1.0	400

若拟控制的目标成本为360万元,则应首先降低(　　)的成本。

A. F1　　　　　　　B. F2　　　　　　　C. F3　　　　　　　D. F2 和 F3

二、多项选择题

1. 在设计阶段影响工程造价的因素中,总平面设计所包含的主要内容有(　　)。

A. 厂址方案　　　　　　　　　　B. 建筑规模

C. 总图运输　　　　　　　　　　D. 生产工艺

E. 占地面积

2. 在进行设计方案评价时,静态经济评价方法主要有(　　)。

A. 多指标对比法　　　　　　　　B. 多指标综合评价法

C. 投资回收期法　　　　　　　　D. 计算费用法

E. 差额内部收益率法

3. 价值工程在设计阶段根据某功能的价值系数(V)进行工程造价控制时,做法正确的是(　　)。

A. $V > 1$ 时,在功能水平不变的情况下降低成本

B. $V > 1$ 时,提高功能水平但成本不变

C. $V > 1$ 时,降低重要功能的成本

D. $V > 1$ 时,提高重要功能的成本

E. $V > 1$ 时,提高不重要工程的成本

4. 下列有关价值工程在设计阶段造价中的应用,表达正确的是(　　)。

A. 功能分析是主要分析研究对象具有哪些功能及各项功能之间的关系

B. 可以应用 ABC 法来选择价值工程的研究对象

C. 功能评价中,不但要确定各项功能评价系数,还要计算功能的现实成本及价值系数

D. 对于价值系数大于1的重要功能,可以不作优化

E. 对于价值系数小于1的,必须提高功能水平

5. 在建筑单位工程概算中包括的内容有(　　　　)。

A. 给排水、采暖工程概算　　　　　　B. 通风、空调工程概算

C. 电气、照明工程概算　　　　　　　D. 弱电工程概算

E. 工具、器具及生产家具购置费用概算

三、思考题

1. 建筑设计阶段是怎样划分的？

2. 设计阶段影响工程造价的因素有哪些？

3. 简述工程设计方案的优化途径。

4. 根据价值工程的原理,提高产品价值的途径有哪几种？

5. 什么是限额设计？

6. 简述单位工程概算的编制方法。

7. 设计概算的审查方法有哪些？

8. 施工图预算的作用及其编制的内容是什么？

9. 施工图预算的编制方法有哪些？

四、案例题

某房地产公司对某公寓项目的开发征集到若干个建设方案,经筛选后对其中较为出色的四个设计方案作进一步的技术经济评价。有关专家决定从五个方面(分别以 F1 ~ F5 表示)对不同方案的功能进行评价,并对各功能的重要性达成共识:F2 和 F3 同样重要;F4 和 F5 同样重要;F1 相对 F4 很重要;F1 相对 F2 较重要。各专家对该四个方案的功能满足程度分别打分,结果见表4.21。

根据造价工程师估算,A,B,C,D 四个方案的单方造价分别为 1 420 元/m²、1 230 元/m²、1 150元/m²、1360元/m²。

表4.21　方案功能得分表

功能	方案 A	方案 B	方案 C	方案 D
F1	9	10	9	8
F2	10	10	8	9
F3	9	9	10	9
F4	8	8	8	7
F5	9	7	6	6

问题:

(1)计算各功能的权重。

(2)利用价值指数法选择最佳设计方案。

第5章
建设项目招投标阶段的工程造价管理

5.1　概述

5.1.1　工程招标投标的概念

1) 工程招标的概念

建设工程招标是指招标人在发包建设项目之前,依据法定程序,以公告招标或邀请招标的方式提出有关招标项目的要求和条件,投标人依据招标文件要求参与投标报价,然后通过评定,择优选取优秀的投标人为中标人的一种交易活动。

2) 工程投标的概念

建设工程投标是工程招标的对称概念,是指具有合法资格和能力的投标人,根据招标条件,在指定期限内填写标书,提出报价并等候开标,决定能否中标的经济活动。

5.1.2　招标投标的范围、方式及种类

1) 招标投标范围

《中华人民共和国招标投标法》规定,在我国境内进行的、必须进行招标的项目(包括勘察、设计、施工、监理及有关重要设备、材料采购等)有以下几类:

①大型基础设施、公用事业等关系社会公共利益、公众安全的项目;

②全部或者部分使用国有资金投资或国家融资的项目;

③使用国际组织或外国政府贷款、援助资金的项目;

涉及国家安全、秘密或抢险救灾且不适宜招标的工程项目,或以工代赈需要使用农民工

的项目,或施工企业自建自用的工程等,可以不招标。

2) 招标投标方式

①公开招标:是由招标单位通过报刊、广播及电视等方式公开发布招标信息,是一种无限制的竞争方式,有意的承包商均可参加资格审查,合格的承包商可购买招标文件,参加投标的招标方式。

优点:范围广,承包商多,竞争激烈,业主有更多的选择余地,有利于降低工程造价,提高工程质量和缩短工期。

缺点:招标工作量大,投入的人力、物力多,招标时间长,且当参与投标的单位少于 3 家时需重新再进行招标。

②邀请招标:邀请招标又称有限竞争性招标,是招标人以投标邀请书的方式邀请具备招标项目能力、资质良好的特定法人或者其他组织(多于 3 家)投标。

优点:目标集中,招标工作量小。

缺点:范围窄,承包少,竞争不太激烈,业主选择余地较少,降低工程造价等方面的机会较少。

3) 招标投标种类

按工程招标的内容不同,招标的种类包括以下六种。

(1)建设工程项目总承包招标投标

建设工程项目总承包招标投标又称建设项目全过程招标投标,在国外也称"交钥匙"承包方式,是从项目建议书开始,包括可行性研究报告、勘察设计、设备材料与采购、工程施工、生产准备、投料试车直至竣工投产、交付使用,全面实行招标。

工程总承包单位根据建设单位提出的工程使用要求,对项目建议书,可行性研究、勘察设计、设备询价与选购、材料订货、工程施工、生产准备、试生产及竣工投产等全面投标报价。

(2)建设工程勘察招标投标

建设工程勘察招标是指招标人就拟建工程的勘察任务发布通告,以法定方式吸引勘察单位参加竞争,经招标人审查获得投标资格的勘察单位按照招标文件的要求,在规定时间内向招标人填报标书,招标人从中选择条件优越者完成勘察任务。

(3)建设工程设计招标投标

建设工程设计招标是指招标人就拟建工程的设计任务发布通告,以吸引设计单位参加竞争,经招标人审查获得投标资格的设计单位按照招标文件的要求,在规定时间内向招标人填报标书,招标人择优确定中标单位来完成工程设计任务。

(4)建设工程施工招标投标

建设工程施工招标是指招标人就拟建工程的工程发布公告或邀请,以法定方式吸引施工企业参加竞争,经招标人审查获得投标资格的设计单位按照招标文件的要求,在规定时间内向招标人填报标书,招标人择优确定中标单位来完成工程施工任务。

(5)建设工程监理招标投标

建设工程监理招标是指招标人为了委托监理任务的完成,以法定方式吸引监理单位参加竞争,招标人择优确定中标单位来完成工程监理任务的法律行为。

（6）建设工程材料、重大设备采购招标投标

建设工程材料、重大设备采购招标投标是指招标人就拟购买的材料设备发布公告或邀请,以法定方式吸引建设工程材料设备供应商参加竞争,招标人从中择优确定条件优越者购买其材料设备的法律行为。

5.2 建设工程招标与控制价

5.2.1 施工招标文件的内容

根据《中华人民共和国招标投标法》的规定,招标文件必须具备以下内容:
①投标须知;
②招标工程的技术要求和设计文件;
③采用工程量清单招标的,应当提供工程量清单;
④投标函的格式及附录;
⑤拟签订合同的主要条款;
⑥要求投标人提交的其他资料。

5.2.2 施工招标的程序

①招标准备:
a.建设项目报建,建设单位资质审查;
b.确定招标方式;
c.标段划分;
d.招标申请。
②招标公告和投标邀请书的编制与发布。
③对投标人资格的审查。
④编制和发售招标文件。
⑤勘查现场,对招标文件进行澄清、修改、答疑。
⑥接收投标文件。
⑦开标。
⑧评标。
⑨定标,签发中标通知书。
⑩签订合同。
施工招标程序如图5.1所示。

5.2.3 招标控制价

1)招标控制价的概念

招标控制价是根据国家或省级、行业建设主管部门颁发的有关计价依据和计价办法,按设计施工图纸计算出来的,对招标工程限定的最高工程造价。招标控制价由成本、利润、税金等组成。

招标控制价

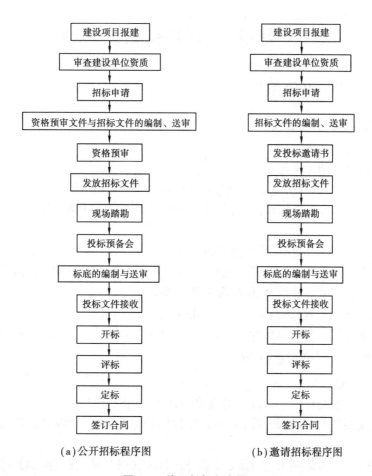

(a)公开招标程序图　　　　　(b)邀请招标程序图

图5.1　施工招标程序图

2）招标控制价文件的内容

招标控制价文件的内容包括：

①招标控制价的综合编制说明；

②招标控制价价格的审定书、计算书、带有价格的工程量清单、现场因素、各种施工措施费的测算明细以及采用固定价格工程的风险系数测算明细表；

③主要人工、材料及机械设备用量表；

④招标控制价附件，如各项交底纪要、各种材料及设备的价格来源、现场地质及水文条件等；

⑤招标控制价价格编制的有关表格。

3）招标控制价价格编制方法

目前，招标控制价价格编制方法主要是工程量清单计价法。工程量清单计价法编制招标控制价就是根据统一项目设置的划分，按照统一的工程量计算规则先计算出分项工程的清单工程量和措施项目的清单工程量（并注明项目编码、项目名称及计量单位），然后再分别计算出对应的综合单价，把两者相乘就得到合价，即分部分项工程的清单费用和部分措施费用，再按相关规定算出其他措施费规费、其他费用和税后即得的招标控制价价格。

5.3 建设工程投标报价与策略

5.3.1 施工投标报价编制

1)投标报价编制的依据

投标报价编制的依据包括：

①招标人提供的招标文件；

②招标人提供的设计图样、工程量清单及有关的技术说明书等；

③国家及地区颁发的现行建筑、安装工程预算定额及与之相配套执行的各种费用定额规定等；

④地方现行材料预算价格、采购地点及供应方式等；

⑤因招标文件及设计图样等不明确经咨询后由招标人书面答复的有关资料；

⑥企业内部制订的有关取费、价格等的规定和标准；

⑦其他与报价计算有关的各项政策、规定及调整系数等；

⑧在报价的计算过程中,对于不可预见费用的计算必须慎重考虑,不得遗漏。

2)施工投标与报价书的内容

（1）投标函部分

投标函部分主要是对招标文件中的重要条款作出响应,包括法定代表人身份证明书、投标文件签署授权委托书、投标函、投标函附录、投标担保等文件。详细格式及内容见标准招标文件。

①法定代表人身份证明书、投标文件签署授权委托书是证明投标人的合法性及商业资信的文件,按实填写。如果法定代表人亲自参加投标活动,则不需要有授权委托书。但一般情况下,法定代表人都不亲自参加,因此用授权委托书来证明参与投标活动代表进行各项投标活动的合法性。

②投标函是承包人向发包方发出的要约,表明投标人完全愿意按照招标文件的规定完成任务。投标函应写明自己的标价、完成的工期、质量承诺,并对履约担保、投标担保等做出具体明确的意思表示,加盖投标人单位公章,并由其法定代表人签字和盖章。

③投标函附录是明示投标文件中的重要内容和投标人的承诺的要点。

④投标担保是用来确保合格者投标及中标者签约和提供发包人所要求的履约担保和预付款担保,可以采用现金、现金支票、保兑支票、银行汇票和在中国注册的银行出具的银行保函,保险公司或担保公司出具的投标保证书等多种形式,金额一般不超标项目估算价的2%。投标人按招标文件的规定提交投标担保,投标担保属于投标文件的一部分,未提交视为没有实质上响应招标文件,导致废标。

a.招标文件规定投标担保采用银行保函方式的,投标人提交由担保银行按招标文件提供的格式文本签发的银行保函,保函的有效期应当超出投标有效期30天。

b.招标文件规定投标担保采用支票或现金方式时,投标人可不提交投标担保书,在投标担保书格式文本上注明已提交的投标保证的支票或现金的金额。

（2）商务标部分（投标报价部分）

商务标部分因报价方式的不同而有不同文本，按照目前《建设工程工程量清单计价规范》的要求，商务标部分应包括投标总价及工程项目总价表、单项工程费汇总表、单位工程汇总表、分部分项工程和措施项目清单计价表、其他项目清单计价表、零星工作项目计价表、分部分项工程量清单综合单价分析表、措施费项目分析表和主要材料价格表。

（3）技术标部分

对于大中型工程和结构复杂、技术要求高的工程来说，技术标往往是能否中标的决定性因素。技术标通常由施工组织设计、项目拟分包情况组成，具体内容如下：

①施工组织设计。标前施工组织设计可比中标后编制的施工组织设计简略，一般包括工程概况及施工部署、分部分项工程主要施工方法、工程投入的主要施工机械设备情况、劳动力安排计划、确保工程质量的技术组织措施、确保安全生产及文明施工的技术组织措施、确保工期的技术组织措施等。其中包括以下附表：

a.拟投入工程的主要施工机械设备表；

b.主要工程材料用量及进场计划；

c.劳动力计划表；

d.施工总平面布置图及临时用地表。

②项目拟分包情况。该项目应包括分包项目的专项施工方案。

（4）综合标部分

①项目管理班子配备情况：主要包括项目管理班子配备情况表、项目经理简历表、项目技术负责人简历表和项目管理班子配备情况辅助说明资料等。

②投标工期情况：对工期有承诺，有违约经济处罚措施。

③工程质量目标情况：

a.对招标工程质量目标有承诺，有违约经济处罚措施；

b.对工程保修有承诺，有违约经济处罚措施。

④企业信誉及实力。企业概况、已建和在建工程、获奖情况以及相应的证明资料。

3）投标报价的编制方法

投标报价的编制方法与招标控制价编制方法类似，目前在我国基本上都采用工程量清单计价模式进行招标。具体做法如下：

①清单工程量审核与调整。首先，投标单位要根据招标文件规定，确定其中所列的工程量清单是否可以调整。如果可以调整，就要详细审核工程量清单所列的各项工程量，对其中误差大的，通过招标单位答疑会提出调整意见，取得招标单位同意后进行调整；如果不允许调整，则不需要对工程量进行详细审核，只对主要项目或工程量大的项目进行审核，发现有较大误差时可以利用调整这些项目的综合单价进行解决。

②综合单价计算。投标单位根据施工现场实际情况及拟定的施工方案或施工组织设计，企业定额和市场价格信息对招标文件中所列的工程量清单项目进行综合单价计算，综合单价包括了人工费、材料费、施工机具使用费、企业管理费及利润，并适当考虑风险因素等费用。

③分部分项工程费和部分措施费计算。把清单工程量乘以对应综合单价就得到分部分项工程的合价和部分措施项目费，再按费率或其他计算规则算出另一部分措施费。

④计算规费、其他费用、税金，汇总后即得该工程投标书的报价。

【例5.1】某多层砖混住宅基础土方工程,土壤类别为三类土,基础为砖大放脚带形基础,基础长为1 000 m,垫层宽为1.20 m,挖土深度为1.80 m,弃土(人工装自卸汽车运)运距为400 m,其分部分项工程量清单见表5.1。试根据已知内容报填挖基础土方综合单价。(一类地区,利润按人工费30%计,人、材、机械单价按重庆市2018年定额取定)

表5.1 分部分项工程量清单

工程名称:某多层砖混住宅工程   第 页 共 页

序号	项目编码	项目名称	计量单位	工程数量
1	01010101003001	A.1 土(石)方工程 挖基础土方 土壤类别:三类土 基础类型:砖大放脚带形基础 垫层宽度:1.2 m 挖土深度:1.80 m 弃土运距:4 km	m³	2 160.00

【解】(1)清单工程量审核与调整:1 000×1.2×1.8 m³ = 2 160 m³,与题目一样不调整。

(2)综合单价计算:

①计价工程量(考虑工作面为0.3 m,放坡系数为0.33)

挖基础土方计价工程量 = 1000×(1.2+0.3×2+1.2+0.3×2+0.33×1.8×2)×1.8÷2 = 4 788(m³)

因此,弃土外运工程量为4 788 m³。

②套定额:AA0004人工挖沟槽土方,槽深(2 m以内)(综合单价中已含人工费、材料费、施工机具使用费、企业管理费、利润和一般风险费):

5 753.09×4 788÷100 = 275 457.95(元)

AA0030人工装机械运土方,运距1 000 m以内分项费用:

25 899.62×4 788÷1 000 = 124 007.38(元)

③综合单价:(275 457.95+124 007.38)÷2 160 = 184.94(元/m³)

(3)清单报价见表5.2:

表5.2 分部分项工程量清单计价表

工程名称:某多层砖混住宅工程   第 页 共 页

序号	项目编码	项目名称	项目特征	计量单位	工程数量	金额(元) 综合单价	合价
1	010101003001	A.1 土(石)方工程 挖基础土方	土壤类别:三类土 基础类型:砖大放脚带形基础 垫层宽度:1.2 m 挖土深度:1.80 m 弃土运距:400 m	m³	2 160.00	184.94	399 470.40

4）投标报价的程序

投标报价的程序如图 5.2 所示。

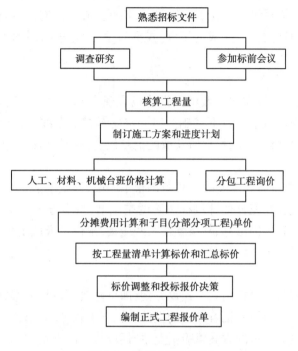

图 5.2　投标报价程序图

施工投标与
报价编制

5.3.2　工程投标报价策略

1）工程投标报价策略的概念

工程投标报价策略就是投标人在投标竞争中的系统工作部署及其参与投标竞争的方式和手段。它体现在整个投标活动中。

2）工程投标报价策略的分类

（1）不平衡报价法

不平衡报价法是指一个工程项目总报价基本确定后，通过调整内部各个项目的报价，以期望既不抬高总报价，不影响中标，又能在结算时得到更理想的经济效益。以下几种情况可以采用不平衡报价法：

①能够早日结账收款的项目，可适当提高单价。

②预计今后工程量会增加的项目，单价适当提高；将工程量可能减少的项目单价降低。

③设计图样不明确，估计修改后工程量要增加的，可以提高单价；而工程内容说明不清楚的，则可适当降低一些单价，待澄清后可再要求提价。

④暂定项目，又称任意项目或选择项目，应具体分析。

（2）根据招标项目的不同特点而采用不同报价

①遇到某些情况报价可较高一些，如施工条件差的工程，专业要求高技术密集型工程，

总价低的小工程,以及自己不愿做的工程、特殊工程(如港口码头及地下开挖工程),工期急的工程,投标人少的工程,支付条件不理想的工程。

②遇到某些情况报价可较低一些,如施工条件好的工程,工作简单、工程量大而其他投标人都可以做的工程,机械设备等无工地转移时,招标人在附近有工程且有供本项目利用的设备劳务,或有条件短期内突击完成的工程,投标对手多、竞争激烈的工程,非急需工程,支付条件好的工程。

(3)突然降价法

突然降价法是投标单位先按一般情况报价或表现出自己对该工程兴趣不大,到快投标截止时再突然降价,为最后中标打下基础。但一定要考虑好在准备投标限价的过程中降价的幅度,以便在临近投标截止前,根据所获取的信息认真分析作出最后决策。

(4)多方案报价法

投标单位在投标报价时如果发现工程范围很不明确,条款不清楚或很不公正,或技术规范要求过于苛刻时,就要在充分估计投标风险的基础上,按多方案报价法处理,也就是按原招标文件报一个价,然后再提出,如某条款作某些变动,报价可降低多少,由此可报出一个较低的价,这样可以降低总价,吸引招标人。

(5)增加建议方案

有时招标文件规定,可以提出一个建议方案,即可修改原设计方案,提出投标者的方案。投标人此时应抓住机会,组织一批有经验的设计和施工工程师,对原招标文件的设计和施工方案仔细研究,提出更为合理的方案以吸引业主,促成自己的方案中标。这种新建议方案可降低总造价或是缩短工期,或使工程运营更为合理。但要注意对原招标方案一定也要报价。建议方案不要写得太具体,要保留方案的技术关键,防止招标人将此方案交给其他投标人。同时应强调的是,建议方案一定要比较成熟,有很好的操作性。

(6)可供选择项目的报价

有些工程项目的分项工程,招标人可能要求按某一方案报价,而后再提供几种可供选择方案的比较报价。投标时,应对不同规格情况下的价格都进行调查,对于将来有可能被选择使用的规格应适当提高其报价;对于技术难度大或其他原因导致的难以实现的规格,可将价格有意抬高得更多一些,以阻挠招标人选用。但是,所谓"可供选择项目"并非由投标人任意选择,而由招标人进行选择。因此,虽然适当提高了可供选择项目的报价,但并不意味着一定可以取得较好的利润,只是提供了一种可能性,一旦招标人今后选用,投标人即可得到额外加价的利益。

(7)零星用工(计日工)单价的报价

如果是单纯报零星用工单价,而且不计入总价中,可以报高一些,以便在招标人额外用工或使用施工机械时多盈利。但如果零星用工单价要计入总报价时,则需具体分析是否报高价,以免抬高总报价。总之,要分析招标人在开工后可能使用的零星用工数量,再来确定报价方针。

(8)暂定工程量的报价

①招标人规定了暂定工程量的分项内容和暂定总价款,并规定所有投标人均必须在总报价中加入此笔固定金额,但由于分项工程量不很准确,允许将来投标人按报单价和实际完

成的工程量付款。在这种情况下,由于暂定总价款是固定的,对各投标人的总报价水平竞争力没有任何影响,因此,投标时应当对暂定工程量的单价适当提高。

②招标人列出了暂定工程量的项目的数量,但并没有限制这些工程量的估价总价款,要求投标人既列出单价,也应按暂定项目的数量计算总价,当将来结算付款时可按实际完成的工程量和所报单价支付。在这种情况下,投标人必须慎重考虑。一般来说,这类工程量可以采用正常价格,如果能确定这类工程量将来肯定增多,则可适当提高单价。

③只有暂定工程的一笔固定金额,将来这笔金额的用途由招标人确定。这种情况对投标竞争没有实际意义,按招标文件要求将规定的暂定款列入总报价即可。

(9)分包商报价的采用

总承包商通常应在投标前先取得分包商的报价,并增加总承包商摊入的一定的管理费,而后作为自己投标总价的一个组成部分一并列入报价单中。因此,总承包商在投标前就应找两家或三家分包商分别报价,而后选择其中一家信誉较好、实力较强且报价合理的分包商签订协议,同意该分包商作为本分包工程的唯一合作者,并将其分包商的姓名列到投标文件中,也要求分包商提交投标保函。这样可避免分包商在投标前可能同意接受总承包商压低其报价的要求,但等到总承包商得标后,又常以种种理由要求提高分包价格,从而使总承包商十分被动的情况。

(10)无利润报价

缺乏竞争优势的承包商,在不得已的情况下,只好在报价时根本不考虑利润而去投标。此办法一般适用于以下条件:

①有可能在得标后,将大部分工程分包给索价较低的分包商。

②对于分期建设的项目,先以低价获得首期工程,而后赢得机会创造第二期工程中的竞争优势,并在以后的实施中盈利。

③在较长时期内,投标人没有在建的工程项目,如果再不得标,就难以维持生存。因此,虽然本工程无利可图,但能维持公司的正常运转,就可渡过难关,为以后的发展奠定基础。

5.4　建设工程施工合同

5.4.1　开标

1)开标时间和地点

①时间:《中华人民共和国招标投标法》规定,开标应当在招标文件规定的提交投标文件截止时间的同一时间公开进行,特殊情况除外。

②地点:开标地点应为招标文件中预先确定的地点。

2)出席开标的会议规定

开标由招标人或招标代理人主持,邀请所有投标人参加。投标单位的法定代表人或授权代表未参加开标会议的视为自动弃权。

3)开标程序和唱标的内容

①开标会议开始后,首先请各投标单位确认投标文件密封性;当众宣读评标原则、定标

办法。

②唱标顺序:按投标人递交顺序进行,当众宣布投标人名称、投标价格、工期、质量、主材用量、修改或撤回通知、投标保证金及优惠条件等。

③开标过程应记录,并应存档。

5.4.2 评标

1)评标原则

评标活动应遵循公平、公正、科学及择优的原则,招标人应当采取必要措施,保证评标在严格保密的情况下进行。评标委员会成员名单应在开标前确定,且该名单在中标结果确定前应当保密。评标委员会在评标过程中是独立的,任何单位和个人都不得非法干预、影响评标过程和结果。

2)评标委员会的组建

招标人负责组建评标委员会,评标委员会负责评标活动,向招标人推荐中标候选人或者根据招标人的授权直接确定中标人。评标委员会由招标人或其委托的招标代理机构的代表,以及有关技术、经济等方面的专家组成,成员人数为5人以上的单数,其中技术、经济等方面的专家不得少于成员总数的2/3。评标委员会设负责人,负责人由评标委员会成员推举产生或者由招标人确定,评标委员会负责人与评标委员会的其他成员有同等的表决权。评标委员会的专家成员,应当从省级以上人民政府有关部门提供的专家名册,或者招标代理机构专家库内的相关专家名单中确定。确定评标专家,可以采取随机抽取或者直接确定的方式。一般项目,可以采取随机抽取的方式;技术特别复杂、专业性要求特别高或者国家有特殊要求的招标项目,采取随机抽取的方式确定的专家难以胜任的,可以经过规定的程序由招标人直接确定。

3)评标的准备工作

评标委员会成员应当编制供评标使用的相应表格,认真研究招标文件,对招标文件至少应了解和熟悉以下内容:

①招标的目标;

②招标项目的范围和性质;

③招标文件中规定的主要技术要求、标准和商务条款;

④招标文件规定的评标标准、评标方法和在评标过程中考虑的相关因素。

招标人或者其委托的招标代理机构应当向评标委员会提供评标所必需的重要信息和数据,并根据项目规模和技术复杂程度等确定合理的评标时间;必要时可向评标委员会说明招标文件有关内容,但不得以明示或者暗示的方式偏袒或者排斥特定投标人。

采用资格后审的,对投标人资格进行审查。

4)初步评审

初步评审的内容包括对投标文件的响应性评审,投标文件计算错误的修正,投标文件的澄清、说明或补正,根据评标标准和方法的需要为详细评审作必要的数据准备,确定进入详细评审阶段的投标人名单。

　　评标委员会应当根据招标文件规定的评标标准和方法,对投标文件进行评审。招标文件中没有规定的标准和方法不得作为评标的依据。

　　根据《评标委员会和评标方法暂行规定》和《标准施工招标文件》的规定,目前我国评标主要采用的方法,包括经评审的最低投标价法和综合评估法,两种评标方法在初步评审的内容和标准上基本是一致的。

　　(1)初步评审标准

　　①形式评审标准:主要包括投标人名称与营业执照、资质证书、安全生产许可证一致;投标函上有法定代表人或其委托代理人签字或加盖单位章;投标文件格式符合要求;联合体投标人已提交联合体协议书,并明确联合体牵头人(如有);只有一个有效报价等。

　　②资格评审标准:如果是未经过资格预审的,应具备有效的营业执照,安全生产许可证,资质等级、财务状况、类似项目业绩、信誉、项目经理、其他要求、联合体投标人等,均符合规定;如果是已通过资格预审的,仍按资格审查办法中的详细审查标准来进行。

　　③响应性评审标准:主要的投标内容包括投标报价校核,审查全部报价数据计算的正确性;分析报价构成的合理性,并与招标控制价进行对比分析;还有工期、工程质量、投标有效期、投标保证金、权利义务、已标价工程量清单、技术标准和要求等,均应符合招标文件的有关要求。即投标文件应实质上响应招标文件的所有条款、条件,无显著的差异或保留。

　　④施工组织设计和项目管理机构评审标准:主要包括工程项目施工方案与技术措施、质量管理体系与措施、安全管理体系与措施、环境保护管理体系与措施、工程进度计划与措施、资源配备计划、技术负责人、其他主要人员、施工设备、试验、检测仪器设备等,符合有关标准。

　　(2)投标文件的澄清和补正

　　评标委员会可以书面方式要求投标人对投标文件中含义不明确、对同类问题表述不一致,或者有明显文字和计算错误的内容作必要的澄清、说明或补正,直至满足评标委员会的要求,以利于评标委员会对投标文件的审查、评审和比较。但是澄清、说明或补正不得超出投标文件的范围或者改变投标文件的实质性内容。此外,评标委员会不得向投标人提出带有暗示性或诱导性的问题,或向其明确投标文件中的遗漏和错误。同时,评标委员会不接受投标人主动提出的澄清、说明或补正。招标人应当拒绝投标文件不响应招标文件的实质性要求和条件,且不允许投标人通过修正或撤销其不符合要求的差异或保留,使之成为具有响应性的投标。

　　(3)投标报价有算术错误的修正

　　评标委员会对投标报价进行修正的原则:

　　①投标文件中的大写金额与小写金额不一致的,以大写金额为准。

　　②总价金额与依据单价计算出的结果不一致的,以单价金额为准修正总价,但单价金额小数点有明显错误的除外。

　　评标委员会修正的价格经投标人书面确认后具有约束力;投标人不接受修正价格的,其投标作废标处理。

　　(4)经初步评审后作为废标处理的情况

　　评标委员会应当审查每一投标文件是否对招标文件提出的所有实质性要求和条件做出响应。未能在实质上响应的投标,应作废标处理。具体情形包括:

①投标文件未经投标单位盖章和单位负责人签字;

②投标联合体没有提交共同投标协议;

③未按招标文件要求提交投标保证金或投标保函;

④投标文件未按规定的格式填写,内容不全或关键字迹模糊、无法辨认;

⑤投标人不符合国家或者招标文件规定的资格条件;

⑥投标人名称或者组织结构与资格预审时不一致且未提供有效证明;

⑦同一投标人提交两个以上不同的投标文件或者投标报价,但招标文件要求提交备选投标的除外;

⑧投标人有串通投标、弄虚作假、行贿等违法行为;

⑨投标报价低于成本或者高于招标文件设定的最高投标限价;

⑩无正当理由不按照要求对投标文件进行澄清、说明或者补正的;

⑪投标文件没有对招标文件的实质性要求和条件作出响应;

⑫招标文件明确规定可以废标的其他情形。

5)详细评审及其方法

经初审合格的投标文件,评标委员会应当根据招标文件确定的评标标准和方法,对其技术部分和商务部分作进一步评审和比较,即进入详细评审阶段。详细评审的方法包括经评审的最低投标价法和综合评估法两种。

(1)经评审的最低投标价法

经评审的最低投标价法是指评标委员会对满足招标文件实质要求的投标文件,根据详细评审标准规定的量化因素及量化标准进行价格折算,按照经评审的投标价由低到高的顺序推荐中标候选人,或根据招标人授权直接确定中标人,但投标报价低于其成本的除外。经评审的投标价相等时,投标报价低的优先;投标报价也相等的,由招标人自行确定。

①经评审的最低投标价法的适用范围。按照《评标委员会和评标方法暂行规定》的规定,经评审的最低投标价法一般适用于具有通用技术、性能标准或者招标人对其技术、性能没有特殊要求的招标项目。

②详细评审标准及规定。采用经评审的最低投标价法的,评标委员会应当根据招标文件中规定的量化因素和标准进行价格折算,对所有投标人的投标报价以及投标文件的商务部分作必要的价格调整。根据《标准施工招标文件》的规定,主要的量化因素包括单价遗漏和付款条件等,招标人可以根据项目具体特点和实际需要,进一步删减、补充或细化量化因素和标准。另外,如世界银行贷款项目采用此种评标方法时,通常考虑的量化因素和标准包括:一定条件下的优惠(借款国国内投标人有7.5%的评标优惠)、工期提前的效益对报价的修正、同时投多个标段的评标修正等。所有的这些修正因素都应当在招标文件中有明确的规定。对同时投多个标段的评标修正,一般的做法是,如果投标人的某一个标段已被确定为中标,则在其他标段的评标中按照招标文件规定的百分比(通常为4%)乘以报价额后,在评标价中扣减此值。

根据经评审的最低投标价法完成详细评审后,评标委员会应当拟订一份"价格比较一览表",连同书面评标报告提交招标人。"价格比较一览表"应当载明投标人的投标报价、对商务偏差的价格调整和说明以及已评审的最终投标价。

【例5.2】某高速公路项目招标采用经评审的最低投标价法评标,招标文件规定对同时投多个标段的评标修正率为4%。现有投标人甲同时投标1#、2#标段,其报价依次为6 300万元、5 000万元,若甲在1#标段已被确定为中标,则其在2#标段的评标价应为多少万元。

【解】投标人甲在1#标段中标后,其在2#标段的评标可享受4%的评标优惠,具体做法应是将其2#标段的投标报价乘以4%,在评标价中扣减该值。因此,投标人甲2#标段的评标价 = 5 000 × (1 − 4%) = 4 800(万元)。

(2)综合评估法

不宜采用经评审的最低投标价法的招标项目,一般应当采取综合评估法进行评审。综合评估法是指评标委员会对满足招标文件实质性要求的投标文件,按照规定的评分标准进行打分,并按得分由高到低顺序推荐中标候选人,或根据招标人授权直接确定中标人,但投标报价低于其成本的除外。综合评分相等时,以投标报价低的优先;投标报价也相等的,由招标人自行确定。

①详细评审中的分值构成与评分标准。综合评估法下评标分值构成分为四个方面,即施工组织设计,项目管理机构,投标报价,其他评分因素。总计分值为100分。各方面所占比例和具体分值由招标人自行确定,并在招标文件中明确载明。

各评审因素的权重由招标人自行确定,例如可设定施工组织设计占25分,项目管理机构占10分,投标报价占60分,其他因素占5分。施工组织设计部分可进一步细分为:内容完整性和编制水平2分,施工方案与技术措施12分,质量管理体系与措施2分,安全管理体系与措施3分,环境保护管理体系与措施3分,工程进度计划与措施2分,其他因素1分等。各评审因素的标准由招标人自行确定,如对施工组织设计中的施工方案与技术措施可规定如下的评分标准:施工方案及施工方法先进可行,技术措施针对工程质量、工期和施工安全生产有充分保障11~12分;施工方案先进,方法可行,技术措施针对工程质量、工期和施工安全生产有保障8~10分;施工方案及施工方法可行,技术措施针对工程质量、工期和施工安全生产基本有保障6~7分;施工方案及施工方法基本可行,技术措施针对工程质量、工期和施工安全生产基本有保障1~5分。

②投标报价偏差率的计算。在评标过程中,可以对各个投标文件按式(5.1)计算投标报价偏差率:

$$偏差率 = (投标人报价 − 评标基准价)/评标基准价 × 100\% \tag{5.1}$$

评标基准价的计算方法应在投标人须知前附表中予以明确。招标人可依据招标项目的特点、行业管理规定给出评标基准价的计算方法,确定时也可适当考虑投标人的投标报价。

③详细评审过程。评标委员会按分值构成与评分标准规定的量化因素和分值进行打分,并计算出各标书综合评估得分。

a.按规定的评审因素和标准对施工组织设计计算出得分 A。

b.按规定的评审因素和标准对项目管理机构计算出得分 B。

c.按规定的评审因素和标准对投标报价计算出得分 C。

d.按规定的评审因素和标准对其他部分计算出得分 D。

评分分值计算保留小数点后两位,小数点后第三位"四舍五入"。投标人得分 = A + B + C + D。由评委对各投标人的标书进行评分后加以比较,最后以总得分最高的投标人为中标候选人。

根据综合评估法完成评标后,评标委员会应当拟定一份"综合评估比较表",连同书面评标报告提交招标人。"综合评估比较表"应当载明投标人的投标报价、所作的任何修正、对商务偏差的调整、对技术偏差的调整、对各评审因素的评估以及对每一投标的最终评审结果。

5.4.3　定标

1) 中标候选人的确定

除招标文件中特别规定了授权评标委员会直接确定中标人外,招标人应依据评标委员会推荐的中标候选人确定中标人,评标委员会提交中标候选人的人数应符合招标文件的要求,应当不超过 3 人,并标明排列顺序。中标人的投标应当符合下列条件之一:

①能够最大限度满足招标文件中规定的各项综合评价标准。

②能够满足招标文件的实质性要求,并且经评审的投标价格最低;但是投标价格低于成本的除外。

对使用国有资金投资或者国家融资的项目,招标人应当确定排名第一的中标候选人为中标人。排名第一的中标候选人放弃中标,因不可抗力提出不能履行合同,或者招标文件规定应当提交履约保证金而在规定的期限内未能提交的,招标人可以确定排名第二的中标候选人为中标人。排名第二的中标候选人因上述同样原因不能签订合同的,招标人可以确定排名第三的中标候选人为中标人。

招标人可以授权评标委员会直接确定中标人。

招标人不得向中标人提出压低报价、增加工作量、缩短工期或其他违背中标人意愿的要求,即不得以此作为发出中标通知书和签订合同的条件。

2) 发出中标通知书并订立书面合同

①中标人确定后,招标人应当向中标人发出中标通知书,并同时将中标结果通知所有未有中标的投标人,中标通知书对招标人和投标人具有法律效力,任何一方改变中标结果或放弃中标项目都要依法承担法律责任。

②招标人和中标人应当自中标通知书发出之日起 30 日内,按照招标文件和中标人的投标文件订立书面合同。中标人应当提交履约保证金,同时招标人应当向中标人提供工程支付担保。中标人不与招标人订立合同则投标保证金不予退还,并取消中标资格。给招标人造成损失且超过投标保证金的,应当对超过部分予以赔偿。

③中标人应当按合同约定履约义务,完成中标项目。中标人不得向他人转让中标项目,也不得肢解后分别向他人转让。

④招标人与中标人签订合同后 5 个工作日内,应当向中标人和未中标的投标人退还投标保证金。

【例5.3】某承包商通过资格预审后,对招标文件进行了仔细分析,发现业主所提出的工期要求过于苛刻,且合同条款中规定每拖延 1 天工期罚合同价的 0.1%。若要保证实现该工期要求,必须采取特殊措施,从而大大增加成本;还发现原设计结构方案采用框架剪力墙体系过于保守。因此,该承包商在投标文件中说明业主的工期要求难以实现,因而在工期方面按自己认为的合理工期(比业主要求的工期增加 6 个月)编制施工进度计划并据此报价;还建议采用框架体系,因为其不仅能保证工程结构的可靠性和安全性、增加使用面积、提高空间利用的灵活性,而且可降低造价约 3%。

该承包商将技术标和商务标分别封装,在封口处加盖本单位公章和项目经理签字后,在投标截止日期前 1 天上午将投标文件报送业主。次日(即投标截止日当天)下午,在规定的开标时间前 1 h,该承包商又递交了一份补充材料,其中,声明将原报价降低 4%。但是,招标单位的有关工作人员认为,根据国际上"一标一投"的惯例,一个承包商不得递交两份投标文件,因而拒收承包商的补充材料。

开标会由市招标投标办公室的工作人员主持,市公证处有关人员到会,各投标单位代表均到场。开标前,市公证处人员对各投标单位的资质进行审查,并对所有投标文件进行审查,确认所有投标文件均为有效后,正式开标。主持人宣读投标单位名称、投标价格、投标工期和有关投标文件的重要说明。

请回答:

(1)该承包商运用了哪几种报价技巧?其运用是否得当?请逐一加以说明。

(2)从题目资料来看,在该项目招标程序中存在哪些问题?请分别进行简单说明。

【解】(1)该承包商运用了 3 种报价技巧,即多方案报价法、增加建议方案法和突然降价法。其中,多方案报价法运用不当,这是因为运用该报价技巧时,必须对原方案(本案例指业主的工期要求)报价,而该承包商在投标时仅说明了该工期要求难以实现,却并未报出相应的投标价。增加建议方案法运用得当,通过对两个结构体系方案的技术经济分析和比较(这意味着对两个方案均报了价),论证了建议方案(框架体系)的技术可行性和经济合理性,对业主有很强的说服力。突然降价法也运用得当,原投标文件的递交时间比规定的投标截止时间仅提前 1 天,这既是符合常理的,又为竞争对手调整、确定最终报价留有一定的时间,起到迷惑竞争对手的作用。若提前时间太多,会引起竞争对手的怀疑,而在开标前 1 h 突然递交一份补充文件,这时竞争对手已不可能再调整报价了。

(2)该项目招标程序中存在以下问题:

①招标单位的有关工作人员不应拒收承包商的补充文件,因为承包商在投标截止时间之前所递交的任何正式书面文件都是有效文件,都是投标文件的有效组成部分,也就是说,补充文件与原投标文件共同构成一份投标文件,而不是两份相互独立的投标文件。

②根据《中华人民共和国招标投标法》,应由招标人(招标单位)主持开标会,并宣读投标单位名称及投标价格等内容,而不应由市招标投标办公室工作人员主持和宣读。

③资格审查应在投标之前进行(背景资料说明了承包商已通过资格预审),公证处人员无权对承包商资格进行审查,其到场的作用在于确认开标的公正性和合法性(包括投标文件的合法性)。

④公证处人员确认所有投标文件均为有效标书是错误的,因为该承包商的投标文件仅有投标单位的公章和项目经理的签字,而无法定代表人或其代理人的签字或盖章,应作废标处理。

5.4.4　施工合同

施工项目合同谈判过程中,双方应注重对合同价格方式的选择。建设工程施工合同价格的确定方式主要有三种:总价合同、单价合同和成本加酬金合同。

1)总价合同

总价合同是指合同当事人约定以施工图、已标价工程量清单或预算书及有关条件进行合同价格计算、调整和确认的建设工程施工合同,在约定的范围内合同总价不作调整,合同当事人在专用合同条款中约定总价包含的风险范围和风险费用的计算方法,并约定风险范围以外的合同价格的调整方法,其中因市场价格波动引起的调整按市场价格波动引起的调整执行,因法律变化引起的调整按法律变化引起的调整执行。

(1)总价合同的特点

①发包人可以在报价竞争状态下确定项目的总造价,可以较早确定或预测工程成本;

②承包人承担较大风险,其报价应充分考虑不可预见等费用;

③评标时易于迅速确定最低报价的投标人;

④在施工进度上能极大地调动承包人的积极性;

⑤发包人能更容易、更有把握地对项目进行控制;

⑥必须完整而明确地规定承包人的工作;

⑦必须将设计和施工方面的变化控制在最小限度内。

(2)总价合同适用情况

①工程量小、工期短、估计在施工过程中环境因素变化小、工程条件稳定并合理;

②工程设计详细,图纸完整、清楚,工程任务和范围明确;

③工程结构和技术简单,风险小;

④投标期相对宽裕,承包人可以有充足的时间详细考察现场、复核工程量、分析招标文件、拟订施工计划。

2)单价合同

单价合同是指合同当事人约定以工程量清单及其综合单价进行合同价格计算、调整和确认的建设工程施工合同,在约定的范围合同单价不作调整,合同当事人应在专用合同条款中约定综合单价包含的风险范围和风险费用的计算方法,并约定风险范围以外的合同价格的调整方法,其中因市场价格波动引起的调整按市场价格引起的调整约定执行。

根据《建设工程施工合同示范文本》(GF-2013-0201),合同双方可约定在以下条件下对合同价款进行调整:

①法律、行政法规和国家有关政策变化影响合同价款;

②工程造价管理部门公布价格调整;

③一周内非承包人原因停水、停电、停气造成的停工累计超过 8 h;

④双方约定的其他因素。

3)成本加酬金合同

成本加酬金合同又称成本补偿合同,这是与总价合同正好相反的一种合同价格形式,它是指合同价中工程成本部分按现行计价依据计算,酬金部分则按工程成本乘以通过竞争确定的费率计算,将两者相加确定出合同价。采用这种合同价格,承包人不承担任何价格变化或工程量变化的风险,这些风险主要由业主承担,对业主的投资控制很不利。而承包人则往往缺乏控制成本的积极性,常常不仅不愿意控制成本,反而是期望通过提高成本以提高自己的经济效益。因此,应尽量避免采用这种合同价格。

(1)成本加酬金合同适用情况

①工程特别复杂,工程技术、结构方案不能预先确定,或者虽然可以确定工程技术和结构方案,但是不可能进行竞争性的招标活动并以总价或单价合同的形式确定承包人,如研究开发性质的工程项目。

②时间特别紧迫,来不及进行详细计划和商谈,如抢救、救灾工程。

(2)成本加酬金合同的形式

①成本加固定百分比酬金确定合同价。这种合同价是发包人对承包人支付的人工、材料和施工机械使用费,措施费,施工管理费等按实际直接成本全部据实补偿,同时按照实际承接成本的固定百分比付给承包人一笔酬金,作为承包人的利润。

这种方式的报酬费用总额随成本加大而增加,不利于缩短工期和降低成本,一般在工程初期很难描述工作范围和性质或工期紧迫无法按常规编制招标文件时采用。

②成本加固定金额确定合同价。这种合同价与上述成本加固定百分比酬金合同价相似,其不同之处仅在于发包人付给承包人的酬金是一笔固定金额的酬金。如果设计变更或增加新项目,当费用超过原估算成本一定比例(如10%)时,固定的报酬也要增加。

在工程总成本一开始估计不准、可能变化不大的情况下,可以采用此合同价格形式,有时可分几个阶段谈判给付固定报酬。这种方式虽然不能鼓励承包人降低成本,但为了尽快得到酬金,承包人会尽力缩短工期。

③成本加奖罚确定合同价。采用这种合同价,首先要确定一个目标成本,这个目标成本是根据粗略估算的工程量和单价表编制出来的,在此基础上根据工程实际成本支出情况另外确定一笔奖金。奖金的额度应当在合同中根据估算指标规定的一个底点(估算成本60%~75%)和顶点(估算成本110%~135%)来确定,承包人在估算指标的顶点以下完成工程,则可得到奖金,超过顶点则要对超出部分支付罚款。如果成本在底点之下,则可加大酬金值或酬金百分比。采用这种方式应注意:当实际成本超过顶点对承包人罚款时,最大罚款限额不超过原先商定的最高酬金值。

在招标时,如果图纸、规范等准备不充分,仅能制定一个估算指标时可采用这种形式。

④最高限额成本加固定最大酬金确定合同价。采用这种合同价,首先要确定限额成本、报价成本和最低成本,当实际成本没有超过最低成本时,承包人花费的成本费用及应得酬金等都可得到发包人的支付,并与发包人分享节约额。如果实际工程成本在最低成本和报价成本之间,承包人只能得到成本和酬金;如果实际工程成本在报价成本与最高限额成本之间,则只能得到全部成本;如果实际工程成本超过最高限额成本时,则超过部分发包人不予支付。在非代理型(风险型)CM模式的合同中就采用这种方式。

在施工承包合同中采用成本加酬金计价方式时,业主与承包人应该注意:

a.必须有一个明确的如何向承包人支付酬金的条款,包括支付时间和金额百分比,以及发生变更和其他变化时酬金支付如何调整。

b.应该列出工程费用清单,要规定一套详细的工程现场有关的数据记录、信息存储甚至记账的格式和方法,以便对工地实际发生的人工、机械和材料消耗等数据认真而及时记录。

【例5.4】一大型商业网点开发项目为中外合资项目,我国一承包人采用固定合同总价的形式承包土建工程。由于工程巨大、设计图纸简单、做标期短,承包人无法精确核算,其中钢筋工程报出的工程量为1.2万t。施工中,钢筋实际工程量达到2.5万t,承包人就此增加费用600万美元,要求发包人给予赔偿。

请回答:

(1)本工程采用固定总价合同是否妥当,为什么?

(2)发包人是否应该给予承包人赔偿,为什么?

【解】(1)不妥当。由于本工程工程量大、设计图纸简单,无法精确计算工作量,对于承包人来说存在的风险很大。

(2)发包人不应该给予赔偿。由于本合同形式采用固定合同总价形式,承包人应承担全部工程量以及价格的风险,发生的损失自行承担。

【例5.5】2016年6月某市受台风的影响,遭受了50年一遇的特大暴雨袭击,造成了一些民用房屋的倒塌。为了对倒塌房屋、重度危房户实行集中安置重建,确保灾后重建顺利开展,市政府及有关部门组成领导小组,决定利用各级财政以及慈善补助专款,进行统一规划、统一设计、统一征地、统一建设两栋住宅楼,投资概算为1 800万元。为了确保灾后房屋倒塌户在春节前住进新房,该重建工程计划从8月1日起施工,要求主体工程在12月底全部完工。因情况紧急,建设单位邀请本市3家有施工经验的一级施工资质企业进行竞标,考虑到该项目的设计与施工必须马上同时进行,采用了成本加酬金的合同形式,通过商务谈判,选定一家施工单位签订了施工合同。

请回答:

(1)本工程采用成本加酬金合同价是否合适?说明理由。

(2)采用成本加酬金合同价有何不足之处?

【解】(1)该工程采用成本加酬金的合同形式是合适的,因为该项目工程非常紧迫,设计图纸未完成,来不及确定其工程造价。

(2)采用成本加酬金合同的缺点:工程造价不易控制,业主承担了项目的全部风险;承包人往往不注意降低成本;承包人的报酬比较低。

5.5 案例分析

【综合案例1】

某大型工程,由于技术难度大,对施工企业的施工设备和同类工程施工经验要求高,而且对工期的要求也比较紧迫。招标人在对有关单位和在建工程考察的基础上,经行业主管部门批准,仅邀请了3家国有一级施工企业参加投标,并预先与咨询单位和该3家施工企业共同研究确定了施工方案。项目业主要求投标人将技术标和商务标分别装订报送。招标文件中的评标规定如下。

①技术标(总计 30 分)。其中,施工方案 10 分(因已确定施工方案,各投标人均得 10 分)、施工总工期 10 分、工程质量 10 分。满足项目业主总工期要求(26 个月)者得 5 分,每提前 1 个月加 1 分,不满足者不得分;自报工程质量合格者得 3 分,自报工程质量优良者得 5 分(若实际工程质量未达到优良将扣合同价的 2%),近 3 年内获鲁班工程奖每项加 3 分,获省优工程奖每项加 1 分。

②商务标(总计 70 分)。报价不超过招标控制价(2 600 万元)者为有效标,超过者为废标。计分规则:有效报价中最低者为满分(70 分),报价比最低有效报价每增加 1% 扣 2 分(计分按四舍五入取整),开标后各投标人的有关情况见表 5.3。

表 5.3　开标情况汇总表

投标人	报价/万元	总工期/月	报工程质量	鲁班工程奖	省优工程奖
A	2 590	23	优良	1	1
B	2 500	24	优良	0	2
C	2 450	22	合格	0	1

【问题】

(1)该工程采用邀请招标方式且仅邀请 3 家施工企业投标,是否违反有关规定?

(2)按综合评标得分最高者中标的原则确定中标单位。

【解答】

(1)不违反相关规定。因为根据有关规定,对于技术复杂的工程,允许采用邀请招标方式,邀请参加投标的单位不得少于 3 家。

(2)根据本案例的已知条件及评分标准计算各投标人综合得分,并确定最终中标人。各投标人的技术标得分,见表 5.4。

表 5.4　技术标得分计算表

投标人	施工方案	总工期	工程质量	合计
A	10	$5 + (26 - 23) \times 1 = 8$	$5 + 3 + 1 = 9$	27
B	10	$5 + (26 - 24) \times 1 = 7$	$5 + 1 \times 2 = 7$	24
C	10	$5 + (26 - 22) \times 1 = 9$	$3 + 1 = 4$	23

计算各投标人的商务标得分,见表 5.5。

表 5.5　商务标得分计算表

投标人	报价/万元	报价相对最低报价的增加比例	扣分	得分
A	2 590	$(2 590 - 2 450)/2 450 = 5.71\%$	$5.71 \times 2 = 11$	$70 - 11 = 59$
B	2 500	$(2 500 - 2 450)/2 450 = 2.04\%$	$2.04 \times 2 = 4$	$70 - 4 = 66$
C	2 450	$(2 450 - 2 450)/2 450 = 0$	0	70

计算各投标人的综合得分,见表5.6。

表5.6 各投标人综合得分表

投标人	技术标得分	商务标得分	综合得分
A	27	59	86
B	24	66	90
C	23	70	93

综上,可得出结论:因为投标人C综合得分最高,故根据综合得分最高中标的原则,本案例中应选择投标人C为中标单位。

【综合案例2】

某承包商参与某高层商用办公楼土建工程的投标(安装工程由业主另行招标)。为了既不影响中标,又能在中标后取得较好的收益,决定采用不平衡报价法对原估价作出适当调整,具体数字见表5.7。

表5.7 报价调整前后对比表

报价阶段	桩基围护工程	主体结构工程	装饰工程	总价
调整前(投标估价)	1 480	6 600	7 200	15 280
调整后(正式估价)	1 600	7 200	6 480	15 280

现假设桩基围护工程、主体结构工程、装饰工程的工期分别为4个月、12个月、8个月,贷款月利率为1%,并假设各分部工程每月完成的工作量相同且能按月度及时收到工程款(不考虑工程款结算所需要的时间)。

【问题】

(1)该承包商所运用的不平衡报价法是否恰当? 为什么?

(2)采用不平衡报价法后,该承包商所得工程款的现值比原估价增加多少? (以开工日期为折现点)

【解答】

(1)恰当。因为该承包商是将属于前期工程的桩基围护工程和主体结构工程的单价调高,而将属于后期工程的装饰工程的单价调低,可以在施工的早期阶段收到较多的工程款,从而提高承包商所得工程款的现值;此外这三类工程单价的调整幅度均在±10%以内,一般不会受到质疑。

(2)解法1:计算单价调整前后的工程款现值。

①单价调整前的工程款现值。

桩基围护工程每月工程款:$A_1 = 1\ 480/4 = 370$(万元)

主体结构工程每月工程款:$A_2 = 6\ 600/12 = 550$(万元)

装饰工程每月工程款:$A_3 = 7\ 200/8 = 900$(万元)

则单价调整前的工程现值:

$$PV_0 = A_1(P/A,1\%,4) + A_2(P/A,1\%,12)(P/F,1\%,4) + A_3(P/A,1\%,8)(P/F,1\%,16)$$

$$= 370 \times 3.902\,0 + 550 \times 11.255\,1 \times 0.961\,0 + 900 \times 7.651\,7 \times 0.852\,8$$

$$= 1\,443.74 + 5\,948.88 + 5\,872.83$$

$$= 13\,265.45(\text{万元})$$

②单价调整后的工程款现值。

桩基围护工程每月工程款：$A_1' = 1\,600/4 = 400(\text{万元})$

主体结构工程每月工程款：$A_2' = 7\,200/12 = 600(\text{万元})$

装饰工程每月工程款：$A_3' = 6\,480/8 = 810(\text{万元})$

则单价调整后的工程现值：

$$\begin{aligned}
\text{PV}_0' &= A_1'(P/A,1\%,4) + A_2'(P/A,1\%,12)(P/F,1\%,4) + A_3'(P/A,1\%,8)(P/F,1\%,16)\\
&= 400 \times 3.902\,0 + 600 \times 11.255\,1 \times 0.961\,0 + 810 \times 7.651\,7 \times 0.852\,8\\
&= 1\,560.80 + 6\,489.69 + 5\,285.55\\
&= 13\,336.04(\text{万元})
\end{aligned}$$

③两者的差额。

$$\text{PV}_0' - \text{PV}_0 = 13\,336.04 - 13\,265.45 = 70.59(\text{万元})$$

因此，采用不报价法后，该承包商所得工程款的现值比原估价增加 70.59 万元。

解法 2：先按解法 1 计算 A_1, A_2, A_3 和 A_1', A_2', A_3'。则两者的差额：

$$\begin{aligned}
\text{PV}_0' - \text{PV}_0 &= (A_1' - A_1)(P/A,1\%,4) + (A_2' - A_2)(P/A,1\%,12)(P/F,1\%,4) + (A_3' - A_3)(P/A,1\%,8)(P/F,1\%,16)\\
&= (400 - 370) \times 3.902 + (600 - 550) \times 11.255\,1 \times 0.961\,0 + (810 - 900) \times 7.651\,7 \times 0.852\,8 = 70.59(\text{万元})
\end{aligned}$$

本章小结

本章涉及工程招标、工程投标和施工合同三个部分的内容。

工程招标主要介绍了招标的概念，招标方式、范围及种类，施工招标文件的内容、施工招标程序，招标控制价的概念、内容，招标控制价编制方法。其中，招标控制价的编制方法应重点掌握。

工程投标主要介绍了投标的概念，施工投标报价的编制依据，施工投标报价书的编制内容，工程量清单计价与投标报价的编制方法，投标报价的程序及工程投标报价策略等。工程量清单计价与投标报价的编制方法和投标报价策略应用应重点掌握。

施工合同主要介绍了开标、评标、定标，以及建设工程施工合同的三种形式：总价合同、单价合同和成本加酬金合同。学习的重点是掌握这三种合同的特点及适用条件。

思考与练习

一、单项选择题

1. 下列有关招标工程招标控制价的说法中，正确的是(　　)。

A.《中华人民共和国招标投标法》明确规定了招标工程必须设置招标控制价

B. 招标控制价对工程招标阶段的工作有决定性的作用

C. 招标控制价是招标人控制建设工程投资,确定投标人投标价格的参考依据

D. 招标控制价是衡量、评审投标人投标报价是否合理的尺度和依据

2. 我国目前建设工程施工招标控制价的编制方法主要采用(　　)。

A. 工程量清单计算与工程量清单计价法　　B. 单位估价法和实物量法

C. 预算定额法和投标价平均法　　　　　　D. 单位估价法和综合单价法

3. 工程量清单是投标人根据施工图样计算的工程量,提供给投标人作为投标报价的基础,结算拨付工程款时应以(　　)为依据。

A. 施工图纸　　　　　　　　　　　　　B. 工程量清单

C. 实际工程量　　　　　　　　　　　　D. 规范

4. 采用预算定额编制招标控制价通常适用于(　　)完成后进行招标的工程。

A. 决策阶段　　　　　　　　　　　　　B. 初步设计阶段

C. 技术设计阶段　　　　　　　　　　　D. 施工图设计阶段

5. 对于一个没有先例的工程或工程内容及其技术经济指标尚未全面确定的新项目,一般采用(　　)。

A. 固定总价合同　　　　　　　　　　　B. 可调总价合同

C. 估算工程量单价合同　　　　　　　　D. 成本加酬金合同

6. 作为施工单位,采用(　　)合同形式,可最大限度地减少风险。

A. 不可调值总价　　　　　　　　　　　B. 可调值总价

C. 单价　　　　　　　　　　　　　　　D. 成本加酬金

7. 采用固定单价合同的工程,每个结算周期末时应根据(　　)办理工程结算。

A. 投标文件中估计的工程量

B. 经过业主或监理工程师核实的实际工程量

C. 合同中规定的工程量

D. 承包商报送的工程量

8. 编制招标控制价应遵循的原则中,不正确的是(　　)。

A. 一个工程只能编制一个招标控制价

B. 招标控制价作为建设单位的合同价,应力求与市场的实际吻合

C. 招标控制价应由本、利润及税金组成,应控制在批准的总概算及投资包干的限额内

D. 招标控制价应考虑保险及采用固定价格工程的风险

9. 在扩大初步设计阶段,即进行招标的工程适宜采用(　　)的方法编制招标控制价。

A. 以工程概算为基础编制　　　　　　　B. 以平方米造价包干为基础编制

C. 以综合预算为基础编制　　　　　　　D. 以施工图预算为基础编制

10. 工程量清单计价法的单价采用的主要是(　　)。

A. 概算指标　　　B. 直接费单价　　　C. 完全费用单价　　　D. 综合单价

11. 采用综合单价的工程量清单,将综合单价与各分部分项工程的工程量相乘,可以得到各分部分项工程的(　　)。

A. 直接费用　　　　B. 部分费用　　　　C. 全部费用　　　　D. 全部造价

12. 编制投标报价时,如果工程量清单中某项目未填写单价和合价,则(　　)。

A. 该标书将被视为废标

B. 该标书将被退回投标单位重新填写

C. 此部分价款将不予支付,并认为此项费用已包括在其他单价和合价中

D. 此部分单价和合价将按照其他投标单位的平均投标价计算

13. 采用不平衡报价法,不正确的做法是(　　)。

A. 施工条件好、工作简单、工作量大的工程报价可以高一些

B. 能早日结账收款项目可以适当提高报价

C. 预计今后工作量会增加的项目单价可以适当提高

D. 工程内容解释不清楚的单价可以适当降低

14. 结构较复杂或大型工程的施工招标,工期在(　　)以上的,合同价格应当采用调整价格。

A. 6 个月　　　　　　　B. 12 个月　　　　　　　C. 2 年　　　　　　　D. 3 年

15. 招标文件中应明确投标时间,最短不得少于(　　)。

A. 20 天　　　　　　　B. 28 天　　　　　　　C. 56 天　　　　　　　D. 15 天

16. 中标单位应按规定向招标人提交履约担保,如果采用银行保函,则履约担保比率为(　　)。

A. 投标价格的 15%　　　　　　　　　B. 投标价格的 10%

C. 合同价格的 5%　　　　　　　　　　D. 合同价格的 20%

17. 工程量清单是投标人根据施工图样计算的工程量,提供给投标人作为投标报价的基础,结算拨付工程款时应以(　　)为依据。

A. 施工图纸　　　　B. 工程量清单　　　　C. 实际工程量　　　　D. 规范

二、多项选择题

1. 下列有关共同投标联合体的基本条件的描述中,正确的是(　　)。

A. 联合体各方均应当具备承担招标项目的相应能力

B. 联合体当中至少一方应当具备招标文件对投标人要求的条件

C. 由同一专业的单位组成的联合体,按照资质等级较低的单位确定资质等级

D. 招标人不得强制投标人组成联合体共同投标

2. 固定总价合同一般适用于(　　)工程。

A. 设计图样完整齐备　　　　　　　　B. 工程规模小

C. 工期较短　　　　　　　　　　　　D. 技术复杂

E. 施工图设计阶段后开始组织招标

3. 依照国际惯例,建设工程合同价的主要形式为(　　)。

A. 总价合同　　　　B. 单价合同　　　　C. 预算价合同　　　　D. 概算价合同

E. 成本加酬金合同

4. 成本加酬金合同的形式包括(　　)。

A. 成本加固定百分比酬金合同　　　　B. 成本加递增百分比酬金合同

C. 成本加递减百分比酬金合同　　　　D. 成本加固定酬金合同

E. 最高限额成本加固定最大酬金合同

5. 采用固定总价合同时,承包人须承担(　　　)的风险。

A. 物价波动　　　　　　　　　　B. 气候条件恶劣

C. 洪水与地震　　　　　　　　　D. 地质地基条件

E. 法律变化

6. 设备、材料采购公开招标的主要优点有(　　　)。

A. 可以使符合资格的供应商能够在公平竞争条件下以合适的价格获得供货机会

B. 可以使设备、材料采购者以合理的价格获得所需的设备和材料

C. 可以促进供应商进行技术改造,以降低成本,提高质量

D. 可以完全防止徇私舞弊的产生

E. 招标工作量大,招标时间长

7. 在投标报价中,当承包商无竞争优势时,可以采用无利润投标的情况有(　　　)。

A. 得标后,将大部分工程分标给索价较低的分包商

B. 希望二期工程中标,赚得利润

C. 希望修改设计方案

D. 希望改动某些条款

E. 较长时期内承包商没有在建工程,如再不中标,就难以生存

三、思考题

1. 简述建设项目的招标方式。

2. 简述招投标程序。

3. 简述投标报价的编制方法。

4. 简述工程投标报价策略及技巧。

5. 简述建设工程施工合同价格的确定方式。

第6章
建设项目施工阶段的工程造价管理

工程施工是将项目由设想变为实体的过程，是工程建设的重要阶段。在施工阶段承包人按照合同约定进行施工，发包人按照合同约定支付价款。施工阶段是资金投入和资源消耗最大的阶段，无论是发包人还是承包人，做好施工阶段的造价管理尤为重要。对于发包人来说，虽然节约投资的可能性很小，但是浪费投资的可能性却很大；对于承包人来说，做好施工阶段的成本控制，可以增加利润，有利于企业的发展。

6.1 概述

6.1.1 施工阶段的投资项目控制

施工阶段的造价管理应遵循动态控制原理和主动控制原理。根据项目总投资目标及工程承包合同，编制施工阶段的资金使用计划。施工阶段进行投资目标控制是把计划投资额作为投资控制的目标值，在工程施工过程中定期地进行投资实际值与目标值的比较，通过比较发现并找出实际支出额与投资控制目标值之间的偏差，分析产生偏差的原因，并采取有效措施加以控制，以保证投资控制目标的实现。

施工阶段的工程造价控制，是实施建设工程全过程造价管理的重要组成部分。施工阶段是建筑物实体形成，实现建设工程价值和使用价值的主要阶段，是人力、物力、财力消耗量最大的阶段。此阶段工程量大，涉及面广，影响因素多，施工周期长，涉及的经济关系和法律关系复杂，受自然条件和客观因素的影响，材料设备价格、市场供求波动大等，也是投资支出最多的阶段，所以在此阶段应科学、有效、合理地确定资金筹措的方式、渠道、数额、时间等问题，在满足工程资金需要的前提下，尽可能减少资金占用的数量和时间，降低成本。因此，进行造价控制就显得尤为重要，也是工程造价管理的关键环节。施工阶段的资源投入一般占项目总投资70%～90%，理所当然就应成为投资控制的重点。况且在我国对这一阶段的投资控制的管理技术也相对成熟,也符合我国国情。

6.1.2 施工阶段造价管理的主要内容

施工阶段造价管理的主要内容包含如下 7 个方面:

①施工方案的技术经济分析;

②投资目标的分解与资金使用计划的编制;

③工程计量与合同价款管理;

④工程变更控制;

⑤工程索赔控制;

⑥投资偏差分析;

⑦竣工结算的审核。

6.1.3 施工阶段造价管理的措施

由于建设项目施工是一个系统的动态过程,具有参与单位及人员多,资源消耗大,建设周期长,施工条件复杂,施工时受到各种客观原因、业主原因、设计原因、施工原因及其他原因的影响等特点,使得这一阶段的造价管理最为复杂。施工阶段的造价管理需要从组织、经济、技术、合同等多方面采取措施,仅仅靠控制工程价款的支付来实现是远远不够的。

1) 组织措施

①建立合理的项目组织结构,明确组织分工,落实各个组织、人员的任务分工及职能分工等。例如,针对工程款的支付,从质量检验、计量、审核、签证、付款、偏差分析等程序落实需要涉及的组织及人员。

②编制施工阶段投资控制工作计划,建立主要管理工作的详细工作流程,如资金支付的程序、采购的程序、设计变更的程序、索赔的程序等。

③委托或聘请有关咨询机构或工程经济专家做好施工阶段必要的技术经济分析与论证。

2) 经济措施

①编制资金使用计划,确定分解投资控制目标。

②定期收集工程项目成本信息、已完成的任务量情况信息和建筑市场相关造价指数等,对工程施工过程中的资金支出作好分析与预测,对工程项目投资目标进行风险分析,并制订防范性对策。

③严格控制工程计量,复核工程付款账单,签发付款证书。

④对施工过程资金支出进行跟踪控制,定期进行投资实际支出值与计划目标值的比较,进行偏差分析,发现偏差,分析原因,及时采取纠偏措施。

⑤协商确定工程变更价款,审核竣工结算。

⑥对节约造价的合理化建议进行奖励。

3) 技术措施

①对设计变更进行技术经济分析,严格控制不合理变更。

②继续寻找通过设计挖掘节约造价的可能性。

③审核承包商编制的施工组织设计,对主要施工方案进行技术经济分析。

4)合同措施

①合同实施、修改、补充过程中进一步进行合同评审。

②施工过程中及时收集和整理有关的施工、监理、变更等工程信息资料,为正确处理可能发生的索赔提供证据。

③参与并按一定程序及时处理索赔事宜。

④参与合同的修改、补充工作,着重考虑其对造价的影响。

6.2　工程变更与合同价款调整

在工程项目的实施过程中,由于多种情况的变更,经常出现工程量变化、施工进度变化以及发包方与承包商在执行合同中的争执等许多问题。这些问题的产生,一方面是由于勘察设计工作不细致,以致在施工过程中发现许多招标文件中没有考虑或估算不准确的工程量,因而不得不改变施工项目或增减工程量;另一方面是由于发生不可预见的事件,如自然或社会原因引起的停工或工期拖延等。由于工程变更所引起的工程量的变化、承包商的索赔等,都有可能使项目造价(投资)超出原来的预算投资,因此造价管理者必须严格予以控制,密切注意其对未完成工程投资支出的影响及对工期的影响。

6.2.1　工程变更

1)工程变更的定义

工程项目的复杂性决定发包人在招投标阶段所确定的方案往往存在某些方面的不足。随着工程的进展和对工程本身认识的加深,以及其他外部因素的影响,在工程施工过程中常常需要对工程的范围、技术要求等进行修改,形成工程变更。

工程变更是指合同工程实施过程中,由发包人提出或由承包人提出经发包人批准的合同工程任何一项工作的增、减、取消或施工工艺、顺序、时间的改变,设计图纸的修改,施工条件的改变,招标工程量清单的错、漏,从而引起合同条件的改变或工程量的增减变化。

2)工程变更的分类

工程变更包括工程量变更、工程项目变更(如发包人提出增加或者删减原项目内容)、进度计划变更、施工条件变更等。考虑到设计变更在工程变更中的重要性,往往将工程变更分为设计变更和其他变更两大类。

(1)设计变更

设计变更通常包括更改工程有关部分的高程、基线、位置、尺寸,增减合同中约定的工程量,改变有关工程施工顺序和时间以及其他有关工程变更需要的附加工作。在施工过程中如果发生设计变更,将对施工进度产生很大的影响,因此应尽量减少设计变更。对必需的变更,应严格按照国家的规定和合同约定的程序进行。由于发包人对原设计进行变更,以及经监理工程师同意的、承包人要求进行的设计变更,导致合同价款的增减及造成的承包人损失,由发包人承担,延误的工期相应顺延。

(2)其他变更

合同履行中除设计变更外,其他能够导致合同内容变更的都属于其他变更。例如:双方对工期要求的变化、施工条件和环境的变化导致施工机械和材料的变化、发包人要求变更工程质量标准等,这些变更由双方协商解决。

3)建设工程施工合同的变更程序

(1)设计变更的程序

从合同的角度来看,不论是什么原因导致的设计变更,必须首先由一方提出,因此设计变更可以分为发包人对原设计进行变更和承包人原因对原设计进行变更两种情况。

①发包人对原设计进行变更。施工中发包人如果需要对原工程设计进行变更,应不迟于变更前14天以书面形式向承包人发出变更通知。承包人对于发包人的变更通知没有拒绝的权利,这是合同赋予发包人的一项权利。变更超过原设计标准或者批准的建设规模时,须经原规划管理部门和其他有关部门审查批准,并由原设计单位提供变更的相应图纸和说明。

②承包人原因对原设计进行变更。承包人应当严格按照图纸施工,不得随意变更设计。施工中承包人提出的合理化建议涉及对设计图纸或者施工组织设计的更改及对原材料、设备的更换,须经工程师同意。工程师同意变更后,也须经原规划管理部门和其他有关部门审查批准,并由原设计单位提供变更的相应图纸和说明。承包人未经工程师同意擅自更改或换用时,由承包人承担由此发生的费用,赔偿发包人的有关损失,延误的工期不予顺延。

③设计变更事项。能够构成设计变更的事项包括:

a.更改有关部分的标高、基线、位置和尺寸;

b.增减合同中约定的工程量;

c.改变有关工程的施工时间和顺序;

d.其他有关工程变更需要的附加工作。

(2)其他变更的程序

从合同角度看,除设计变更外,其他能够导致合同内容变更的都属于其他变更,如双方对工程质量要求的变化(当然是涉及强制性标准变化)、双方对工期要求的变化、施工条件和环境的变化导致施工机械和材料的变化等。这些变更的程序,首先应当由一方提出,与对方协商一致签署补充协议后,方可进行变更。

根据《标准施工招标文件》中的相关规定,工程变更的基本流程如图6.1所示。

6.2.2 工程变更后合同价款的确定

1)工程变更后合同价款的确定程序

设计变更发生后,承包人在工程设计变更确定后14天内,应提出变更工程价款的报告,经工程师确认后调整合同价款;承包人在确定变更后14天内如不向工程师提出变更工程价

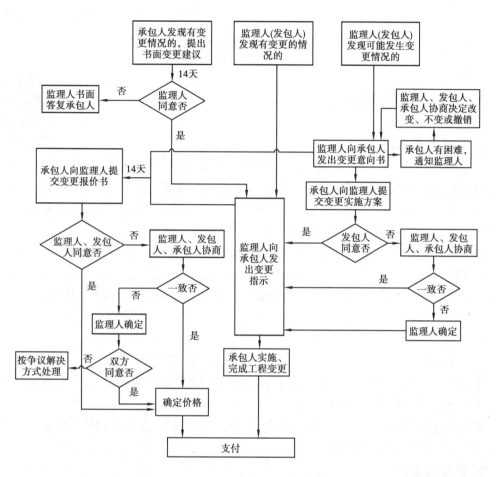

图 6.1　工程变更处理流程图

款报告,视为该项设计变更不涉及合同价款的变更。工程师收到变更工程价款报告之日起
14 天内,予以确认。工程师无正当理由不确认时,自变更价款报告送达之日起 14 天后变更
工程价款报告自行生效。

2) 工程变更后合同价款的确定方法

《建设工程施工合同(示范文本)》(GF-2013-0201)条件下的工程变更项目单价或价格
的确定方法如下:

①合同中已有适用于变更工程的价格,按合同已有的价格计算变更合同价款。

②合同中只有类似于变更工程的价格,可以参照类似价格确定变更合同价款。

③合同中没有适用或类似于变更工程的价格,由承包人提出适当的变更价
格,经工程师确认后执行。

如双方不能达成一致的,双方可提请工程所在地工程造价管理机构进行咨
询或按合同约定的争议或纠纷处理程序及方法进行解决。

工程变更

因此,在变更后合同价款的确定上,首先应当考虑使用合同中已有的、能够适用或者能
够参照适用的标准,其原因在于合同中已经订立的价格(一般是通过招标投标)是较为公平
合理的。确认增加(减少)的工程变更价款作为追加(减)合同价款与工程进度款同期支付。

6.3 工程索赔

6.3.1 工程索赔概述

工程索赔(上)

1)工程索赔的概念

工程索赔是在工程承包合同履行中,当事人一方由于另一方未履行合同所规定的义务或者出现了应当由对方承担的风险而遭受损失时,向另一方提出赔偿要求的行为。由于施工现场条件、气候条件的变化、设计变更、合同条款、规范、标准文件和施工图纸的差异、延误等因素的影响,使得工程承包中不可避免地出现索赔。

索赔属于经济补偿行为,索赔工作是承发包双方之间经常发生的管理业务。在实际工作中,"索赔"是双向的,既包括承包人向发包人的索赔,也包括发包人向承包人的索赔。在国际工程的索赔实践中,工程界将承包商向业主的施工索赔简称为"索赔",而将业主向承包商的索赔称为"反索赔"。

索赔可以概括为以下三个方面:

①一方违约使另一方蒙受损失,受损方向对方提出赔偿损失的要求。

②发生应由业主承担责任的特殊风险或遇到不利自然条件等情况,使承包商蒙受较大损失而向业主提出补偿损失要求。

③承包商本人应当获得的正当利益,由于没能及时得到工程师的确认和业主应给予的支付,而以正式函件向业主索赔。

2)索赔的意义

在履行合同义务过程中,当一方的权利遭受损失时,向对方提出索赔是弥补损失的唯一选择。无论是对承包商,还是对业主,做好索赔管理都具有重要意义。

(1)索赔是为了维护应得权利

双方签订的合同,应体现公平合理的原则。在履行合同过程中,双方均可利用合同赋予自己的权利,要求得到自己应得的利益。因此,在整个工程承包经营中,承包商可以充分地运用施工承包合同赋予自己的进行索赔的权利,对在履行合同义务中产生的额外支出提出索赔。实践证明,如果善于利用合同进行施工索赔,可能会获得相当大的索赔款额,有时索赔款额可能超过报价书中的利润。因此,施工索赔已成为承包商维护自身合法权益的关键方法。

(2)有助于提高承包商的经营管理水平

索赔要想获得成功,关键是承包商必须有较高的合同管理水平,尤其是索赔管理水平,能够制定出切实可行的索赔方案。因此,承包商必须要有合同管理方面的人才和现代化的管理方法,科学地进行施工管理,系统地对资料进行归类存档,正确、恰当地编写索赔报告,策略地进行索赔谈判。

3）工程索赔产生的原因

（1）当事人违约

当事人违约常常表现为没有按照合同约定履行自己的义务。发包人违约常常表现为没有为承包人提供合同约定的施工条件、未按照合同约定的期限和数额付款等。工程师未能按照合同约定完成工作,如未能及时发出图纸、指令等也视为发包人违约。承包人违约的情况则主要是没有按照合同约定的质量、期限完成施工,或者由于不当行为给发包人造成其他损害。

（2）不可抗力事件

不可抗力事件分为自然事件和社会事件。自然事件主要是不利的自然条件和客观障碍。社会事件则包括国家政策、法律、法令的变更,战争、罢工等。

（3）合同缺陷

合同缺陷表现为合同文件规定不严谨甚至矛盾、合同中有遗漏或错误。在这种情况下,工程师应当给予解释,如果这种解释导致成本增加或工期延长,发包人应当给予补偿。

（4）合同变更

合同变更表现为设计变更、施工方法变更、追加或者取消某些工作、合同其他规定的变更等。

（5）工程师指令

工程师指令有时也会产生索赔。

（6）其他第三方原因

其他第三方原因常常表现为与工程有关的第三方的问题而引起的对本工程的不利影响。

4）工程索赔的分类

关于工程索赔,国内外存在众多的分类方法,其分类标准可以概括为以下几种。

（1）按索赔的原因进行分类

承包商提出的每一项索赔,必须明确指出索赔产生的原因。根据国际工程承包的实践经验,具体划分的索赔类型如下：

①工程变更索赔。

②不利自然条件和人为障碍索赔。

③加速施工索赔。

④施工图纸延期交付索赔。

⑤提供的原始数据错误索赔。

⑥工程师指示进行额外工作索赔。

⑦业主的风险索赔。

⑧工程师指示暂停施工索赔。

⑨业主未能提供施工所需现场索赔。

⑩缺陷修补索赔。

⑪合同额增减超过 15% 索赔。

⑫特殊风险索赔。

⑬业主违约索赔。

⑭法律、法规变化索赔。

⑮货币及汇率变化索赔。

⑯劳务、生产资料价格变化索赔。

⑰拖延支付工程款索赔。

⑱终止合同索赔。

⑲合同文件错误索赔。

（2）按索赔涉及的当事人进行分类

①承包商同业主之间的索赔。

②总承包商同分包商之间的索赔。

③承包商与供货商之间的索赔。

④承包商向保险公司索赔。

（3）按索赔的目的进行分类

①工期索赔。由于非承包人责任的原因而导致施工进程延误，要求批准顺延合同工期的索赔，称为工期索赔。工期索赔形式上是对权利的要求，以避免在原定合同竣工日不能完工时，被发包人追究拖期违约责任。一旦获得批准合同工期顺延后，承包人不仅免除了承担拖期违约赔偿费的严重风险，而且可能缩短工期得到奖励，最终仍反映在经济收益上。

②费用索赔。当施工的客观条件改变导致承包人增加开支，要求对超出计划成本的附加开支给予补偿，以挽回不应由承包人自己承担的经济损失。

（4）按索赔的处理方式分类

①单一事件索赔。在某一索赔事件发生后，承包商即编制索赔文件，向工程师提出索赔要求。单一事件索赔的优点是涉及的范围不大，索赔的金额小，工程师证明索赔事件比较容易。同时，承包商也可以及时得到索赔事件产生的额外费用补偿。这是常用的一种索赔方式。

②综合索赔。综合索赔，俗称一揽子索赔，是把工程项目实施过程中发生的多起索赔事件综合在一起，提出一个总索赔额。造成综合索赔的原因有：

a. 承包商的施工过程受到严重干扰，如工程变更过多，无法执行原定施工计划等，且承包商难以保持准确的记录和及时收集足够的证据资料。

b. 施工过程中的某些变更或索赔事件，由于各方未能达成一致意见，承包商保留了进一步索赔的权力。

在上述条件下，无法采取单一事件索赔方式时，只好采取综合索赔。

5）索赔的依据

承包商或业主提出索赔，必须出示具有一定说服力的索赔依据，这也是决定索赔是否成功的关键因素。

（1）构成合同的原始文件

构成合同的文件一般包括合同协议书、中标函、投标书、合同条件（专用部分）、合同条件（通用部分）、规范、图纸以及标价的工程量表等。

合同的原始文件是承包商投标报价的基础,承包商在投标书中对合同中涉及费用的内容均进行了详细的计算分析,是施工索赔的主要依据。

承包商提出施工索赔时,必须明确说明所依据的具体合同条款。

(2)工程师的指示

工程师在施工过程中会根据具体情况随时发布一些书面或口头指示,承包商必须执行工程师的指示,同时也有权获得执行该指示而发生的额外费用。但应切记:在合同规定的时间内,承包商必须要求工程师以书面形式确认其口头指示;否则,将视为承包商自动放弃索赔权利。工程师的书面指示是索赔的有力证据。

(3)来往函件

合同实施期间,参与项目各方会有大量往来函件,涉及的内容多、范围广,但最多的还是工程技术问题。这些函件是承包商与业主进行费用结算和向业主提出索赔所依据的基础资料。

(4)会议记录

从商签施工承包合同开始,各方会定期或不定期地召开会议,商讨解决合同实施中的有关问题,工程师在每次会议后,应向各方送发会议纪要。会议纪要的内容涉及很多敏感性问题,各方均需核签。

(5)施工现场记录

施工现场记录包括施工日志、施工质量检查验收记录、施工设备记录、现场人员记录、进料记录、施工进度记录等。施工质量检查验收记录要有工程师或工程师授权的相应人员签字。

(6)工程财务记录

在施工索赔中,承包商的财务记录非常重要,尤其是索赔按实际发生的费用计算时,更是如此。因此,承包商应记录工程进度款的支付情况、各种进料单据、各种工程开支收据等。

(7)现场气象记录

在施工过程中,如果遇到恶劣的气候条件,除提供施工现场的气象记录外,承包商还应向业主提供政府气象部门对恶劣气候的证明文件。

(8)市场信息资料

主要收集的信息资料有国际工程市场劳务、施工材料的价格变化资料,外汇汇率变化资料等。

(9)政策法令文件

工程项目所在国或承包商国家的政策法令变化,可能给承包商带来益处,也可能带来损失。承包商应收集这方面的资料,作为索赔的依据。

6.3.2　工程索赔的处理原则、程序和索赔费用计算

1)工程索赔的处理原则

(1)索赔必须以合同为依据

不论是当事人不完成合同规定的工作,还是风险事件的发生,能否索赔要看是否能在合

同中找到相应的依据。工程师必须以完全独立的身份,站在客观公正的立场上,依据合同和事实公平地对索赔进行处理。根据我国的有关规定,合同文件应能够互相解释、互为说明,除合同另有约定外,其组成和解释的顺序为:本合同协议书、中标通知书、投标书及其附件、本合同专用条款、本合同通用条款、标准、规范及有关技术文件、图纸、工程量清单及工程报价或预算书。

(2)必须注意资料的积累

施工阶段应注意积累一切可能涉及索赔论证的资料,同施工企业、建设单位研究的技术问题、进度问题和其他重大问题的会议资料(会议应当做好文字记录,并争取会议参加者签字,作为正式文档资料),同时应建立严密的工程日志,包括承包方对工程师指令的执行情况、抽查试验记录、工序验收记录、计量记录、日进度记录以及每天发生的可能影响到合同协议的事件的具体情况等,同时还应建立业务往来的文件编号存档等记录制度,做到处理索赔时以事实和数据为依据。

(3)及时、合理地处理索赔

索赔事件发生后,索赔的提出应当及时,索赔的处理也应当及时。若索赔处理得不及时,对双方都会产生不利的影响,如承包人的索赔长期得不到合理解决,索赔积累的结果将导致其资金困难,同时还会影响工程进度,给双方都带来不利的影响。处理索赔还必须坚持合理性原则,既要考虑国家的有关政策规定,也应当考虑工程的实际情况。例如,承包人提出对人工窝工费按照人工单价计算损失、机械停工按照机械台班单价计算损失显然是不合理的。

(4)加强主动控制,减少工程索赔

在工程实践过程中,工程师应当加强主动控制,加强索赔的前瞻性,尽量减少工程索赔。在工程的实施过程中,工程师要将预料到的可能发生的问题及时告知承包商,及时采取补救措施,避免因工程返工所造成的工程成本上升及工期延误,这样既维护了业主的利益,又保障了工程的工期目标,避免过多索赔事件的发生,使工程能顺利地进行,节约工程投资。

2) 工程索赔的程序

当合同当事人一方向另一方提出索赔时,要有正当的索赔理由,且有索赔事件发生时的有效证据。发包人未能按合同约定履行自己的各项义务或发生错误以及第三方原因,给承包人造成延期支付合同价款、延误工期或其他经济损失,包括不可抗力延误的工期,均可索赔。我国《建设工程施工合同(示范文本)》有关规定中对索赔的程序有以下明确而严格的规定:

工程索赔(下)

①承包人提出索赔申请。索赔事件发生28天内,向工程师发出索赔意向通知。合同实施过程中,凡不属于承包人责任导致项目拖期和成本增加事件发生后的28天内,必须以正式函件通知工程师,声明对此事项要求索赔,同时仍须遵照工程师的指令继续施工。逾期申报时,工程师有权拒绝承包人的索赔要求。

②发出索赔意向通知后28天内,向工程师提交补偿经济损失和(或)延长工期的索赔报告及有关资料;正式提出索赔申请后,承包人应抓紧准备索赔的证据资料,包括事件的原因、

对其权益影响的证据资料、索赔的依据,以及其他计算出的该事件影响所要求的索赔额和申请展延的工期天数,并在索赔申请发出的 28 天内报出。

③工程师审核承包人的索赔申请。工程师在收到承包人送交的索赔报告和有关资料后,于 28 天内给予答复,或要求承包人进一步补充索赔理由和证据。接到承包人的索赔信件后,工程师应该立即研究承包人的索赔资料,在不确定责任属于谁的情况下,依据自己的同期记录资料客观分析事故发生的原因,依据有关合同条款,研究承包人提出的索赔证据。必要时还可以要求承包人进一步提交补充资料,包括与索赔相关的更详细的说明材料或索赔计算的依据。工程师在 28 天内未予答复或未对承包人做进一步要求,视为该项索赔已经认可。

④当该索赔事件持续进行时,承包人应当阶段性向工程师发出索赔意向,在索赔事件终了后 28 天内,向工程师提供索赔的有关资料和最终索赔报告。

⑤工程师与承包人谈判。双方各自依据对这一事件的处理方案进行友好协商,若通过谈判达成一致意见,则该事件较容易解决。如果双方对该事件的责任、索赔款额或工期展延天数分歧较大,通过谈判达不成共识的话;按照条款规定工程师有权确定一个他认为合理的单价或价格作为最终的处理意见报送业主并相应通知承包人。

⑥发包人审批工程师的索赔处理证明。发包人首先根据事件发生的原因、责任范围、合同条款审核承包人的索赔申请和工程师的处理报告,再根据项目的目的、投资控制要求、竣工验收要求,以及针对承包人在实施合同过程中的缺陷或不符合合同要求的地方提出反索赔方面的考虑,决定是否批准工程师的索赔报告。

⑦承包人是否接受最终的索赔决定。承包人同意了最终的索赔决定,这一索赔事件即告结束。若承包人不接受工程师的单方面决定或业主删减的索赔或工期展延天数,就会导致合同纠纷。通过谈判和协调双方达成互让的解决方案是处理纠纷的理想方式。如果双方不能达成谅解就只能诉诸仲裁或者诉讼。

对上述这些具体规定的归纳,如图 6.2 所示。

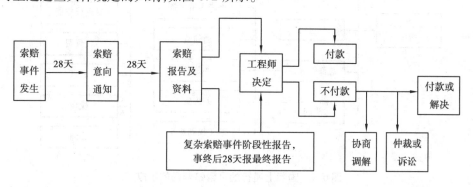

图 6.2　工程索赔程序

3) 索赔费用的组成及计算

(1) 索赔费用的组成

索赔费用的主要组成部分,同工程款的计价内容相似,如图 6.3 所示。我国针对工程索赔的规定,同国际上通行的做法(图 6.4)还不完全一致。

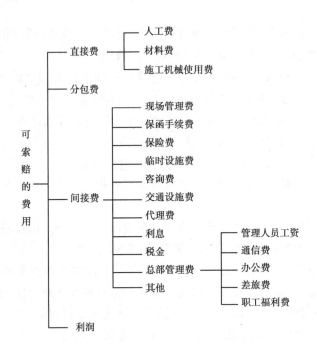

图 6.3　我国可索赔费用的组成部分

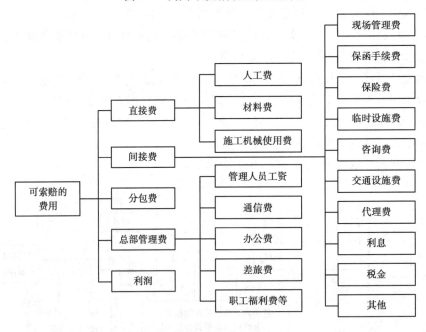

图 6.4　国际上通行的可索赔费用的组成

从原则上说,承包人有索赔权利的工程成本增加,都是可以索赔的费用。但是,对于不同原因引起的索赔,承包人可索赔的具体费用内容是不完全一样的。哪些内容可索赔,要按照各项费用的特点、条件进行分析论证,现概述如下。

①人工费。人工费包括施工人员的基本工资、工资性质的津贴、加班费、奖金以及法定的安全福利等费用。索赔费用中的人工费是指完成合同之外的额外工作所花费的人工费

用、由于非承包商责任的工效降低所增加的人工费用、超过法定工作时间的加班劳动、法定人工费增长以及非承包商责任工程延期导致的人员窝工费和工资上涨费等。

②材料费。材料费的索赔包括材料实际用量超过计划用量而增加的材料费、由于客观原因材料价格大幅度上涨、由于非承包商责任工程延期导致的材料价格上涨和超期储存费用。材料费中应包括运输费、仓储费及合理的损耗费用。如果由于承包商管理不善,造成材料损坏失效,则不能列入索赔计价。承包商应该建立健全物资管理制度,记录建筑材料的进货日期和价格,建立领料耗用制度,以便索赔时能准确地分离出索赔事项所引起的材料额外耗用量。为了证明材料单价的上涨,承包商应提供可靠的订货单、采购单,或官方公布的材料价格调整指数。

③施工机械使用费。施工机械使用费的索赔包括由于完成额外工作增加的机械使用费、非承包商责任工效降低增加的机械使用费、由于业主或监理工程师原因导致机械停工的窝工费。窝工费的计算,如系租赁设备,一般按实际租金和调进调出费的分摊计算;如系承包商自有设备,一般按台班折旧费计算,而不能按台班费计算,因为台班费中包括了设备使用费。

④分包费用。分包费用索赔指的是分包商的索赔费,一般也包括人工、材料、机械使用费的索赔。分包商的索赔应如数列入总承包商的索赔款总额以内。

⑤现场管理费。现场管理费索赔是指承包商完成额外工程、索赔事项工作以及工期延长期间的现场管理费,包括管理人员工资、办公、通信、交通费等。但如果对部分工人窝工损失索赔时,因其他工程仍然进行,可能不予计算现场管理费索赔。

⑥利息。在索赔款额的计算中,经常包括利息。利息的索赔通常发生于下列情况:拖期付款的利息;由于工程变更和工程延期增加投资的利息;索赔款的利息;错误扣款的利息。至于具体利率应是多少,在实践中可采用不同的标准,:

a. 按当时的银行贷款利率;

b. 按当时的银行透支利率;

c. 按合同双方协议的利率;

d. 按中央银行贴现率加 3 个百分点。

⑦总部(企业)管理费。索赔款中的总部管理费主要指的是工程延期期间所增加的管理费,包括总部职工工资、办公大楼、办公用品、财务管理、通信设施以及总部领导人员赴工地检查指导工作等开支。这项索赔款的计算,目前没有统一的方法。在国际工程施工索赔中总部管理费的计算有以下几种。

a. 按照投标书中总部管理费的比例(3% ~8%)计算:

总部管理费 = 合同中总部管理费比率(%) × (直接费索赔款额 + 现场管理费索赔款额等)

$$\text{(6.1)}$$

b. 按照公司总部统一规定的管理费比率计算:

总部管理费 = 公司管理费比率(%) × (直接费索赔款额 + 现场管理费索赔款额等)

$$\text{(6.2)}$$

c. 以工程延期的总天数为基础,计算总部管理费的索赔额,计算步骤如下:

$$\text{对某一工程提取的管理费} = \text{同期内公司的管理费} \times \frac{\text{该工程的合同额}}{\text{同期内公司的总合同额}} \quad \text{(6.3)}$$

$$该工程的每日管理费 = 同期内公司的管理费 \times \frac{该工程向总部上缴的管理费}{合同实施天数} \qquad (6.4)$$

$$索赔的总部管理费 = 该工程的每日管理费 \times 工程延期的天数 \qquad (6.5)$$

⑧利润。一般来说，由于工程范围的变更、文件有缺陷或技术性错误、业主未能提供现场等引起的索赔，承包商可以列入利润。但对于工程暂停的索赔，由于利润通常是包括在每项实施工程内容的价格之内的，而延长工期并未影响削减某些项目的实施，也未导致利润减少。所以，一般监理工程师很难同意在工程暂停的费用索赔中加进利润损失。

索赔利润的款额计算通常是与原报价单中的利润百分率保持一致的。

（2）索赔费用的计算方法

常用的索赔费用的计算方法有实际费用法、总费用法和修正的总费用法等。

①实际费用法。实际费用法是计算工程索赔时最常用的一种方法。这种方法的计算原则是以承包商为某项索赔工作所支付的实际开支为根据，向业主要求费用补偿。

用实际费用法计算时，在直接费的额外费用部分的基础上，再加上应得的间接费和利润，即是承包商应得的索赔金额。由于实际费用法所依据的是实际发生的成本记录或单据，所以，在施工过程中，系统而准确地积累记录资料是非常重要的。

②总费用法。总费用法又称总成本法，是当发生多次索赔事件以后，重新计算该工程的实际总费用，实际总费用减去投标报价时的估算总费用，即为索赔金额。

$$索赔金额 = 实际总费用 - 投标报价估算总费用 \qquad (6.6)$$

不少人对采用该方法计算索赔费用持批评态度，这是因为实际发生的总费用中可能包括了承包商的原因，如施工组织不善而增加的费用；同时投标报价的总费用也可能为了中标而估算得过低。因此，这种方法只有在施工中受到严重干扰，使多个索赔事件混杂在一起，导致难以准确地进行分项记录和收集资料，也不容易分项计算出具体的损失费用的索赔，难以采用实际费用法时才应用。需要注意的是，承包人投标报价必须是合理的，能反映实际情况，同时还必须出具翔实的证据，证明其索赔金额的合理性。

③修正的总费用法。修正的总费用法是对总费用法的改进，即在总费用计算的原则上，去掉一些不确定和不合理的因素，使其更合理。修正的内容如下：将计算索赔款的时段局限于受到外界影响的时间，而不是整个施工期；只是计算受影响时段内某项工作所受影响的损失，而不是计算该时段内所有施工工作所受的损失；与该项工作无关的费用不列入总费用中；对投标报价费用重新进行核算：按受影响时段内该项工作的实际单价进行核算，乘以实际完成的该项工作的工程量，得出调整后的报价费用。

按修正的总费用法计算索赔金额的公式如下：

$$索赔金额 = 某项工作调整后的实际总费用 - 该项工作的报价费用 \qquad (6.7)$$

修正的总费用法与总费用法相比，有了实质性的改进，它的准确程度已接近于实际费用法。

【例6.1】某高速公路由于业主修改高架桥设计，监理工程师下令承包商工程暂停一个月。试分析在这种情况下，承包商可索赔哪些费用？

【解】①人工费：对于不可辞退的工人，索赔人工窝工费，应按人工工日成本计算；对于可以辞退的工人，可索赔人工上涨费。

②材料费:可索赔超期储存费用或材料价格上涨费。

③施工机械使用费:可索赔机械窝工费或机械台班上涨费。自有机械窝工费一般按台班折旧费索赔;租赁机械一般按实际租金和调进调出的分摊费计算。

④分包费用:指由于工程暂停分包商向总包索赔的费用。总包向业主索赔应包括分包商向总包索赔的费用。

⑤现场管理费:由于全面停工,可索赔增加的工地管理费;可按日计算,也可按直接成本的百分比计算。

⑥保险费:可索赔延期一个月的保险费;按保险公司保险费率计算。

⑦保函手续费:可索赔延期一个月的保函手续费;按银行规定的保函手续费率计算。

⑧利息:可索赔延期一个月增加的利息支出;按合同约定的利率计算。

⑨总部管理费:由于全面停工,可索赔延期增加的总部管理费;可按总部规定的百分比计算。如果工程只是部分停工,监理工程师可能不同意总部管理费的索赔。

(3)工期索赔的计算

在工程施工中,常常会发生一些未能预见的干扰事件使施工不能顺利进行,使预定的施工计划受到干扰,造成工期延长,这样对合同双方都会造成损失。施工单位提出工期索赔的目的通常有两个:一是免去或推卸自己对已产生的工期延长的合同责任,达到不支付或尽可能不支付因工期延长的罚款的目的;二是进行因工期延长而造成的费用损失的索赔。对已经产生的工期延长,建设单位一般采用两种解决办法:一是不采取加速措施,工程仍按原方案和计划实施,但将合同期顺延;二是指施工单位采取加速措施,以全部或部分弥补已经损失的工期。如果工期延缓责任不是由施工单位造成,而建设单位已认可施工单位工期索赔,则施工单位还可以提出因采取加速措施而增加的费用索赔。

工期索赔的计算方法主要有网络图分析法和比例分析法。

①网络图分析法。利用施工进度计划的网络图,分析索赔事件对其关键线路的影响。如果延误的工作为关键工作,则总延误的时间为批准顺延的工期;如果延误的工作为非关键工作,当该工作由于延误超过时差限制而成为关键工作时,可以批准延误时间与时差的差值,若该工作延误后仍为非关键工作,则不存在工期索赔问题。

【例6.2】已知某工程网络计划如图6.5所示。该网络计划总工期12天,经工程师批准。在施工过程中由于发包人的原因,工作A延误1天,工作B延误2天;由于承包人管理不善,工作C延误1天,工作E延误2天,实际施工天数为14天,超出合同工期2天。计算承包人应获得的索赔天数。

【解】索赔天数的计算采用逐一分析确定,最后加总的方法。首先确定关键线路,图6.5中关键线路为A→C→G→H。由于发包人原因工作A和工作B延误,可以考虑索赔。工作A是关键工作,由于发包人原因被延误1天,所以可向发包人索赔1天;工作B虽然是发包人原因,但是工作B是非关键工作,而且被延误的时间2天没有超出其总时差,所以不能提出索赔。承包人原因造成的延误为不可原谅的延误,不能提出索赔。因此,总计承包人应得的工期索赔值为 $1+0=1$ 天。

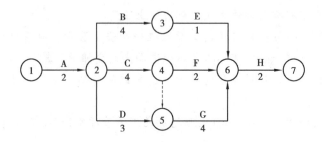

图 6.5　某工程网络计划

②比例分析法。在实际工程中,干扰事件常常仅影响某些单项工程、单位工程,或分部分项工程的工期,要分析它们对总工期的影响,可以采用较简单的比例分析法。

对于已知部分工程的延期的时间:

$$总工期索赔 = \frac{受干扰部分的工程合同价}{整个工程的合同总价} \times 该部分工程受干扰工期拖延量 \quad (6.8)$$

对于已知额外增加工程量的价格:

$$总工期索赔 = \frac{额外增加的工程量价格}{整个工程的合同总价} \times 原合同总工期 \quad (6.9)$$

【例 6.3】某工程合同总价 380 万元,总工期 15 个月。现发包人指令增加附加工程的价格为 76 万元,则承包人提出工期索赔为多少个月?

【解】$总工期索赔 = \frac{额外增加的工程量价格}{整个工程的合同总价} \times 原合同总工期 = \frac{76}{380} \times 15 = 3(个月)$

6.3.3　工程索赔报告的内容

索赔报告是向对方提出索赔要求的书面文件,是承包人对索赔事件的处理结果,也是业主审议承包人索赔请求的主要依据。它的具体内容会因索赔事件的性质和特点而有所不同。索赔报告应合情合理、有理有据、逻辑性强,能说服工程师、业主、调解人、仲裁人,同时又应该是具有法律效力的正规书面文件。

编写的索赔报告必须有合同依据,有详细准确的损失金额及时间的计算,要证明客观事物与损失之间的因果关系,能说明业主违约或合同变更与引起索赔的必然联系。

编写的索赔报告必须准确,须有一个专门的小组和各方的大力协助才能完成,索赔小组的人员应具有合同、法律、工程技术、施工组织计划、成本核算、财务管理、写作等各方面的知识,进行深入的调查研究,对较大的、复杂的索赔需咨询有关专家,对索赔报告进行反复讨论和修改,写出的报告要有理有据,责任清楚、准确,索赔值的计算依据正确,计算结果准确,用词要婉转和恰当。

索赔报告要简明扼要、条理清楚,便于对方由表及里、由浅入深地阅读了解,一般可以用金字塔的形式安排编写,如图 6.6 所示。

索赔报告编写完毕后,应及时提交给监理工程师(业主),正式提出索赔。索赔报告提交后,承包商不能被动等待,应隔一定的时间主动向对方了解索赔处理的情况,根据所提出问题进一步做资料方面的准备,尽可能为监理工程师处理索赔提供帮助、支持和合作。

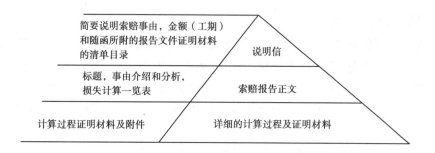

图 6.6　索赔报告形式的内容

一个完整的索赔报告应包括以下四个方面的内容：

1) 总论部分

总论部分一般包括序言、索赔事项概述、具体索赔要求、索赔报告编写及审核人员名单。

总论部分应该是叙述客观事实，合理引用合同规定，说明要求赔偿金额及工期。因此，文中首先应概要地论述索赔事件的发生日期与过程、施工单位为该索赔事件所付出的努力和附加开支、施工单位的具体索赔要求。在总论部分最后，应附上索赔报告编写组主要人员及审核人员的名单，注明有关人员的职称、职务及施工经验，以表示该索赔报告的严肃性和权威性。需要注意的是，对索赔事件的叙述必须清楚、明确，责任分析应准确，不可用含混的字眼。

2) 根据部分

本部分主要说明自己具有的索赔权利，这是索赔能否成立的关键。根据部分的内容主要来自该工程项目的合同文件，并参照有关法律规定。施工单位可以直接引用合同中的具体条款，说明自己理应获得经济补偿或工期延长。

索赔理由因各个索赔事件的特点而有所不同，通常是按照索赔事件发生、发展、处理和最终解决的过程编写，并明确全文引用有关的合同条款或合同变更和补充协议条文，使业主和工程师能历史地、全面地、逻辑地了解索赔事件的发生始末，并充分认识该项索赔的合理性和合法性。一般地说，该部分包括索赔事件的发生情况、已递交索赔意向书的情况、索赔事件的处理过程、索赔要求的合同根据、所附的证据资料等。

3) 计算部分

承包人的索赔要求都会表现为一定的具体索赔款额，计算时，施工单位必须阐明索赔款的要求总额；各项索赔款的计算过程，如额外开支的人工费、材料费、管理费和利润损失；阐明各项开支的计算依据及证据资料，同时施工单位还应注意采用合适的计价方法。至于计算时采用的计价方法，应根据索赔事件的特点及自己所掌握的证据资料等因素来选择。其次，还应注意每项开支款的合理性和相应的证据资料的名称及编号。

索赔计算的目的，是以具体的计算方法和计算过程，说明自己应得经济补偿的款额或延长时间。如果说索赔理由的任务是解决索赔能否成立，则索赔计算就是要决定应得到多少索赔款额和工期补偿。前者是定性的，后者是定量的，因此计算要合理、准确，切忌采用笼统的计价方法和不实的开支款额。

4)证据部分

证据部分包括该索赔事件所涉及的一切证据资料,以及对这些证据的说明。证据是索赔报告的重要组成部分,没有翔实可靠的证据,索赔是不能成功的,因此应注意引用确凿和有效力的证据。重要的证据资料最好附以文字证明或确认件。例如,有关的记录、协议、纪要必须是双方签署的;工程中的重大事件、特殊情况的记录、统计必须由工程师签字认可。

6.4　工程价款结算

6.4.1　工程价款结算方式

工程结算(上)

按我国现行规定,工程价款结算可以根据不同情况采取多种方式。

①按月结算:先预付工程备料款,在施工过程中按月结算工程进度款,竣工后进行竣工结算。

②竣工后一次结算:建设项目或单项工程全部建筑安装工程建设期在 12 个月以内,或者工程承包合同价值在 100 万元以下的,可以实行工程价款每月月中预支,竣工后一次结算。

③分段结算:当年开工当年不能竣工的单项工程或单位工程按照工程形象进度(形象进度的一般划分:基础、±0.0 以上的主体结构、装修、室外工程及收尾等),划分不同阶段进行结算。分段结算可以按月预支工程款,结算比例如:工程开工后,拨付 10% 合同价款;工程基础完成后,拨付 20% 合同价款;工程主体完成后,拨付 40% 合同价款;工程竣工验收后,拨付 15% 合同价款;竣工结算审核后,结清余款。

④结算双方约定的其他结算方式。

6.4.2　工程预付款

工程预付款又称预付备料款。施工企业承包工程,一般实行包工包料,需要有一定数量的备料周转金,由建设单位在开工前拨给施工企业一定数额的预付备料款,构成施工企业为该承包工程储备和准备主要材料、结构件所需的流动资金。预付款还可以带有"动员费"的内容,以供组织人员、完成临时设施工程等准备工作之用,预付款相当于建设单位给施工企业的无息贷款。

住建部颁布的《施工招标文件示范文本》中规定,工程预付款仅用于承包方支付施工开始时与本工程有关的动员费用。如承包方滥用此款,发包方有权立即收回。在承包方向发包方提交金额等于预付款数额(发包方认可的银行开出)的银行保函后,发包方按规定的金额和时间向承包方支付预付款,在发包方全部扣回预付款之前,该银行保函将一直有效。当预付款被发包方扣回时,银行保函金额相应递减。

1)工程预付款的数额

工程预付款额度按各地区、各部门的规定不完全相同,主要是为了保证施工所需材料及构件的正常储备,一般是根据施工工期、建筑安装工作量、主要材料和构件费用占建筑安装工作量的比例以及材料储备周期等因素经测算来确定。

①在合同条件中约定。发包人根据工程的特点、工期长短、市场行情、供求规律等因素,招标时在合同条件中约定工程预付款的百分比。

②公式计算法。公式计算法是根据主要材料(含结构件等)占年度承包工程总价的比重,材料储备定额天数和年度施工天数等因素,通过公式计算预付备料款额度的一种方法。

其计算公式为:

$$工程预付款数额 = \frac{工程总价 \times 主要材料比重(\%)}{年度施工天数} \times 材料储备定额天数 \qquad (6.10)$$

$$工程预付款比率 = \frac{工程预付款数额}{工程总价} \times 100\% \qquad (6.11)$$

式中,年度施工天数按 365 天计算;材料储备定额天数由当地材料供应的在途天数、加工天数、整理天数、供应间隔天数、保险天数等因素决定。

包工包料工程的预付款按合同约定拨付,原则上预付比例不低于合同金额的 10%,不高于合同金额的 30%,对重大工程项目,按年度工程计划逐年预付。计价执行《建设工程工程量清单计价规范》(GB 50500—2013)的工程,实体性消耗和非实体性消耗部分应在合同中分别约定预付款比例。

对一般建筑工程,预付款数额不应超过工作量(包括水、电、暖)的 30%;安装工程不应超过工作量的 10%;材料占比较多的安装工程按年计划产值的 15% 左右拨付。

对于一切材料由建设单位供给的工程项目,则可以不预付备料款。

2)工程预付款的时限

按照《建设工程价款结算暂行办法》的有关规定,在具备施工条件的前提下,发包人应在双方签订合同后的一个月内或不迟于约定的开工日期前的 7 天内预付工程款,发包人不按约定预付,承包人应在预付时间到期后 10 天内向发包人发出要求预付的通知,发包人收到通知后仍不按要求预付,承包人可在发出通知 14 天后停止施工,发包人应从约定应付之日起向承包人支付应付款的利息(利率按同期银行贷款利率计),并承担违约责任。

3)工程预付款的扣回

发包单位拨付给承包单位的备料款属于预支性质。当工程进展到一定阶段,需要储备的材料越来越少,建设单位应将工程预付款逐渐从工程进度款中扣回,并在工程竣工结算前全部扣完。

扣款的方法有以下两种:

①可以从未施工工程尚需的主要材料及构件的价值相当于备料款数额时起扣,从每次结算工程价款中,按材料比例抵扣工程价款,竣工前全部扣清。因此,确定起扣点(即工程价款累计支付额为多少时,以后再支付的工程价款中应考虑要扣除工程预付款)是工程预付款起扣的关键。

确定工程预付款起扣点的原则是:未完工程所需主要材料和构件的费用等于工程预付款的数额。工程预付款的起扣点可按下式计算:

$$T = P - M/N \qquad (6.12)$$

式中 T——起扣点,即工程预付款开始扣回时的累计完成工作量金额;

       P——承包工程价款总额;

       M——工程预付款限额;

       N——主要材料、构件所占比重。

②《施工招标文件示范文本》规定,在承包人完成金额累计达到合同总价的10%后,由承包人开始向发包人还款;发包人从每次应付给承包人的金额中扣回工程预付款,发包人至少在合同规定的完工期前3个月将工程预付款的总计金额按逐次分摊的办法扣回。当发包人一次付给承包人的余额少于规定扣回的金额时,其差额应转入下一次支付中作为债务结转。

在实际经济活动中,情况比较复杂,有些工程工期较短,就无须分期扣回。有些工程工期较长,如跨年度施工,工程预付款可以不扣或少扣,并于次年按应付工程预付款调整,多退少补。具体地说,跨年度工程,预计次年承包工程价值大于或相当于当年承包工程价值时,可以不扣回当年的工程预付款,如小于当年承包工程的价值时,应按实际承包工程价值进行调整,当年扣回部分工程预付款,并将未扣回部分转入次年,直到竣工年度,再按上述办法扣回。

【例6.4】其工程合同价款为300万元,主要材料和结构件费用为合同价款的62.5%。合同规定工程预付款为合同价款的25%。试求该工程预付款的起扣点。

【解】工程预付款 $= 300 \times 25\% = 75$(万元)

起扣点 $= 300 - 75 \div 62.5\% = 180$(万元)

即当累计结算工程价款为180万元时,应开始抵扣备料款。此时,未完工程价值为120万元,所需主要材料费为 $120 \times 62.5\% = 75$(万元),与工程预付款相等。

6.4.3 工程进度款

施工企业在施工过程中,按逐月(或形象进度、控制界面等)完成的工程数量计算各项费用,向建设单位(业主)办理工程进度款的支付(即中间结算)。

以按月结算为例,现行的中间结算办法是,施工企业在旬末或月中旬向单位提出预支工程款账单,预支一个月或半个月的工程款,月终再提出工程款结算账单和已完工程月报表,收取当月工程价款,并通过银行进行结算。按月进行结算,要对现场已施工完毕的工程逐一进行清点,资料提出后要交监理工程师和建设单位审查签证。为简化手续,应以施工企业提出的统计进度月报表为支取工程款的凭证,即通常所称的工程进度款。工程进度款的支付步骤如图6.7所示。

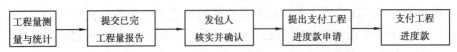

图6.7 工程进度款支付步骤

工程进度款的支付应遵循如下规定。

1)工程量的确认

根据《建设工程价款结算暂行办法》的规定,工程量计算的主要规定如下:

①承包人应当按照合同约定的方法和时间,向发包人提交已完工程量的报告。发包人接到报告后 14 天内核实已完工程量,并在核实前 1 天通知承包人,承包人应提供条件并派人参加核实;承包人收到通知后不参加核实,以发包人核实的工程量作为工程价款支付的依据。发包人不按约定时间通知承包人,致使承包人未能参加核实,核实结果无效。

②发包人收到承包人报告后 14 天内未核实完工程量,从第 15 天起,承包人报告的工程量即视为被确认,该工程量作为工程价款支付的依据,双方合同另有约定的,按合同执行。

③对承包人超出设计图纸(含设计变更)范围和因承包人原因造成返工的工程量,发包人不予计量。

2)合同收入的组成

财政部制定的《企业会计准则——建造合同》中对合同收入的组成内容进行了解释。合同收入包括两部分内容。

①合同中规定的初始收入,即建造承包商与客户在双方签订的合同中最初商定的合同总金额。它构成了合同收入的基本内容。

②因合同变更、索赔、奖励等构成的收入。这部分收入并不构成合同双方在签订合同时已在合同中商定的合同总金额,而是在执行合同过程中由于合同变更、索赔、奖励等原因而形成的追加收入。

3)工程进度款支付

①根据确定的工程计量结果,承包人向发包人提出支付工程进度款的申请,发包人应按不低于工程价款的 60%,不高于工程价款的 90%向承包人支付工程进度款。按约定时间发包人应扣回的预付款,与工程进度款同期结算抵扣。

②发包人超过约定的支付时间不支付工程进度款,承包人应及时向发包人发出要求付款的通知,发包人收到承包人通知后仍不能按要求付款,可与承包人协商签订延期付款协议,经承包人同意后可延期支付,协议应明确延期支付的时间和从工程计量结果确认后第 15天起计算应付款的利息(利息按同期银行贷款利率计)。

③发包人不按合同约定支付工程进度款,双方又未达成延期付款协议,导致施工无法进行,承包人可停止施工,由发包人承担违约责任。

6.4.4　质量保证金

按照《建设工程质量保证金管理暂行办法》(建质〔2017〕138 号)的规定,建设工程质量保证金(保修金)(以下简称"保证金")是指发包人与承包人在建设工程承包合同中约定,从应付的工程款中预留,用以保证承包人在缺陷责任期内对建设工程出现的缺陷进行维修的资金。

1)缺陷及缺陷责任期

①缺陷是指建设工程质量不符合工程建设强制性标准、设计文件,以及承包合同的约定。

②缺陷责任期一般为最长不超过 2 年,由发、承包双方在合同中约定。缺陷责任期从工程通过竣工验收之日起计。由于承包人原因导致工程无法按规定期限进行竣工验收的,缺

陷责任期从实际通过竣工验收之日起计;由于发包人原因导致工程无法按规定期限进行竣工验收的,在承包人提交竣工验收报告 90 天后,工程自动进入缺陷责任期。

2) 保证金的预留和返还

(1) 承发包双方的约定

发包人应当在招标文件中明确保证金预留、返还等内容,并与承包人在合同条款中对涉及保证金的下列事项进行约定:

①保证金预留、返还方式;

②保证金预留比例、期限;

③保证金是否计付利息,如计付利息,利息的计算方式;

④缺陷责任期的期限及计算方式;

⑤保证金预留、返还及工程维修质量、费用等争议的处理程序;

⑥缺陷责任期内出现缺陷的索赔方式;

⑦逾期返还保证金的违约金支付办法及违约责任。

(2) 保证金的预留

建设工程竣工结算后,发包人应按照合同约定及时向承包人支付工程结算价款并预留保证金。发包人应按照合同约定方式预留保证金,保证金总预留比例不得高于工程价款结算总额的 3%。合同约定由承包人以银行保函替代预留保证金的,保函金额不得高于工程价款结算总额的 3%。

(3) 保证金的返还

缺陷责任期内,承包人认真履行合同约定的责任,到期后,承包人向发包人申请返还保证金。发包人在接到承包人返还保证金申请后,应于 14 天内会同承包人按照合同约定的内容进行核实。如无异议,发包人应当在核实后 14 天内将保证金返还给承包人,逾期支付的,从逾期之日起,按照同期银行贷款利率计付利息,并承担违约责任。发包人在接到承包人返还保证金申请后 14 天内不予答复,经催告后 14 天内仍不予答复,视同认可承包人的返还保证金申请。

3) 保证金的管理

缺陷责任期内,实行国库集中支付的政府投资项目,保证金的管理应按国库集中支付的有关规定执行。其他政府投资项目,保证金可以预留在财政部门或发包方。缺陷责任期内,如发包方被撤销,保证金随交付使用资产一并移交使用单位管理,由使用单位代行发包人职责。社会投资项目采用预留保证金方式的,发、承包双方可以约定将保证金交由第三方金融机构托管。在工程项目竣工前,已经缴纳履约保证金的,发包人不得同时预留工程质量保证金。采用工程质量保证担保、工程质量保险等其他保证方式的,发包人不得再预留保证金。

4) 缺陷责任期内的维修及费用承担

(1) 保修责任

缺陷责任期内,属于保修范围、内容的项目,承包人应当在接到保修通知之日起 7 天内派人保修。发生紧急抢修事故的,承包人在接到事故通知后,应当立即到达事故现场抢修。对于涉及结构安全的质量问题,应当按照《房屋建筑工程质量保修办法》(建设部令第 80

号)的规定,立即向当地建设行政主管部门报告,采取安全防范措施,由原设计单位或者具有相应资质等级的设计单位提出保修方案,承包人实施保修。质量保修完成后,由发包人组织验收。

(2)费用承担

缺陷责任期内,由承包人原因造成的缺陷,承包人应负责维修,并承担鉴定及维修费用。如承包人不维修也不承担费用,发包人可按合同约定从保证金或银行保函中扣除,费用超出保证金额的,发包人可按合同约定向承包人进行索赔。承包人维修并承担相应费用后,不免除对工程的损失赔偿责任。由他人原因造成的缺陷,发包人负责组织维修,承包人不承担费用,且发包人不得从保证金中扣除费用。

发包人和承包人对工程维修质量、费用有争议的,按承包合同约定的争议和纠纷解决程序处理。

6.4.5　工程竣工结算

1)工程竣工结算的概念

工程竣工结算是指施工企业按照合同规定的内容全部完成所承包的工程,经验收质量合格,并符合合同要求之后,向发包单位进行的最终工程价款结算。工程竣工结算分为单位工程竣工结算、单项工程竣工结算和建设项目竣工总结算。

2)工程竣工结算的主要作用

①工程竣工结算是确定工程最终造价,施工单位与建设单位结清工程价款,并完成合同关系和经济责任的依据。

②工程竣工结算为施工单位确定工程的最终收入,是进行经济核算和考核工程成本的依据。

③工程竣工结算反映了建筑安装工作量和工程实物量的实际完成情况,是统计竣工率的依据。

④工程竣工结算是建设单位落实投资完成额的依据,是结算工程价款和施工单位与建设单位从财务方面处理往来账务的依据。

⑤工程竣工结算是建设单位编制竣工决算的基础资料。

3)工程竣工结算的内容

工程竣工结算的内容是由竣工结算书的组成内容决定的。工程结算书一般包括下列内容。

(1)首页

首页内容主要包括工程名称、建设单位、结算造价、编制日期等,并设有建设单位、承包单位、审批单位以及编制人、复核人、审核人签字盖章的位置。

(2)编制说明

编制说明的内容包括编制原则、编制依据、结算范围、变更内容、双方协商处理的事项以及其他必须说明的问题。如果是包干性质的工程结算,还应着重说明包干范围以外增加项目的有关问题。

（3）工程结算表

工程结算表的内容包括定额编号、分部分项工程名称、单位、工程量、基价、合价、人工费、机械费等。另外，要按照不同的工程特点和结算方式，将组成结算造价的有关费用综合列入本表。

（4）附表

附表内容主要包括工程量增减计算表、材料价差计算表、建设单位供料计算表等。

4）工程竣工结算编审

①单位工程竣工结算由承包人编制，发包人审查；实行总承包的工程，由具体承包人编制，在总（承）包人审查的基础上，发包人审查。

②单项工程竣工结算或建设项目竣工总结算由总（承）包人编制，发包人可直接进行审查，也可以委托具有相应资质的工程造价咨询机构进行审查。政府投资项目，由同级财政部门审查。单项工程竣工结算或建设项目竣工总结算经发、承包人签字盖章后有效。

承包人应在合同约定期限内完成项目竣工结算编制工作，未在规定期限内完成的并且提不出正当理由延期的，责任自负。

5）工程竣工结算审查期限

单项工程竣工后，承包人应在提交竣工验收报告的同时，向发包人递交竣工结算报告及完整的结算资料，发包人应按表 6.1 规定时限进行核对（审查）并提出审查意见。

建设项目竣工总结算在最后一个单项工程竣工结算审查确认后 15 天内汇总，送发包人后 30 天内审查完成。

表 6.1　工程竣工结算审查时限

序号	工程竣工结算报告金额	审查时间
1	500 万元以下	从接到竣工结算报告和完整的竣工结算资料之日起 20 天
2	500 万 ~ 2 000 万元	从接到竣工结算报告和完整的竣工结算资料之日起 30 天
3	2 000 万 ~ 5 000 万元	从接到竣工结算报告和完整的竣工结算资料之日起 45 天
4	5 000 万元以上	从接到竣工结算报告和完整的竣工结算资料之日起 60 天

6）工程竣工结算的有关规定

按照财政部、建设部关于印发《建设工程价款结算暂行办法》（财建〔2004〕369 号）的规定，建设工程价款结算（以下简称"工程价款结算"），是指对建设工程的发、承包合同价款进行约定和依据合同约定进行工程预付款、工程进度款、工程竣工价款结算的活动。

①发包人收到承包人递交的竣工结算报告及完整的结算资料后，应按本办法规定的期限（合同约定有期限的，从其约定）进行核实，给予确认或者提出修改意见。发包人根据确认的竣工结算报告向承包人支付工程竣工结算价款，保留 5% 左右的质量保证（保修）金，待工程交付使用一年质保期到期后清算（合同另有约定的，从其约定），质保期内如有返修，发生费用应在质量保证（保修）金内扣除。

②发包人收到竣工结算报告及完整的结算资料后，在本办法规定或合同约定期限内，对

结算报告及资料没有提出意见,则视同认可。

③承包人如未在规定时间内提供完整的工程竣工结算资料,经发包人催促后 14 天内仍未提供或没有明确答复,发包人有权根据已有资料进行审查,责任由承包人自负。

④根据确认的竣工结算报告,承包人向发包人申请支付工程竣工结算款。发包人应在收到申请后 15 天内支付结算款,到期没有支付的应承担违约责任。承包人可以催告发包人支付结算价款,如达成延期支付协议,承包人应按同期银行贷款利率支付拖欠工程价款的利息。如未达成延期支付协议,承包人可以与发包人协商将该工程折价,或申请人民法院将该工程依法拍卖,承包人就该工程折价或者拍卖的价款优先受偿。

⑤发包人和承包人要加强施工现场的造价控制,及时对工程合同外的事项如实记录并履行书面手续。凡由发承包双方授权的现场代表签字的现场签证以及发承包双方协商确定的索赔等费用,应在工程竣工结算中如实办理,不得因发承包双方现场代表的中途变更改变其有效性。

⑥合同以外零星项目工程价款的结算。发包人要求承包人完成合同以外的零星项目,承包人应在接受发包人要求的 7 天内就用工数量和单价、机械台班数量和单价、使用材料和金额等向发包人提出施工签证,发包人签证后再进行施工,如发包人未签证,承包人施工后发生争议的,责任由承包人自负。

⑦索赔价款结算。发、承包人未能按合同约定履行自己的各项义务或发生错误,给另一方造成经济损失的,由受损方按合同约定提出索赔,索赔金额按合同约定支付。

在实际工作中,当年开工、当年竣工的工程,只需办理一次性结算。跨年度的工程,在年终办理一次年终结算,将未完工程转到下一年度,此时竣工结算等于各年度结算的总和。办理工程价款竣工结算的一般公式为:

$$\frac{\text{竣工结算}}{\text{工程价款}} = \frac{\text{预算(或概算)}}{\text{或合同价款}} + \frac{\text{施工过程中预算或}}{\text{合同价款调整数额}} - \frac{\text{预付及已结算}}{\text{工程价款}} - \text{保修金} \quad (6.13)$$

6.4.6 工程款价差调整

工程价款价差调整方法有工程造价指数调整法、实际价格调整法、调价文件计算法、调值公式法等,下面分别加以介绍。

1) 工程造价指数调整法

这种方法是甲乙采取当时的预算(或概算)定额单价计算出承包合同价,待竣工时,根据合理的工期及当地工程造价管理部门所公布的该月度(或季度)的工程造价指数,对原承包合同价予以调整,重点调整那些由于实际人工费、材料费、施工机械费等费用上涨及工程变更因素造成的价差,并对承包商给以调价补偿。

2) 实际价格调整法

实际价格调整法是对钢材、木材、水泥等主材的价格采取按实际价格结算的方法,工程承包人可凭发票按实报销。这种方法方便而正确,但由于是实报实销,因而承包商对降低成本不感兴趣,为了避免副作用,造价管理部门要定期发布最高限价,同时合同文件中还应规定发包人或工程师有权要求承包人选择更廉价的供应来源。

3)调价文件计算法

这种方法是甲乙方采取按当时的预算价格承包,在合同工期内,按照造价管理部门调价文件的规定,进行抽料补差(在同一价格期内按完成的材料用量乘以价差),有的地方会定期发布主要材料供应价格和管理价格,对这一时期的工程进行抽料补差。

4)调值公式法

根据国际惯例,对建设项目工程价款的动态结算一般采用此法。事实上,在绝大多数国际工程项目中,甲乙双方在签订合同时就明确列出这一调值公式,并以此作为价差调整的计算依据。该调价公式的一般形式为:

$$P = P_0\left(a_0 + a_1\frac{A}{A_0} + a_2\frac{B}{B_0} + a_3\frac{C}{C_0} + a_4\frac{D}{D_0} + \cdots\right) \tag{6.14}$$

式中 P——调值后合同价款或工程实际结算款;

       P_0——合同价款中工程预算进度款;

       a_0——固定要素,代表合同支付中不能调整的部分占合同总价中的比重;

       $a_1, a_2, a_3, a_4\cdots$——代表有关各项费用(如人工费用、钢材费用、水泥费用、运输费用等)在合同总价中所占比重,$a_0 + a_1 + a_2 + a_3 + a_4 + \cdots = 1$;

       $A_0, B_0, C_0, D_0\cdots$——投标截止日期前28天与$a_1, a_2, a_3, a_4\cdots$对应的各项费用的基期价格指数或价格;

       $A, B, C, D\cdots$——在工程结算月份与$a_1, a_2, a_3, a_4\cdots$对应的各项费用的现行价格指数或价格。

【例6.5】某综合楼工程项目合同价为1 750万元,该工程签订的合同为可调合同。合同报价日期为2016年3月,合同工期为12个月,每季度结算一次。工程开工日期为2016年4月1日。施工单位2016年第四季度完成的产值是710万元。工程人工费、材料费构成比例以及相关季度造价指数见表6.2。试计算造价工程师2016年第四季度应确定的工程结算款项。

表6.2   工程人工费、材料费构成比例以及相关季度造价指数

项目	人工费	材料费						不可调值费用
		钢材	水泥	粗集料	砖	砂	木材	
比例/%	28	18	13	7	9	4	6	15
2016年第一季度造价指数	100	100.8	102	93.6	100.2	95.4	93.4	
2016年第四季度造价指数	116.8	100.6	110.5	95.6	98.9	93.7	95.5	

【解】2016年第四季度造价工程师应批准的结算款额为:

$P = 710 \times (0.15 + 0.28 + 116.8/100 + 0.18 \times 100.6/100.8 + 0.13 \times 110.5/102 + 0.07 \times 95.6/93.6 + 0.09 \times 98.9/100.2 + 0.04 \times 93.7/95.4 + 0.06 \times 95.5/93.4) = 710 \times 1.058\ 8 \approx 751.75$(万元)

6.5　投资控制

在确定投资控制目标之后,为了有效地进行投资控制,造价管理者就必须定期地进行投资计划值与实际值的比较,当实际值偏离计划值时,分析产生偏差的原因,采取适当的纠偏措施,以使投资超支尽可能小。

6.5.1　投资偏差

资金使用计划与投资偏差

施工过程的随机因素与风险因素的影响形成了实际投资与计划投资、实际工程进度与计划工程进度的差异,这些差异称为投资偏差与进度偏差,这些偏差即是施工阶段工程造价计算与控制的对象。

投资偏差指投资计划值与投资实际值之间存在的差异,即

$$投资偏差 = 已完工程实际投资 - 已完工程计划投资$$
$$= 实际工程量 \times (实际单价 - 计划单价) \tag{6.15}$$

投资偏差结果为正,表示投资超支;结果为负,表示投资节约。

6.5.2　进度偏差

对于一个施工项目的网络计划,在理论上总是分为最早和最迟两种开始与完成时间。因此,一般情况,任何一个施工项目的网络计划,都可以绘制出两条曲线:计划以各项工作的最早开始时间安排进度而绘制的 S 形曲线,称为 ES 曲线;计划以各项工作的最迟开始时间安排进度,而绘制的 S 形曲线,称为 LS 曲线。两条 S 形曲线都是从计划的开始时刻开始和完成时刻结束,因此两条曲线是闭合的。一般情况,其余时刻 ES 曲线上的各点均落在 LS 曲线相应点的左侧,形成一个形如“香蕉”的曲线,故此称为“香蕉”形曲线如图 6.8 所示。在项目的实施中进度控制的理想状况是任一时刻按实际进度描绘的点,应落在该“香蕉”形曲线的区域内。

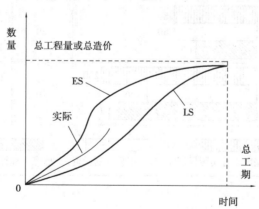

图 6.8　投资计划值的香蕉曲线

与投资偏差密切相关的是进度偏差,由于不考虑进度偏差就不能正确反映投资偏差的实际情况,有必要引入进度偏差的概念。

$$进度偏差 = 已完工程实际时间 - 已完工程计划时间 \qquad (6.16)$$

为了与投资偏差联系起来,进度偏差也可表示为:

$$进度偏差 = 拟完工程计划投资 - 已完工程计划投资$$
$$= (拟完工程量 - 实际工程量) \times 计划单价 \qquad (6.17)$$

所谓拟完工程计划投资,是指根据进度计划安排在某一确定时间内所应完成的工程内容的计划投资。进度偏差结果为正值时,表示工期拖延;结果为负值时,表示工期提前。

6.5.3 常用的偏差分析方法

常用的偏差分析方法有横道图法、时标网络图法和曲线法。

1)横道图法

用横道图进行投资偏差分析,是用不同的横道标识已完工程计划投资和实际投资以及拟完工程计划投资。横道的长度与其数额成正比,见表6.3。

横道图法具有形象、直观、一目了然等优点,它能够准确表达出投资的绝对偏差,而且能一眼感受到偏差的严重性。但是,这种方法反映的信息量少,一般在项目的较高管理层应用。

表6.3 横道图法的投资偏差分析表

单位:万元

项目编码	项目名称	投资参数数额	投资偏差	进度偏差	原因
011	土方工程	70 / 50 / 60	10	-10	
012	打桩工程	80 / 66 / 100	-20	-34	
013	基础工程	80 / 80 / 60	20	20	
	合计	230 / 196 / 220	10	-24	

图例: ▨ 已完成工程实际投资 □ 拟完工程计划投资 ▨ 已完工程计划投资

2)时标网络图法

时标网络图法是在确定施工计划网络图的基础上,将施工的实施进度与日历工期相结合而形成的网络图,根据时标网络图可以得到每一时间段的拟完工程计划投资,已完工程实际投资可以根据实际工作完成情况测得,在时标网络图上考虑实际进度前锋线就可以得到每一时间段的已完工程计划投资。实际进度前锋线表示整个项目目前实际完成的工作情况,将某一确定时点下时标网络图中各个工序的实际进度点相连就可以得到实际进度前锋线,如图 6.9 所示。

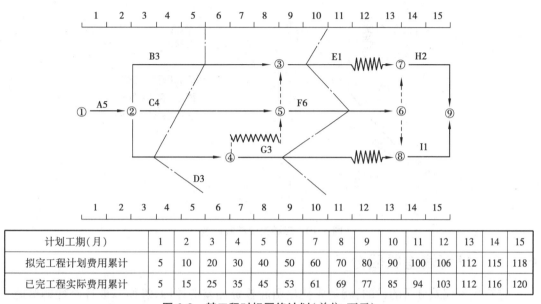

计划工期(月)	1	2	3	4	5	6	7	8	9	10	11	12	13	14	15
拟完工程计划费用累计	5	10	20	30	40	50	60	70	80	90	100	106	112	115	118
已完工程实际费用累计	5	15	25	35	45	53	61	69	77	85	94	103	112	116	120

图 6.9　某工程时标网络计划(单位:万元)

由图 6.9 可知:

5 月末的已完工程计划投资累计值 = 40 - 4 - 6 = 30(万元)。

10 月末的已完工程计划投资累计值 = 90 - 1 + 6 × 2 - 3 = 98(万元)。

5 月末的投资偏差 = 已完工程实际投资 - 已完工程计划投资 = 45 - 30 = 15(万元),即投资增加 15 万元。

10 月末的投资偏差 = 已完工程实际投资 - 已完工程计划投资 = 85 - 98 = -13(万元),即投资节约 13 万元。

5 月末的进度偏差 = 拟完工程计划投资 - 已完工程计划投资 = 40 - 30 = 10(万元),即进度拖延 10 万元。

10 月末的进度偏差 = 拟完工程计划投资 - 已完工程计划投资 = 90 - 98 = -8(万元),即进度提前 8 万元。

3) 曲线法

曲线法也称赢值法、净值法,是一种投资偏差分析方法。它是通过实际完成工程与原计划相比较,确定工程进度是否符合计划要求,从而确定工程费用是否与原计划存在偏差的方法。在用曲线法进行偏差分析时,通常有三条投资曲线,即已完成工程实际投资曲线 a、已完工程计划投资曲线 b 和拟完工程计划投资曲线 P(图 6.10),图中曲线 a 与曲线 b 的竖向距离表示投资偏差,曲线 P 和曲线 b 的水平距离表示进度偏差。图中所反映的偏差为累计偏差,而且主要是绝对偏差。用曲线法进行偏差分析同样具有形象、直观的特点,但这种方法很难直接用于定量分析,只能对定量分析起一定的指导作用。

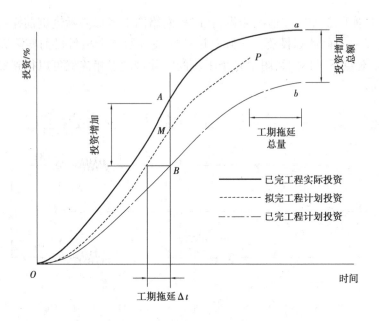

图 6.10　三种投资参数曲线

6.5.4　投资偏差原因分析

进行投资偏差分析的目的,就是要找出引起投资偏差的原因,进而采取针对性的措施,有效地控制造价。一般来说,产生投资偏差的原因如图 6.11 所示。

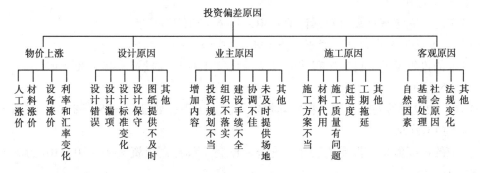

图 6.11　投资偏差原因

6.5.5　偏差的纠正与控制

施工阶段工程造价偏差的纠正与控制,要注意采用动态控制、系统控制、信息反馈控制、弹性控制、循环控制和网络技术控制的原理,注意目标手段分析方法的应用。目标手段分析方法要结合施工现场实际情况,依靠有丰富实践经验的技术人员和工作人员通过各方面的共同努力实现纠偏。由于在施工过程中,偏差是不断出现的,从管理学角度上,是一个计划制订、实施工作、检查进度与效果、纠正与处理偏差的滚动循环的过程。因此,纠偏就是对系统实际运行状态偏离标准状态的纠正,以便使运行状态恢复或保持标准状态。

从施工管理的角度来说,合同管理、施工成本管理、施工进度管理、施工质量管理是几个重要环节;在纠正施工阶段资金使用偏差的过程中,要遵循经济性原则、全面性与全过程原则、责权利相结合的原则、政策性原则、开源节约相结合原则;在项目经理的负责下,在费用控制的基础上,各类人员共同配合,通过科学、合理、可行的措施,实现由分项工程、分部工程、单位工程、整体项目整体纠正资金使用偏差,实现工程造价有效控制的目标。通常把纠偏措施分为组织措施、经济措施、技术措施、合同措施四个方面。

1) 组织措施

组织措施是指从投资控制的组织管理方面采取措施。例如,落实投资控制的组织机构和人员,即明确项目责任人,就造价管理而言,可细化到技术责任人和商务责任人,明确各人的任务、职能分工、权利和责任,提高投资控制人员的责任心,改善投资控制工作流程等。

2) 经济措施

经济措施最易为人们所接受,但运用中应特别注意不可把经济措施简单理解为审核工程量及相应的支付款项,而应从全局出发来考虑问题,如检查投资目标分解的合理性,资金使用计划的保障性,施工进度计划的协调性等。在具体实施过程中,还需要工程项目所涉及的各个部门全力配合,便于专职成本控制员对及时得到的项目相关信息进行汇总,并在最短的周期内,通过对成本偏差进行分析,对未完工程进行预测,及时发现潜在的问题,采取预防措施,从而取得造价控制的主动权。

3) 技术措施

技术方案与经济管理的结合是加强工程造价管理的一项重要工作。从造价控制的要求来看,技术措施并不都是因为发生了技术问题才加以考虑的,也可以因为出现了较大的造价偏差而加以运用。技术与经济的关系,技术是手段,经济是目的,通过科学的技术手段达到良好经济效益是每个企业的目的。两者相辅相成,不同的技术措施往往会有不同的经济效果,因此,在运用技术措施纠偏时,要对不同的技术方案进行技术经济分析,综合评价后再加以选择。

4) 合同措施

合同措施在纠偏方面主要指索赔管理。在施工过程中,索赔事件的发生是难免的,造价工程师在发生索赔事件后,要认真审查有关索赔依据是否符合合同规定,索赔计算是否合理等,从主动控制的角度出发,加强日常的合同管理,落实合同规定的责任。尽量避免由于合同的疏漏而造成项目不必要的损失。

6.6　案例分析

某汽车制造厂建设施工土方工程中,承包人在合同标明有松软石的地方没有遇到松软石,因此工期提前 1 个月。但在合同中另一未标明有坚硬岩石的地方遇到更多的坚硬岩石,开挖工作变得更加困难,由此造成了实际生产率比原计划低得多,经测算影响工期 3 个月。由于施工速度减慢,部分施工任务拖到雨期进行,按一般公认标准推算,又影响工期 2 个月。为此承包人准备提出索赔。

【问题】

(1)该项施工索赔能否成立?为什么?

(2)在该索赔事件中,应提出的索赔内容包括哪两方面?

(3)在工程施工中,通常可以提供的索赔证据有哪些?

(4)承包人应提供的索赔文件有哪些?请协助承包人拟定一份索赔通知。

【解答】

(1)该项施工索赔能成立。施工中在合同未标明有坚硬岩石的地方遇到更多的坚硬岩石,属于施工现场的施工条件与原来的勘察有很大差异,属于甲方的责任范围。

(2)本事件使承包人由于意外地质条件造成施工困难,导致工期延长,相应产生额外工程费用,因此,应包括费用索赔和工期索赔。

(3)可提供的索赔证据有:

①招标文件、工程合同及附件、项目业主认可的施工组织设计、工程图纸、技术规范等;

②工程各项有关设计交底记录、变更图纸、变更施工指令等;

③工程各项经项目业主或监理工程师签认的签证;

④工程各项往来信件、指令、信函、通知、答复等;

⑤工程各项会议纪要;

⑥施工计划及现场实施情况记录;

⑦施工日报及工长工作日志、备忘录;

⑧工程送电、送水、道路开通、封闭的日期及数量记录;

⑨工程停水、停电和干扰事件影响的日期及恢复施工的日期;

⑩工程预付款、进度款拨付的数额及日期记录;

⑪工程图纸、图纸变更、交底记录的送达份数及日期记录;

⑫工程有关施工部位的照片及录像等;

⑬工程现场气候记录,有关天气的温度、风力、降雨雪量等;

⑭工程验收报告及各项技术鉴定报告等;

⑮工程材料采购、订货、运输、进场、验收、使用等方面的凭据;

⑯工程会计核算资料;

⑰国家、省、市有关影响工程造价、工期的文件、规定等。

(4)承包人应提供的索赔文件有:

①索赔信;

②索赔报告;

③索赔证据与详细计算书等附件。

索赔通知的参考形式如下:

索赔通知

致甲方代表(或监理工程师):

我方希望你方对工程地质条件变化问题引起重视:在合同文件未标明有坚硬岩石的地方遇到了坚硬岩石。致使我方实际生产率降低,而引起进度拖延,并不得不在雨期施工。

上述施工条件变化,造成我方施工现场设计与原设计有很大不同,为此向你方提出工期索赔及费用索赔要求,具体工期索赔及费用索赔依据与计算书见随后的索赔报告。

承包人:×××

××××年××月××日

本章小结

　　本章内容涉及施工阶段的造价管理,该阶段工程造价控制的主要任务是通过对工程付款、工程变更费用的控制,处理好费用及工期索赔挖掘节约工程造价的潜力,将实际发生的费用控制在计划投资范围内。工程变更问题是在施工中经常碰到的问题,只要准确地理解、掌握工程变更的含义和范围,分析清楚工程变更产生的原因,采取正确计价方法,合理地确定其结算价值,就能解决工程变更的结算纠纷问题。

　　由于施工条件与环境的不确定性、设计状况与实际施工过程的差异性,工程索赔不可避免,索赔控制成为施工阶段工程造价(投资)控制的一个重要方面。在施工过程中,由于非承包人的原因,承包人可以获得工程索赔的权利,在处理工程索赔问题时,要注意索赔的依据、处理原则、索赔程序,依据索赔证据提出索赔文件,重视索赔费用的计算。

　　工程价款的结算,要首先确定工程预付款、预付备料款起扣点等,按完成的分部分项工程数量,通过工程量的确认后,进行中间结算,直至竣工结算。

思考与练习

一、单项选择题

1. 关于工程变更的说法,错误的是(　　)。

A. 工程师同意采用承包方合理化建议,所发生的费用全部由业主承担

B. 施工中承包方不得擅自对原工程设计进行变更

C. 任何工程变更均须由工程师确认并签发工程变更指令

D. 工程变更包括改变有关工程的施工时间和顺序

2. 投资实际值减去投资计划值,如果结果为正,则表示(　　)。

A. 投资超支　　　　　　　　　　　B. 投资节约

C. 投资有可能节约或超支　　　　　D. A、B、C 均不正确

3. 某工程在施工中遭遇一周(7 天)连下大雨,造成承包方 10 人窝工 7 天,又由于承包方原因造成 5 人窝工 10 天,由此承包方能得到的人工费赔偿是(　　)元(人工单价为 30 元/工日)。

A. 0　　　　　　　　B. 2 100　　　　　　　C. 3 600　　　　　　　D. 1 500

4. 关于施工索赔,下列说法中(　　)是不正确的。

A. 合同双方均可提出索赔　　　　　B. 索赔必须有充分的证据

C. 索赔指的仅是费用索赔　　　　　D. 索赔必须遵循严格的程序

5. 承包方在施工中提出的合理化建议涉及设计图纸或施工组织设计的更改及对原材料、设备的换用,因工期紧迫,未经工程师同意,(　　)承担由此发生的费用,延误的工期

（　　）顺延。

A. 承包商,不予　　　　　　　　　　B. 发包方,不予

C. 工程师,相应　　　　　　　　　　D. 发包方,相应

6. 工程工期索赔的计算方法主要有（　　）。

A. 网络图分析和比例计算法　　　　　B. 偏差比较法和比例计算法

C. 横道图法和网络图分析　　　　　　D. 表格法和比例计算法

7. 某工程工期为 4 个月,2004 年 5 月 1 日开工,5—7 月的计划完成工程量分别为500 t、2 000 t、1 500 t,计划单价为5 000 元/t.实际完成工程量分别为400 t、1 600 t、2 000 t,5—7 月的实际价格均为4 000 元/t,则6月月末的投资偏差为（　　）万元,实际投资比计划投资（　　）。

A. 450,浪费　　　　　　　　　　　　B. −450,节约

C. −200,节约　　　　　　　　　　　D. 200,浪费

8. 保修费用一般按照建筑安装工程造价和承包工程合同价的一定比例提取,该提取比例是（　　）。

A. 10%　　　　　　B. 5%　　　　　　C. 15%　　　　　　D. 20%

二、多项选择题

1. 根据现行规定,合同中没有适用或类似于变更工程的价格,其工程变更价款的处理原则是（　　）。

A. 由工程师提出适当的变更价格,报业主批准执行

B. 由承包方提出适当的变更价格,经发包人确认后执行

C. 当工程师与承包方对变更价格意见不一致时,由工程师确认其认为合适的价格

D. 当工程师与承包方对变更价格意见不一致时,可以由造价管理部门调解

E. 当发包人与承包方对变更价格意见不一致时,由造价管理部门裁定

2. 由于业主原因,工程师下令停工 1 个月,承包人可以索赔的款项包括（　　）。

A. 人工窝工费　　　　　　　　　　　B. 施工机械窝工费

C. 材料超期储存费用　　　　　　　　D. 工程延期一个月增加的履约保函手续费

E. 合理的利润

3. 工期索赔的计算方法有（　　）。

A. 网络分析法　　　　　　　　　　　B. 修正的总费用法

C. 比例计算法　　　　　　　　　　　D. 实际费用法

E. 分项计算法

4. 承包方发生工期拖延,同时得到费用和工期索赔,其原因可来自（　　）。

A. 特殊、反常的天气　　　　　　　　B. 业主

C. 工人罢工　　　　　　　　　　　　D. 工程师

E. 政府间经济制裁

5. 费用索赔可能包括（　　）。

A. 总部管理费　　　　　　　　　　　B. 工地管理费

C. 业主拖延支付所赔款的利息　　　　D. 直接费

E. 承包商进行索赔程序所花费的费用

6. 工程进度款的支付表述正确的是（　　　）。

A. 在确认计量结果后 14 天内，业主应向承包商支付工程款

B. 业主超过约定的支付时间不支付工程款，承包商可向业主发出要求付款的通知

C. 承包商和业主延期支付协议应明确延期支付的时间和从计量结果确认后第 15 天计算应付款的贷款利息

D. 业主不支付进度款，双方又没有达成协议，导致施工无法进行，承包商可停止施工，由业主承担违约责任

E. 承包商向业主发出要求付款的通知，直接由业主签发支付证书

7. 以下保修情况，费用应由建设单位承担的是（　　　）。

A. 不可抗力原因造成的损坏

B. 使用单位使用不当，造成的损坏

C. 建设单位采购设备质量不合格引起的质量缺陷

D. 设计方面原因造成的质量缺陷

E. 承包单位未按国家有关规定、标准和设计要求进行施工，造成的质量缺陷

三、计算题

1. 某建筑工程承包合同总额为 600 万元，主要材料及构件金额占合同总额的 62.5%，预付备料款额度为 25%，预付款扣款的方法是以未施工工程尚需的主要材料及构件的价值相当于预付款数额时起扣，从每次中间结算工程价款中，按材料及构件的比重抵扣工程价款。保留金为合同总额的 5%。2015 年上半年各月实际完成合同价值见表 6.4，试求各月结算的工程款。

表 6.4　各月完成合同价值

月份	2	3	4	5
完成合同值（万元）	100	140	180	180

2. 某工程合同价为 100 万元，合同约定：采用调值公式进行动态结算，其中固定要素比重为 0.3，调价要素 A，B，C 分别占合同价的比重为 0.15，0.25，0.3，结算时价格指数分别增长了 20%，15%，25%，求该工程实际结算款额为多少万元？

第7章
建设项目竣工阶段的工程造价控制

7.1 概述

7.1.1 建设项目竣工验收的概念

竣工决算
编制

建设项目竣工验收是指由发包人、承包人和项目验收委员会,以项目批准的设计任务书和设计文件,以及国家或部门颁发的施工验收规范和质量检验标准为依据,按照一定的程序和手续,在项目建成并试生产合格后(工业生产性项目),对工程项目的总体进行检验和认证、综合评价和鉴定的活动。按照我国建设程序的规定,竣工验收是建设工程的最后阶段,是建设项目施工阶段和保修阶段的中间过程,是全面检验建设项目是否符合设计要求和工程质量检验标准的重要环节。只有经过竣工验收,建设项目才能实现由承包人管理向发包人管理的过渡,它标志着建设投资成果投入生产或使用,对促进建设项目及时投产或交付使用、发挥投资效果、总结建设经验有着重要的作用。

工业生产项目,须经试生产合格,形成生产能力,正常生产出产品后,才能验收,非工业生产项目,应能正常使用,才能进行验收。

建设项目的验收,按被验收的对象来划分,可分为单位工程验收、单项工程验收及工程整体验收(动用验收)。通常所说的验收,指的是"动用验收",即通常所说的建设工程项目竣工验收,即建设单位在建设工程项目按批准的设计文件所规定的内容全部建成后,向使用单位(国有资金建设的工程向国家)交工的过程。其验收程序是:整个建设工程项目按设计要求全部建成,经过第一阶段的交工验收符合设计要求,并具备竣工图、竣工结算及竣工决算等必要的文件资料后,由建设工程项目主管部门或建设单位,按照国家现行验收组织规定,接受由银行、物资、环保、劳动、统计、消防及其他有关部门组成的验收委员会或验收组的验收,办理固定资产移交手续。验收委员会或验收组听取有关单位的工作报告,审阅工程技术档案资料,并实地查验建筑工程和设备安装情况,对工程设计、施工和设备质量等方面作出全面的评价。

7.1.2　建设项目竣工验收的作用

①全面考核建设成果,检查设计、工程质量是否符合要求,确保建设项目按设计要求的各项技术经济指标正常使用。

②通过竣工验收办理固定资产使用手续,可以总结工程建设经验,为提高建设项目的经济效益和管理水平提供重要依据。

③建设项目竣工验收是项目施工阶段的最后一个程序,是建设成果转入生产使用的标志,是审查投资使用是否合理的重要环节。

④建设项目建成投产后,能否取得良好的宏观效益,需要经过国家权威管理部门按照相关技术规范、技术标准组织验收确认。通过建设项目验收,国家可以全面考核项目的建设成果,检验建设项目决策、设计、设备制造和管理水平及总结建设经验。因此,竣工验收是建设项目转入投产使用的必要环节。

7.1.3　建设项目竣工验收的任务

建设项目通过竣工验收后,由承包人移交发包人使用,并办理各种移交手续,这时标志着建设项目全部结束,即建设资金转化为使用价值。建设项目竣工验收的主要任务有:

①发包人、勘察和设计单位、承包人分别对建设项目的决策和论证、勘察和设计以及施工的全过程进行最后的评价,对各自在建设项目进展过程中的经验和教训进行客观的评价,以保证建设项目按设计要求和各项技术经济指标正常使用。

②办理建设项目的验收和移交手续,并办理建设项目竣工结算和竣工决算,以及建设项目的档案资料的移交和保修手续费等,总结建设经验,提高建设项目的经济效益和管理水平。

③承包人通过竣工验收应采取措施将该项目的收尾工作和包括市场需求、"三废"治理、交通运输等在内的遗留问题尽快处理好,确保建设项目尽快发挥效益。

7.2　建设项目竣工验收

7.2.1　建设项目竣工验收的范围及内容

1)建设项目竣工验收的范围

国家颁布的建设法规规定,凡新建、扩建、改建的基本建设项目和技术改造项目(所有列入固定资产投资计划的建设项目或单项工程),已按国家批准的设计文件所规定的内容建成,符合验收标准,即工业投资项目经负荷试车考核,试生产期间能够正常生产出合格产品,形成生产能力的;非工业投资项目符合设计要求,能够正常使用的,不论是属于哪种建设性质,都应及时组织验收,办理固定资产移交手续。有的工期较长、建设设备装置较多的大型工程,为了及时发挥其经济效益,对能够独立生产的单项工程,也可以根据建成时间的先后顺序,分期分批地组织竣工验收;对能生产中间产品的一些单项工程,不能提前投料试车,可按生产要求与生产最终产品的工程同步建成竣工后,再进行全部验收。此外,对于某些特殊情况,工程施工虽未全部按设计要求完成,也应进行验收。这些特殊情况主要有:

①因少数非主要设备或某些特殊材料短期内不能解决,虽然工程内容尚未全部完成,但已可以投产或使用的工程项目。

②按规定的内容已建完,但因外部条件的制约,如流动资金不足,生产所需原材料不能满足等,而使已建成工程不能投入使用的项目。

③有些建设项目或单项工程,已形成部分生产能力或实际上生产单位已经使用,但近期内不能按原设计规模续建,应从实际情况出发经主管部门批准后,缩小规模对已完成的工程和设备组织竣工验收,移交固定资产。

2)建设项目竣工验收的内容

不同的建设工程项目,其竣工验收的内容也不完全相同。但一般均包括工程资料验收和工程内容验收两部分。

(1)工程资料验收

工程资料验收包括工程技术资料验收、工程综合资料验收和工程财务资料验收三个方面的内容。

①工程技术资料验收的内容:

a. 工程地质、水文、气象、地形、地貌、建筑物、构筑物、重要设备的安装位置、勘察报告与记录;

b. 初步设计、技术设计或扩大初步设计、关键的技术试验、总体规划设计;

c. 土质试验报告、基础处理;

d. 建筑工程施工记录、单位工程质量检验记录、管线强度、密封性试验报告、设备及管线安装施工记录及质量检查、仪表安装施工记录;

e. 设备试车、验收运转、维修记录;

f. 产品的技术参数、性能、图样、工艺说明、工艺规程、技术总结、产品检验与包装、工艺图;

g. 设备的图样、说明书;

h. 涉外合同、谈判协议、意向书;

i. 各单项工程及全部管网竣工图等资料。

②工程综合资料验收的内容:

a. 项目建议书及批件、可行性研究报告及批件、项目评估报告、环境影响评估报告书;

b. 设计任务书、土地征用申报及批准的文件;

c. 招标投标文件、承包合同;

d. 项目竣工验收报告、验收鉴定书。

③工程财务资料验收的内容:

a. 历年建设资金供应(拨、贷)情况和应用情况;

b. 历年批准的年度财务决算;

c. 历年年度投资计划、财务收支计划;

d. 建设成本资料；

e. 支付使用的财务资料；

f. 设计概算、预算资料；

g. 竣工决算资料。

（2）工程内容验收

工程内容验收包括建筑工程验收、安装工程验收。

①建筑工程验收，主要是如何运用有关资料进行审查验收。内容主要包括：

a. 建筑物的位置、标高及轴线是否符合设计要求。

b. 对基础工程中的土石方工程、垫层工程及砌筑工程等资料的审查，因为这些工程在"交工验收"时已验收。

c. 对结构工程中的砖木结构、砖混结构、内浇外砌结构及钢筋混凝土结构的审查验收。

d. 对屋面工程的木基、望板油毡、屋面瓦、保温层及防水层等的审查验收。

e. 对门窗工程的审查验收。

f. 对装修工程的审查验收（抹灰、油漆等工程）。

②安装工程验收分为建筑设备安装工程、工艺设备安装工程及动力设备安装工程验收。

a. 建筑设备安装工程（指民用建筑物中的上、下水管道，暖气，煤气，通风，电气照明等安装工程）应检查设备的规格、型号、数量、质量是否符合设计要求，检查安装时的材料、材质、材种，检查试压、闭水试验、照明。

b. 工艺设备安装工程包括：生产、起重、传动及试验等设备的安装，以及附属管线敷设和油漆、保温等。

主要检查设备的规格、型号、数量、质量、设备安装的位置、标高、机座尺寸、质量、单机试车、无负荷联动试车、有负荷联动试车、管道的焊接质量、洗清、吹扫、试压、试漏、油漆、保温等及各种阀门。

c. 动力设备安装工程是指对自备电厂的项目或变配电室（所）、动力配电线路的验收。

7.2.2　建设项目竣工验收的方式及程序

1）建设项目竣工验收的方式

建设项目竣工验收的方式可分为单位工程竣工验收、单项工程竣工验收和全部工程竣工验收三种方式。

（1）单位工程竣工验收（又称中间验收）

单位工程验收是承包人以单位工程或某专业工程为对象，独立签订建设工程施工合同，达到竣工条件后，承包人可单独交工，发包人根据竣工验收的依据和标准，按施工合同约定的工程内容组织竣工验收，这阶段工作由监理单位组织，发包人和承包人派人参加验收工作，单位工程验收资料是最终验收的依据。

（2）单项工程竣工验收

单项工程竣工验收是在一个总体建设项目中，一个单项工程已完成设计图纸规定的工程内容，能满足生产要求或具备使用条件，承包人向监理单位提交"工程竣工报告"和"工程竣工报验单"，经鉴认后向发包人发出"交付竣工验收通知书"，说明工程完工情况、竣工验收准备情况及设备无负荷单机试车情况,具体约定单项工程竣工验收的有关工作。

此阶段工作由发包人组织,会同承包人、监理单位、设计单位和使用单位等有关部门完成。

(3)全部工程的竣工验收

全部工程的竣工验收是建设项目已按设计规定全部建成、达到竣工验收条件,由发包人组织设计、施工、监理等单位和档案部门进行全部工程的竣工验收。

2)建设项目竣工验收的程序

建设项目全部建成,经过各单项工程的验收符合设计的要求,并具备竣工图表、竣工决算和工程总结等必要的文件资料,由建设项目主管部门或发包人向负责验收的单位提出竣工验收申请报告,按程序验收。工程验收报告应经项目经理和承包有关负责人审核签字。

(1)承包人申请交工验收

承包人在完成了合同工程或按合同约定可分部移交工程的,可申请交工验收,交工验收一般为单项工程,但在某些特殊情况下也可以是单位工程的施工内容,诸如特殊基础处理工程、发电站单机机组完成后的移交等。承包人施工的工程达到竣工条件后,应先进行预检验,对不符合要求的部位和项目,确定修补措施和标准,修补有缺陷的工程部位;对于设备安装工程,要与发包人和监理工程师共同进行无负荷的单机和联动试车。承包人在完成了上述工作和准备好竣工资料后,即可向发包人提交"工程竣工报验单"。

(2)监理工程师现场初步验收

监理工程收到"工程竣工报验单"后,应由监理工程师组成验收组,对竣工的工程项目的竣工资料和各专业工程的质量进行初验,在初验中发现的质量问题,要及时书面通知承包人,令其修理甚至返工。经整改合格后,监理工程师签署"工程竣工报验单",并向发包人提出质量评估报告,至此现场初步验收工作结束。

(3)单项工程验收

单项工程验收又称交工验收,即验收合格后发包人方可投入使用。由发包人组织的交工验收,由监理单位、设计单位、承包人及工程质量监督站等参加,主要依据国家颁布的有关技术规范和施工承包合同,对以下几方面进行检查或检验。

①检查、核实竣工项目准备移交给发包人的所有技术资料的完整性、准确性。

②按照设计文件和合同,检查已完工程是否有漏项。

③检查工程质量、隐蔽工程验收资料,关键部位的施工记录等,考查施工质量是否达到合同要求。

④检查试车记录及试车中所发现的问题是否得到改正。

⑤在交工验收中发现需要返工、修补的工程,明确规定完成期限。

⑥其他相关问题。

验收合格后,发包人和承包人共同签署"交工验收证书",然后由发包人将有关技术资料和试车记录、试车报告及交工验收报告一并上报主管部门,经批准后该部分工程即可投入使用。验收合格的单项工程,在全部工程验收时,原则上不再办理验收手续。

(4)全部工程的竣工验收

全部施工过程完成后,由国家主管部门组织的竣工验收,又称为动用验收。发包人参与全部工程竣工验收分为验收准备、预验收和正式验收 3 个阶段。

①验收准备。发包人、承包人和其他有关单位均应进行验收准备,验收准备的主要工作内容如下:

a.收集、整理各类技术资料,分类装订成册。

b.核实建筑安装工程的完成情况,列出已交工工程和未完工工程一览表,包括单位工程名称、工程量、预算估价以及预计完成时间等内容。

c.提交财务决算分析。

d.检查工程质量,查明须返工或补修的工程并提出具体的时间安排,预申报工程质量等级的评定,做好相关材料的准备工作。

e.整理汇总项目档案资料,绘制工程竣工图。

f.登载固定资产,编制固定资产构成分析表。

g.落实生产准备各项工作,提出试车检查的情况报告,总结试车考评情况。

h.编写竣工结算分析报告和竣工验收报告。

②预验收。建设项目竣工验收准备工作结束后,由发包人或上级主管部门会同监理单位、设计单位、承包人及有关单位或部门组成预验收组进行预验收。预验收的主要工作包括:

a.核实竣工验收准备工作内容,确认竣工项目所有档案资料的完整性和准确性。

b.检查项目建设标准、评定质量,对竣工验收准备过程中有争议的问题和有隐患及遗留问题提出处理意见。

c.检查财务账表是否齐全并验证数据的真实性。

d.检查试车情况和生产准备情况。

e.编写竣工预验收报告和移交生产准备情况报告,在竣工预验收报告中应说明项目的概况、对验收过程进行阐述、对工程质量作出总体评价。

③正式验收。建设项目的正式竣工验收是由国家、地方政府、建设项目投资商或开发商以及有关单位领导和专家参加的最终整体验收。大中型和限额以上的建设项目的正式验收,由国家投资主管部门或其委托项目主管部门或地方政府组织验收,一般由竣工验收委员会(或验收小组)主任(或组长)主持,具体工作可由总监理工程师组织实施。国家重点工程的大型建设项目,由国家有关部委邀请有关方面参加,组成工程验收委员会,进行验收。小型和限额以下的建设项目由项目主管部门组织。发包人、监理单位、承包人、设计单位和使用单位共同参加验收工作。

a.发包人、勘察设计单位分别汇报工程合同履约情况以及在工程建设各环节执行法律、法规与工程建设强制性标准的情况。

b.听取承包人汇报建设项目的施工情况、自验情况和竣工情况。

c.听取监理单位汇报建设项目监理内容和监理情况及对项目竣工的意见。

d.组织竣工验收小组全体人员进行现场检查,了解项目现状、查验项目质量,及时发现存在和遗留的问题。

e.审查竣工项目移交生产使用的各种档案资料。

f.评审项目质量,对主要工程部位的施工质量进行复验、鉴定,对工程设计的先进性、合理性和经济性进行复验和鉴定,按设计要求和建筑安装工程施工的验收规范和质量标准进行质量评定验收。在确认工程符合竣工标准和合同条款规定后,签发竣工验收合格证书。

g. 审查试车规程,检查投产试车情况,核定收尾工程项目,对遗留问题提出处理意见。

h. 签署竣工验收鉴定书,对整个项目作出总的验收鉴定。

整个建设项目进行竣工验收后,发包人应及时办理固定资产交付使用手续。在进行竣工验收时,对验收过的单项工程可以不再办理验收手续,但应将单项工程交工验收证书作为最终验收的附件而加以说明。发包人在竣工验收过程中,如发现工程不符合竣工条件,应责令承包人进行返修,并重新组织竣工验收,直到通过验收。

7.2.3　建设项目竣工验收的组织

建设项目竣工验收的组织,按原国家计委、住房和城乡建设部关于《建设项目(工程)竣工验收办法》的规定组成。大中型和限额以上基本建设和技术改造项目(工程),由国家发展计划部门或国家发展计划部门委托项目主管部门、地方政府部门组织验收。小型和限额以下基本建设和技术改造项目(工程),由项目(工程)主管部门或地方政府部门组织验收。竣工验收要根据工程规模大小、复杂程度组成验收委员会或验收组。验收委员会或验收组应由银行、物资、环保、劳动、消防及其他有关部门组成。建设主管部门和发包人、接管单位、承包人、勘察设计单位及工程监理单位也应参加验收工作。某些比较重大的项目应报省、国家组成验收组织进行验收。

7.3　建设项目竣工决算

7.3.1　建设项目竣工决算的概念

1)建设项目竣工决算的概念

竣工决算是以实物数量和货币指标为计量单位,综合反映竣工项目从筹建开始到项目竣工交付使用为止的全部建设费用、建设成果和财务情况的总结性文件,是竣工验收报告的重要组成部分,竣工决算是正确核定新增固定资产价值,考核分析投资效果,建立健全经济责任制的依据,是反映建设项目实际造价和投资效果的文件。

2)工程竣工结算与竣工决算的比较

建设项目竣工决算是以工程竣工结算为基础进行编制的。在整个建设项目竣工结算基础上,加上从筹建开始到工程全部竣工的有关基本建设的其他工程和费用支出,便构成了建设项目竣工决算的主体。

(1)编制单位不同

竣工结算由施工单位编制,而竣工决算由建设单位编制。

(2)编制范围不同

竣工结算主要是针对单位工程编制的,单位工程竣工后便可以进行编制;而竣工决算是针对建设项目编制的,必须在整个建设项目全部竣工后才可以进行编制。

（3）编制作用不同

竣工结算是建设单位与施工单位结算工程价款的依据，是核对施工企业生产成果和考核工程成本的依据，是建设单位编制建设项目竣工决算的依据；而竣工决算是建设单位考核基本建设投资效果的依据，是正确确定固定资产价值和正确计算固定资产折旧费的依据。

3）建设项目竣工决算的作用

①建设项目竣工决算是综合、全面地反映竣工项目建设成果及财务情况的总结性文件，它采用货币指标、实物数量、建设工期和各种技术经济指标，综合、全面地反映建设项目自开始建设到竣工为止的全部建设成果和财务状况。

②建设项目竣工决算是办理交付使用资产的依据，也是竣工验收报告的重要组成部分。建设单位与使用单位在办理交付资产的验收交接手续时，通过竣工决算反映了交付使用资产的全部价值，包括固定资产、流动资产、无形资产和其他资产的价值。同时，它还详细提供了交付使用资产的名称、规格、数量、型号和价值等明细资料，是使用单位确定各项新增资产价值并登记入账的依据。

③建设项目竣工决算是分析和检查设计概算的执行情况，考核投资效果的依据。竣工决算反映了竣工项目计划、实际的建设规模、建设工期以及设计和实际的生产能力，反映了概算总投资和实际的建设成本，同时还反映了所达到的主要技术经济指标。通过对这些指标计划数、概算数与实际数进行对比分析，不仅可以全面掌握建设项目计划和概算执行情况，而且可以考核建设项目投资效果，为今后制订基建计划，降低建设成本，提高投资效果提供必要的资料。

7.3.2　建设项目竣工决算的内容

建设项目竣工决算应包括从筹集到竣工投产全过程的全部实际费用，即包括建筑工程费、安装工程费、设备工器具购置费用及预备费和投资方向调节税等费用。按照财政部、国家发展和改革委员会、住房和城乡建设部的有关文件规定，竣工决算由竣工财务决算说明书、竣工财务决算报表、工程竣工图和工程造价对比分析等4个部分组成的。其中，竣工财务决算说明书和竣工财务决算报表又合称为建设项目竣工财务决算，它是竣工决算的核心内容。

1）竣工报告说明书

竣工报告说明书主要包括以下内容：

①建设项目概况，对工程总的评价；

②资金来源及运用等财务分析；

③基本建设收入、投资包干结余、竣工结余资金的上交分配情况；

④各项经济技术指标的分析；

⑤工程建设的经验、项目管理和财务管理工作以及竣工财务决算中有待解决的问题；

⑥需要说明的其他事项。

2）竣工财务决算报表

建设项目竣工财务决算报表要根据大中型建设项目和小型建设项目分别制订。大中型建设项目竣工决算报表包括建设项目竣工财务决算审批表、大中型建设项目概况表、大中型建设项目竣工财务决算表、大中型建设项目交付使用资产总表;小型建设项目竣工财务决算报表包括建设项目竣工财务决算审批表、竣工财务决算总表、建设项目交付使用资产明细表。

(1)建设项目竣工财务决算审批表(表7.1)

表 7.1　建设项目竣工财务决算审批表

建设项目法人(建设单位)		建设性质	
建设项目名称		主管部门	
开户银行意见: 盖章 年　月　日			
专员办(审批)审核意见: 盖章 年　月　日			
主管部门或地方财政部门审批意见: 盖章 年　月　日			

该表作为竣工决算上报有关部门审批时使用,其格式按照中央级小型项目审批要求设计,地方级项目可按审批要求作适当修改,大、中、小型项目均要按照下列要求填报此表。

①表中"建设性质"按照新建、改建、扩建、迁建和恢复建设项目等分类填列。

②表中"主管部门"是指建设单位的主管部门。

③所有建设项目均须经过开户银行签署意见后,按照有关要求进行报批:中央级小型项目由主管部门签署审批意见;中央级大中型建设项目报所在地财政监察专员办事机构签署意见后,再由主管部门签署意见报财政部审批;地方级项目由同级财政部门签署审批意见。

④已具备竣工验收条件的项目,3个月内应及时填报审批表,如3个月内不办理竣工验收和固定资产移交手续的视同项目已正式投产,其费用不得从基本建设投资中支付,所实现的收入作为经营收入,不再作为基本建设收入管理。

（2）大中型基本建设项目概况表（表 7.2）

表 7.2　大中型基本建设项目概况表

建设项目（单项工程）名称			建设地址					项目	概算	实际	备注
主要设计单位			主要施工企业					建筑安装工程			
占地面积	计划	实际	总投资（万元）		设计	实际	基建支出	设备、工具、器具			
								待摊投资			
								其中:建设单位管理费			
新增生产能力	能力（效益）名称				设计	实际		其他投资			
								待核销基建支出			
建设起止时间	设计	从　年　月开工至　年　月竣工						非经营项目转出投资			
	实际	从　年　月开工至　年　月竣工						合　计			
设计概念批准文号											
完成主要工程量	建筑面积（m²）				设备（台、套、t）						
	设计		实际		设计		实际				
收尾工程	工程内容		已完成投资额		尚需投资额		完成时间				

该表综合反映大中型建设项目的基本概况,内容包括该项目总投资、建设起止时间、新增生产能力、主要材料消耗、建设成本、完成主要工程量和主要技术经济指标及基本建设支出情况,为全面考核和分析投资效果提供依据,可按下列要求填写。

①建设项目名称、建设地址、主要设计单位和主要施工单位,要按全称填列。

②表中各项目的设计、概算和计划等指标,根据批准的设计文件和概算、计划等确定的数字填列。

③表中所列新增生产能力、完成主要工程量、主要材料消耗的实际数据,根据建设单位统计资料和施工单位提供的有关成本核算资料填列。

④表中基建支出是指建设项目从开工起至竣工为止发生的全部基本建设支出,包括形成资产价值的交付使用资产,如固定资产、流动资产、无形资产和其他资产支出,还包括不形成资产价值按照规定应核销的非经营项目的待核销基建支出和转出投资。上述支出,应根据财政部门历年批准的"基建投资表"中的有关数据填列。

⑤表中"初步设计和概算批准日期、文号",按最后经批准的日期和文件号填列。

⑥表中收尾工程是指全部工程项目验收后尚遗留的少量收尾工程,在表中应明确填写收尾工程内容、完成时间,这部分工程的实际成本可根据实际情况进行估算并加以说明,完

工后不再编制竣工决算。

（3）大中型建设项目竣工财务决算表（表7.3）

该表是用来反映竣工的大中型建设项目从开工起到竣工为止全部资金来源和资金运用的情况，它是考核和分析投资效果，落实结余资金，并作为报告上级核销基本建设支出和基本建设拨款的依据。此表采用平衡表形式，即资金来源合计等于资金支出合计。

表7.3　大中型建设项目竣工财务决算表　　　　　　　　　　单位：元

资金来源	金额	资金占用	金额
一、基建拨款		一、基本建设支出	
1.预算拨款		1.交付使用资产	
2.基建基金拨款		2.在建工程	
其中：国债专项资金拨款		3.待核销基建支出	
3.专项建设基金拨款		4.非经营项目转出投资	
4.进口设备转账拨款		二、应收生产单位投资借款	
5.器材转账拨款		三、拨付所属投资借款	
6.煤代油专用基金拨款		四、器材	
7.自筹资金拨款		其中：待处理器材损失	
8.其他拨款		五、货币资金	
二、项目资本		六、预付及应收款	
1.国家资本		七、有价证券	
2.法人资金		八、固定资产	
3.个人资本		固定资产原价	
4.外商资本		减：累计折旧	
三、项目资本公积		固定资产净值	
四、基建借款		固定资产清理	
其中：国债转贷		待处理固定资产损失	
五、上级拨入投资借款			
六、企业债券资金			
七、待冲基建支出			
八、应付款			
九、未交款			
1.未交税金			
2.其他未交款			

续表

资金来源	金额	资金占用	金额
十、上级拨入资金			
十一、留成收入			
合　计		合　计	

注:补充资料——基建投资借款期末余额;
　　　　——应收生产单位投资借款期末数;
　　　　——基建结余资金。

大中型建设项目竣工财务决算表的编制方法为:

①资金来源包括基建拨款、项目资本金、项目资本公积金、基建借款、上级拨入投资借款、企业债券资金、待冲基建支出、应付款和未交款以及上级拨入资金和企业留成收入等。

a.项目资本金是指经营性项目投资者按国家有关项目资本金的规定,筹集并投入项目的非负债资金,在项目竣工后,相应转为生产经营企业的国家资本金、法人资本金、个人资本金和外商资本金。

b.项目资本公积金是指经营性项目对投资者实际缴付的出资额超过其资金的差额(包括发行股票的溢价净收入)、资产评估确认价值或者合同、协议约定价值与原账面净值的差额、接收捐赠的财产、资本汇率折算差额,在项目建设期间作为资本公积金、项目建成交付使用并办理竣工决算后,转为生产经营企业的资本公积金。

c.基建收入是基建过程中形成的各项工程建设副产品变价净收入、负荷试车的试运行收入以及其他收入,在表中基建收入以实际销售收入扣除销售过程中所发生的费用和税后的实际纯收入填写。

②表中"交付使用资产""预算拨款""自筹资金拨款""其他拨款""项目资本""基建投资借款"及"其他借款等项目",是指自开工建设起至竣工为止的累计数,上述有关指标应根据历年批复的年度基本建设财务决算和竣工年度的基本建设财务决算中资金平衡表相应项目的数字进行汇总填写。

③表中其余项目费用办理竣工验收时的结余数,根据竣工年度财务决算中资金平衡表的有关项目期末数填写。

④资金支出反映建设项目从开工准备到竣工全过程资金支出的情况,内容包括基建支出、应收生产单位投资借款、库存器材、货币资金、有价证券和预付及应收款以及拨付所属投资借款和库存固定资产等,资金支出总额应等于资金来源总额。

⑤补充材料的"基建投资借款期末余额"反映竣工时尚未偿还的基本投资借款额,"基建投资借款"项目期末数填写;"应收生产单位投资借款期末数",根据竣工年度资金平衡表内的"应收生产单位投资借款"项目的期末数填写;"基建结余资金"反映竣工的结余资金,根据竣工决算表中有关项目计算填写。

⑥基建结余资金可以按下列公式计算:

基建结余资金 = 基建拨款 + 项目资本 + 项目资本公积金 + 基建投资借款 +

企业债券基金 + 待冲基建支出 = 基本建设支出 − 应收生产单位投资借款

（4）大中型建设项目交付使用资产总表（表7.4）

表7.4 大中型建设项目交付使用资产总表　　　　　单位:元

序号 （1）	单项工程 项目名称 （2）	总计 （3）	固定资产				流动资产 （8）	无形资产 （9）	其他资产 （10）
			建安工程 （4）	设备 （5）	其他 （6）	合计 （7）			

交付单位:　　　负责人:　　　　　　　接收单位:　　　负责人:

盖章　年　月　日　　　　　　　　盖章　年　月　日

该表反映建设项目建成后新增固定资产、流动资产、无形资产和递延资产价值的情况和价值,作为财产交接、检查投资计划完成情况和分析投资效果的依据。小型项目不编制"交付使用资产总表",直接编制"交付使用资产明细表";大中型项目在编制"交付使用资产总表"的同时,还需编制"交付使用资产明细表"。

大中型建设项目交付使用资产总表的编制方法为:

①表中各栏目数据根据"交付使用明细表"的固定资产、流动资产、无形资产和递延资产各相应项目的汇总数分别填写,表中总计栏的总计数应与竣工财务决算表中的交付使用资产的金额一致。

②表中第7至10栏的合计数,应分别与竣工财务决算表交付使用的固定资产、流动资产、无形资产及其他资产的数据相符。

（5）建设项目交付使用资产明细表（表7.5）

表7.5 建设项目交付使用资产明细表

单项工 程项目 名称	建筑工程			设备、工具、器具、家具						流动资产		无形资产		其他资产	
	结构	面积 （m²）	价值 （元）	名称	规格 型号	单位	数量	价值 （元）	设备 安装 费（元）	名称	价值 （元）	名称	价值 （元）	名称	价值 （元）

交付单位:　　　　　　　　　　　　接收单位:

盖章　年　月　日　　　　　　　　盖章　年　月　日

该表反映了交付使用的固定资产、流动资产、无形资产和递延资产及其价值的明细情况,是办理资产交接的依据和接收单位登记资产账目的依据,也是使用单位建立资产明细账和登记新增资产价值的依据。大中型和小型建设项目均需编制此表。编制此表时,要做到齐全完整、数字准确,各栏目价值应与会计账目中相应科目的数据保持一致。

建设项目交付使用资产明细表的编制方法为:

①表中"建筑工程"项目应按单项工程名称填列其结构、面积和价值。其中"结构"指项

目按钢结构、钢筋混凝土结构和混合结构等结构形式填写;面积则按各项目实际完成面积填写;价值按交付使用资产的实际价值填写。

②表中"固定资产"部分要在逐项盘点后,根据盘点实际情况填写,工具、器具和家具等低值易耗品可分类填写。

③表中"流动资产""无形资产"和"递延资产"项目应根据建设单位实际交付的名称和价值分别填写。

(6)小型建设项目竣工财务决算总表(表7.6)

表7.6 小型建设项目竣工财务决算总表

建设项目名称	建设地址						资金来源		资金运用	
初步设计概算批准文号							项目	金额(元)	项目	金额(元)
占地面积	计划	实际	总投资(万元)	计划		实际		一、基建拨款 其中:预算拨款 二、项目资本 三、项目资本公积 四、基建借款 五、上级拨入借款 六、企业债券资金 七、待冲基建支出 八、应付款 九、未交款 其中:未交基建收入 未交包干节余 十、上级拨入资金 十一、留成收入		一、交付使用资产 二、待核销基建支出 三、非经营项目转出投资 四、应收生产单位投资借款 五、拨付所属投资借款 六、器材 七、货币资金 八、预付及应收款 九、有价证券 十、固定资产	
				固定资产	流动资金	固定资产	流动资金				
新增生产能力	能力(效益)名称		设计	实际							
建设起止时间	计划	从 年 月开工至 年 月竣工									
	实际	从 年 月开工至 年 月竣工									
基建支出	项目			概算(元)	实际(元)						
	建筑安装工程 设备、工具、器具 待摊投资 其中:建设单位管理费 其他投资 待核销基建支出 非经营性项目转出投资										
	合计							合计		合计	

由于小型建设项目内容比较简单,因此可将工程概况与财务情况合并编制一张"竣工财务决算总表",该表主要反映小型建设项目的全部工程和财务情况。具体编制时,可参照大中型建设项目概况表指标和大中型建设项目竣工财务决算表指标口径填写。

3) 建设工程竣工图

建设工程竣工图是真实地记录各种地上、地下建筑物和构筑物等情况的技术文件，是工程进行交工验收、维护改建和扩建的依据，是国家的重要技术档案。其具体要求有：

①凡按图样竣工没有变动的，由施工单位在原施工图上加盖"竣工图"标志后，即作为竣工图。

②凡在施工过程中，虽有一般性设计变更，但能将原施工图加以修改补充作为竣工图的，可不重新绘制，由施工单位负责在原施工图（必须是新蓝图）上注明修改的部分，并附以设计变更通知单和施工说明，加盖"竣工图"标志后，作为竣工图。

③凡结构形式改变、施工工艺改变、平面布置改变、项目改变以及有其他重大改变，不宜再在原施工图上修改、补充时，应重新绘制改变后的竣工图。施工单位负责在新图上加盖"竣工图"标志，并附有关记录和说明，作为竣工图。

④为了满足竣工验收和竣工决算需要，还应绘制反映竣工工程全部内容的工程设计平面示意图。

4) 工程造价比较分析

批准的概算是考核建设工程造价的依据。在分析时，可先对比整个项目的总概算，然后将建筑安装工程费、设备工器具费和其他工程费用逐一与竣工决算表中所提供的实际数据和相关资料及批准的概算、预算指标、实际的工程造价进行对比分析，以确定竣工项目总造价是节约还是超支，并在对比的基础上，总结先进经验，找出节约和超支的内容和原因，提出改进措施。在实际工作中，应主要分析以下内容：

①主要实物工程量。对于实物工程量出入比较大的情况，必须查明原因。

②主要材料消耗量。考核主要材料消耗量，要按照竣工决算表中所列明的三大材料实际超概算的消耗量，查明是在工程的哪个环节超出量最大，再进一步查明超耗的原因。

③考核建设单位管理费、措施费和间接费的取费标准。建设单位管理费、措施费和间接费的取费标准要按照国家和各地的有关规定，把竣工决算报表中所列的建设单位管理费与概预算所列的建设单位管理费数额进行比较，依据规定查明是否多列或少列的费用项目，确定其节约超支的数额，并查明原因。

7.3.3　竣工决算的编制

1) 竣工决算的编制依据

①经批准的可行性研究报告、投资估算书、初步设计或扩大初步设计、修正总概算及其批复文件。

②经批准的施工图设计及其施工图预算书。

③设计交底或图样会审会议纪要。

④设计变更记录、施工记录或施工签证单及其他施工发生的费用记录。

⑤经批准的施工图预算或标底造价、承包合同和工程结算等有关资料。

⑥历年基建计划、历年财务决算及批复文件。

⑦设备、材料调价文件和调价记录。

⑧有关财务核算制度、办法和其他有关资料。

2)竣工决算的编制要求

为了严格执行建设项目竣工验收制度,正确核定新增固定资产价值,考核分析投资效果,建立健全经济责任制,所有新建、扩建和改建等建设项目竣工后,都应及时、完整、正确地编制好竣工决算。

①按照有关规定组织竣工验收,保证竣工决算的及时性。及时组织竣工验收,是对建设工程的全面考核,所有的建设项目(或单项工程)按照批准的设计文件所规定的内容建成后,具备投产和使用条件的,都要及时组织验收。对于竣工验收中发现的问题,应及时查明原因,采取措施加以解决,以保证建设项目按时交付使用和及时编制竣工决算。

②积累、整理竣工项目资料,保证竣工决算的完整性。积累、整理竣工项目资料是编制竣工决算的基础工作,它关系到竣工决算的完整性和质量的好坏。因此,在建设过程中,建设单位必须随时收集项目建设的各种资料,并在竣工验收前,对各种资料进行系统整理,分类立卷,为编制竣工决算提供完整的数据资料,为投产后加强固定资产管理提供依据,在工程竣工时,建设单位应将各种基础资料与竣工决算一起移交给生产单位或使用单位。

③清理、核对各项账目,保证竣工决算的正确性。工程竣工后,建设单位要认真核实各项交付使用资产的建设成本;做好各项账务、物资以及债权的清理结余工作,应偿还的及时偿还,该收回的应及时收回,对各种结余的材料、设备、施工机械工具等,要逐项清点核实,妥善保管,按照国家有关规定进行处理,不得任意侵占;对竣工后的结余资金,要按规定上交财政部门或上级主管部门。做完上述工作后,在核实各项数字的基础上,正确编制从年初起到竣工月份为止的竣工年度财务决算,以便根据历年的财务决算和竣工年度财务决算进行整理汇总,编制建设项目决算。

按照规定,竣工决算应在竣工项目办理验收交付手续后1个月内编好,并上报主管部门,有关财务成本部分,还应送银行审查签证。主管部门和财政部门对报送的竣工决算审批后,建设单位即可办理决算调整和结束有关工作。

3)竣工决算的编制步骤

①收集、整理和分析有关依据资料。在编制竣工决算文件之前,应系统整理所有的技术资料、工料结算的经济文件、施工图样和各种变更与签证资料,并分析它们的准确性。完整、齐全的资料,是准确而迅速编制竣工决算的必要条件。

②清理各项财务、债务和结余物资。在收集、整理和分析有关资料中,要特别注意建设工程从筹建到竣工投产或使用的全部费用的各项账务、注意债权和债务的清理,做到工程完毕账目清晰,既要核对账目,又要查点库存实物的数量,做到账与物相等,账与账相符,对结余的各种材料、工器具和设备,要逐项清点核实,妥善管理,并按规定及时处理,收回资金。对各种往来款项要及时进行全面清理,为编制竣工决算提供准确的数据和结果。

③对照、核实工程变动情况。将竣工资料与原设计图样进行查对、核实,必要时可实地测量,确认实际变更情况,根据经审定的施工单位竣工结算等原始资料,按照有关规定对原概(预)算进行增减调整,重新核定工程造价。

④编制建设工程竣工决算说明书。按照建设工程竣工决算说明的内容要求,根据编制

依据材料填写在报表中的结果,编写文字说明。

⑤填写竣工决算报表。按照建设工程决算表格中的内容,根据编制依据中的有关资料进行统计或计算各个项目和数量,并将其结果填到相应表格的栏目内,完成所有报表的填写,这是编制工程竣工决算的主要工作。

⑥进行工程造价对比分析。

⑦清理、装订好竣工图。

⑧上报主管部门审查。按照国家规定上报审批、存档。

上述编写的文字说明和填写的表格经核对无误后装订成册,即为建设工程竣工决算文件。将其上报主管部门审查,并把其中财务成本部分送交开户银行签证。竣工决算在上报主管部门的同时,抄送有关设计单位。大中型建设项目的竣工决算还应抄送财政部、建设银行总行和省、自治区、直辖市的财政局和建设银行分行各一份。建设工程竣工决算的文件,由建设单位负责组织人员编写,在建设项目竣工办理验收使用一个月之内完成。

7.4 建设工程质量保证(保修)金的处理

7.4.1 保修的概述

1)缺陷责任期与保修期的概念区别

(1)缺陷责任期

缺陷责任期是指承包人对已交付使用的合同工程承担合同约定的缺陷修复责任的期限,其实质就是指预留质保金(保证金)的一个期限,具体可由发承包双方在合同中约定。

保修费用处理

缺陷责任期一般为1年,最长不超过2年,由发、承包双方在合同中约定。

(2)保修期

按照《中华人民共和国民法典》中第三编合同的法律条款规定,建设工程的施工合同内容包括工程质量保修范围和质量保证期。保修就是指施工单位按照国家或行业现行的有关技术标准、设计文件以及合同中约定质量的要求,对已竣工验收的建设工程在规定的保修期限内,进行维修、返工等工作。

保修期是指发承包双方在工程质量保修书中约定的期限。建设工程的保修期,自竣工验收合格之日起计算。保修期应当按照保证建筑物在合理寿命期内正常使用,维护使用者合法权益的原则确定。

2)保修的期限

按照《建设工程质量管理条例》第四十条的规定,保修期确定如下:

①基础设施工程、房屋建筑的地基基础工程和主体结构工程,为设计文件规定的该工程的合理使用年限。

②屋面防水工程、有防水要求的卫生间、房间和外墙面的防渗漏,为5年。

③供热与供冷系统,为2个采暖期、供冷期。

④电气管线、给排水管道、设备安装和装修工程，为2年。

其他项目的保修期限由发包方与承包方约定。

建设工程的保修期，自竣工验收合格之日起计算。

3）保修的范围

《中华人民共和国建筑法》第六十二条规定：建筑工程实行质量保修制度。建筑工程的保修范围应当包括地基基础工程、主体结构工程、屋面防水工程和其他土建工程，以及电气管线、上下水管线的安装工程，供热、供冷系统工程等项目；保修的期限应当按照保证建筑物合理寿命年限内正常使用，维护使用者合法权益的原则确定。具体的保修范围和最低保修期限由国务院规定。

在正常使用条件下，建筑工程的保修一般包括以下问题：

①屋面、地下室、外墙阳台、卫生间、厨房等处的渗水、漏水问题。

②各种通水管道（如自来水、热水、污水、雨水等）的漏水问题，各种气体管道的漏气问题，通气孔和烟道的堵塞问题。

③泥地面有较大面积空鼓、裂缝或起砂问题。

④内墙抹灰有较大面积起泡、脱落或墙面起碱脱皮问题，外墙粉刷自动脱落问题。

⑤暖气管线安装不妥，出现局部不热、管线接口处漏水等问题。

⑥地基基础、主体结构等存在影响工程使用的质量问题。

⑦其他由于施工不良而造成的无法使用或不能正常发挥使用功能的工程部位。由于用户使用不当而造成建筑功能不良或损坏者，不在保修范围内。

4）保修费用

保修费用是指对建设工程在保修期限和保修范围内所发生的维修、返工等各项费用支出。保修费用应按合同和有关规定合理确定和控制。保修费用一般可参照建筑安装工程造价的确定程序和计算方法计算，也可按建筑安装工程造价或承包合同价的一定比例计算（如5%）。

7.4.2　保修费用的处理方法

基于建筑安装工程情况复杂，不如其他商品那样单一，出现的质量缺陷和隐患等问题往往是由于多方面原因造成的。因此，在费用的处理上应分清造成问题的原因以及具体返修内容，按照国家有关规定和合同要求与有关单位共同商定处理办法。

1）勘察、设计原因造成保修费用的处理

勘察、设计方面的原因造成的质量缺陷，由勘察、设计单位负责并承担经济责任，由施工单位负责维修或处理。按新的《中华人民共和国民法典》规定，勘察、设计人应当继续完成勘察、设计，减收或免收勘察、设计费并赔偿损失。

2）施工原因造成的保修费用处理

施工单位未按国家有关规范、标准和设计要求施工，造成质量缺陷，由施工单位负责无偿返修并承担经济责任。建设工程在保修范围和保修期限内发生质量问题的，施工单位应当履行保修义务，并对造成的损失承担赔偿责任。施工单位不履行保修义务或者拖延履行

保修义务的,责令改正,并处 10 万元以上 20 万元以下的罚款,并对保修期间因质量缺陷造成的损失承担赔偿责任。

3)设备、材料、构配件不合格造成的保修费用处理

因设备、建筑材料、构配件质量不合格引起的质量缺陷,属于施工单位采购的或经其验收同意的,由施工单位承担经济责任;属于建设单位采购的,由建设单位承担经济责任。至于施工单位、建设单位与设备、材料、构配件供应单位或部门之间的经济责任,应按其设备、材料、构配件的采购供应合同处理。

4)用户使用原因造成的保修费用处理

因用户使用不当造成的质量缺陷,由用户自行负责。

5)不可抗力原因造成的保修费用处理。

因地震、洪水、台风等不可抗力造成的质量问题,施工单位和设计单位都不承担经济责任,由建设单位负责处理。

关于建设工程质量的具体责任及其处罚,要严格按国务院第 279 号令执行。

7.5 工程竣工阶段造价控制

7.5.1 新增资产价值的分类

按照新的财务制度和企业会计准则,新增资产按资产性质可分为固定资产、流动资产、无形资产、递延资产和其他资产等五大类。

1)固定资产

固定资产是指使用期限超过一年,单位价值在规定标准以上,并且在使用过程中保持原有实物形态的资产,主要包括房屋、建筑物、机电设备、运输设备及工器具等。

2)流动资产

流动资产是指可以在一年或者超过一年的营业周期内变现或者耗用的资产。它是企业资产的重要组成部分。流动资产按资产的占用形态可分为现金、存货(指企业库存材料、在产品、产成品及商品等)、银行存款、短期投资、应收账款及预付账款。

3)无形资产

无形资产是指特定主体所控制的,不具有实物形态,对生产经营长期发挥作用且能带来经济利益的资源,主要包括专利权、非专利技术、著作权、商标权、商誉及土地使用权等。

4)递延资产

递延资产是指不能全部计入当年损益,应当在以后年度分期摊销的各种费用,包括开办费、经营租赁租入固定资产改良支出及固定资产大修理支出等。

5)其他资产

其他资产是指现场临建设施及具有专门用途,但不参加生产经营的经国家批准的特种

物资,包括银行冻结存款和冻结物资、涉及诉讼的财产等。

7.5.2　新增固定资产价值的确定

新增固定资产亦称交付使用的固定资产,是投资项目竣工投产后所增加的固定资产,它是以价值形态表示的固定资产投资最终成果的综合性指标。其内容主要包括:已经投入生产或交付使用的建筑安装工程造价;达到固定资产标准的设备工器具的购置费用;增加固定资产价值的其他费用,包括土地征用及迁移补偿费、联合试运转费、勘察设计费、项目可行性研究费、施工机构迁移费、报废工程损失及建设单位管理费等。

新增固定资产价值以独立发挥生产能力的单项工程为对象。单项工程建成经有关部门验收鉴定合格,正式移交生产或使用,即应计算新增固定资产价值。一次交付生产或使用的工程,计算一次新增固定资产价值,分期分批交付生产或使用的工程,应分期分批计算新增固定资产价值。在计算时,应注意以下几种情况:

①对于为了提高产品质量、改善劳动条件、节约材料消耗、保护环境而建设的附属辅助工程,只要全部建成,正式验收交付使用后就要计入新增固定资产价值。

②对于单项工程中不构成生产系统,但能独立发挥效益的非生产性项目,如住宅、食堂、医务所、托儿所和生活服务网点等,在建成并交付使用后,也要计入新增固定资产价值。

③凡购置达到固定资产标准无须安装的设备、工具、器具,应在交付使用后计入新增固定资产价值。

④属于新增固定资产价值的其他投资,应随同受益工程交付使用的同时一并计入。

⑤交付使用财产的成本,应按下列内容计算:

a.房屋、建筑物、管道和线路等固定资产的成本包括建筑工程成本和应分摊的待摊投资。

b.动力设备和生产设备等固定资产的成本包括需要安装设备的采购成本、安装工程成本、设备基础支柱等建筑工程成本或砌筑锅炉及各种特殊炉的建筑工程成本、应分摊的待摊投资。

c.运输设备及其他无须安装的设备、工具、器具和家具等固定资产一般仅计算采购成本,不计分摊的"待摊投资"。

⑥共同费用的分摊方法。新增固定资产的其他费用,如果是属于整个建设项目或两个以上单项工程的,在计算新增固定资产价值时,应在各单项工程中按比例分摊。分摊时,什么费用应由什么工程负担应按具体规定进行。一般情况下,建设单位管理费按建筑工程、安装工程、需安装设备价值总额按比例分摊,而土地征用费、勘察设计费等费用则按建筑工程造价分摊。

7.5.3　新增流动资产价值的确定

流动资产是指可以在一年内或者超过一年的一个营业周期内变现或者运用的资产。

1)货币性资金

货币性资金是指现金、各种银行存款及其他货币资金。

2)应收及预付款项

应收款项是指企业因销售商品、提供劳务等应向购货单位或受益单位收取的款项;预付款项是指企业按照购货合同预付给供货单位的购货定金或部分货款。应收及预付款项包括应收票据、应收款项、其他应收款、预付货款和待摊费用。在一般情况下,应收及预付款项按企业销售商品、产品或提供劳务时的成交金额入账核算。

3)短期投资(包括股票、债券、基金)

股票和债券根据是否可以上市流通分别采用市场法和收益法确定其价值。

4)存货

存货是指企业的库存材料、在产品及产成品等。各种存货应当按照取得时的实际成本计价。存货的形成,主要有外购和自制两个途径。外购的存货,按照买价加运输费、装卸费、保险费、途中合理损耗、入库前加工、整理及挑选费用以及缴纳的税金等计价;自制的存货,按照制造过程中的各项实际支出计价。

7.5.4 新增无形资产价值的确定

无形资产是指特定主体所控制的,不具有实物形态,对生产经营长期发挥作用且能够带来经济利益的资源。根据我国2017年颁布的《资产评估准则——无形资产》规定,我国作为评估对象的可辨认无形资产通常包括专利权、商标权、著作权、专有技术、销售网络、客户关系、特许经营权、合同权益、域名等。不可辨认无形资产是指商誉。

1)无形资产的计价原则

①投资者按无形资产作为资本金或者合作条件投入时,按评估确认或合同协议约定的金额计价。

②购入的无形资产,按照实际支付的价款计价。

③企业自创并依法申请取得的,按开发过程中的实际支出计价。

④企业接受捐赠的无形资产,按照发票账单所持金额或者同类无形资产市价计价。

⑤无形资产计价入账后,应在其有效使用期内分期摊销。

2)无形资产的计价方法

(1)专利权的计价

专利权分为自创和外购两类。自创专利权的价值为开发过程中的实际支出,主要包括专利的研制成本和交易成本。研制成本包括直接成本和间接成本。直接成本是指研制过程中直接投入发生的费用(主要包括材料费用、工资费用、专用设备费、资料费、咨询鉴定费、协作费、培训费和差旅费等);间接成本是指与研制开发有关的费用(主要包括管理费、非专用设备折旧费、应分摊的公共费用及能源费用)。交易成本是指在交易过程中的费用支出(主要包括技术服务费、交易过程中的差旅费及管理费、手续费、税金)。由于专利权是具有独占性并能带来超额利润的生产要素,因此,专利权转让价格不按成本估价,而是按照其所能带来的超额收益计价。

（2）非专利技术的计价

非专利技术具有使用价值和价值，使用价值是非专利技术本身应具有的，非专利技术的价值在于非专利技术的使用所能产生的超额获利能力，应在研究分析其直接和间接的获利能力的基础上，准确计算出其价值。如果非专利技术是自创的，一般不作为无形资产入账，自创过程中发生的费用，按当期费用处理。对于外购非专利技术，应由法定评估机构确认后再进行估价，其方法往往通过能产生的收益采用收益法进行估价。

（3）商标权的计价

如果商标权是自创的，一般不作为无形资产入账，而将商标设计、制作、注册和广告宣传等发生的费用直接作为销售费用计入当期损益。只有当企业购入或转让商标时，才需对商标权计价。商标权的计价一般根据被许可方新增的收益确定。

（4）土地使用权的计价

根据取得土地使用权的方式不同，土地使用权有以下几种计价方式：当建设单位向土地管理部门申请土地使用权并为之支付一笔出让金时，土地使用权作为无形资产核算；当建设单位获得土地使用权是通过行政划拨的，土地使用权不能作为无形资产核算；在将土地使用权有偿转让、出租、抵押、作价入股和投资，按规定补交土地出让价款时，才作为无形资产核算。

7.5.5　递延资产和其他资产价值的确定

1）递延资产价值的确定

①开办费是指在筹集期间发生的费用，不能计入固定资产或无形资产价值的费用，主要包括筹建期间人员工资、办公费、员工培训费、差旅费、印刷费、注册登记费以及不计入固定资产和无形资产购建成本的汇兑损益、利息支出等。根据现行财务制度规定，企业筹建期间发生的费用，应于开始生产经营起一次计入开始生产经营当期的损益。企业筹建期间开办费的价值可按其账面价值确定。

②以经营租赁方式租入的固定资产改良工程支出的计价，应在租赁有限期限内摊入制造费用或管理费用。

2）其他资产

其他资产包括特准储备物资等，按实际入账价值核算。

7.6　案例分析

某大中型建设项目于 2000 年开工建设，2002 年底有关财务核算资料如下：

①已经完成部分单项工程，经验收合格后，已经交付使用的资产包括：

a. 固定资产价值 75 540 万元。

b. 为生产准备的使用期限在一年以内的备品备件、工具器具等流动资产价值 30 000 万元，期限在一年以上，单位价值在 1 500 元以下的工具 60 万元。

c. 建造期间购置的专利权、非专利技术等无形资产 2 000 万元，摊销期 5 年。

d. 筹建期间发生的开办费 80 万元。

②基本建设支出中的未完成项目包括：

a. 建筑安装工程支出 16 000 万元。

b. 设备工器具投资 44 000 万元。

c. 建设单位管理费、勘察设计费等待摊投资 2 400 万元。

d. 通过出让方式购置的土地使用权形成的其他投资 110 万元。

③非经营项目发生的待核销基建支出 50 万元。

④应收生产单位投资借款 1 400 万元。

⑤购置需要安装的器材 50 万元，其中待处理器材 16 万元。

⑥货币资金 470 万元。

⑦预付工程款及应收有偿调出器材款 18 万元。

⑧建设单位自用的固定资产原值 60 550 万元，累计折旧 10 022 万元。

⑨预算拨款 52 000 万元。

⑩自筹资金拨款 58 000 万元。

⑪其他拨款 520 万元。

⑫建设单位向商业银行借入的借款 110 000 万元。

⑬建设单位当年完成交付生产单位使用的资产价值中，200 万元属于利用投资借款形成的待冲基建支出。

⑭应付器材销售商 40 万元货款和尚未支付的应付工程款 1 916 万元。

⑮未交税金 30 万元。

根据上述有关资料编制该项目竣工财务决算表(表 7.7)。

表 7.7　大中型建设项目竣工财务决算表　　　　　　单位:万元

资金来源	金额	资金占用	金额
一、基建拨款	110 520	一、基本建设支出	170 240
1. 预算拨款	52 000	1. 交付使用资产	107 680
2. 基建基金拨款		2. 在建工程	62 510
其中:国债专项资金拨款		3. 待核销基建支出	50
3. 专项建设基金拨款		4. 非经营项目转出投资	
4. 进口设备转账拨款		二、应收生产单位投资借款	1 400
5. 器材转账拨款		三、拨付所属投资借款	
6. 煤代油专用基金拨款		四、器材	50
7. 自筹资金拨款	58 000	其中:待处理器材损失	16
8. 其他拨款	520	五、货币资金	470

续表

资金来源	金额	资金占用	金额
二、项目资本		六、预付及应收款	18
1.国家资本		七、有价证券	
2.法人资金		八、固定资产	50 528
3.个人资本		固定资产原价	60 550
4.外商资本		减:累计折旧	10 022
三、项目资本公积		固定资产净值	50 528
四、基建借款	110 000	固定资产清理	
其中:国债转贷		待处理固定资产损失	
五、上级拨入投资借款			
六、企业债券资金			
七、待冲基建支出	200		
八、应付款	1 956		
九、未交款	30		
1.未交税金	30		
2.其他未交款			
十、上级拨入资金			
十一、留成收入			
合计	222 706	合计	222 706

本章小结

　　建设项目竣工决算是竣工验收交付使用阶段,建设单位按照国家有关规定对新建、改建和扩建工程建设项目,从筹建到竣工投产或使用全过程编制的全部实际支出费用的报告。它以实物数量和货币指标为计量单位,综合反映了竣工项目的建设成果和财务情况,是竣工验收报告的重要组成部分,包括竣工财务决算说明书、竣工财务决算报表、建设工程竣工图和工程造价分析比较。

　　本章主要介绍了建设项目竣工决算的主要内容和编制方法,以及新增资产价值的确定。

思考与练习

一、单项选择题

1.通常所说的建设项目竣工验收,指的是(   )。

A.单位工程验收   B.单项工程验收

C.动用验收   D.交工验收

2.竣工决算的主要内容有(   )。

A.竣工财务决算说明书、竣工财务决算报表、工程竣工图、工程造价比较分析

B.竣工决算计算书、竣工决算报表、财务决算表

C.竣工决算计算书、财务决算表、竣工工程平面图、竣工决算报表

D.竣工决算报表、竣工决算计算书、财务决算表、工程造价比较分析

3.下列属于无形资产的是(   )。

A.建设单位开办费   B.长期待摊投资

C.土地使用权   D.短期待摊投资

4.在编制竣工决算时,新增固定资产价格的计算是以(   )为对象。

A.独立组织施工的单位工程   B.经济上独立核算的建设项目

C.独立发挥生产能力的单项工程   D.定额划分的分部工程

5.某医院建设项目由甲、乙、丙3个单项工程组成,其中:勘察设计费60万元,建设项目建筑工程费2 000万元、设备费3 000万元、安装工程费1 000万元,丙工程建筑工程费600万元、设备费1 000万元、安装工程费200万元,则丙单项工程应分摊的勘察设计费为(   )万元。

A.18.00   B.19.20   C.16.00   D.18.40

二、多项选择题

1.以下属于竣工验收依据的有(   )。

A.批准的可行性研究报告   B.批准的初步设计或扩大初步设计

C.批准的施工图设计   D.招标标底、承包合同等

E.财务报表分析

2.建设项目竣工决算的内容包括(   )。

A.竣工财务决算报表   B.竣工决算报告情况说明书

C.投标报价书   D.新增资产价值的确定

E.工程造价比较分析

3.建设项目竣工决算中,计入新增固定资产价值的有(   )。

A.已经投入生产或交付使用的建筑安装工程造价

B.达到固定资产标准的设备工器具的购置费用

C.可行性研究费用

D.其他相关建筑安装工程造价

E.联合试运转费用

4.工程造价比较分析的主要内容有(　　　)。

A.主要实物工程量　　　　　　　B.主要材料消耗量

C.建设单位管理费的取费标准　　D.承包商的利润

E.工程进度对工程造价的影响

5.大中型建设项目竣工决算报表包括(　　　)。

A.建设项目概况表　　　　　　　B.建设项目竣工财务决算表

C.竣工财务决算总表　　　　　　D.建设项目交付使用资产总表

E.建设项目交付使用资产明细表

第 8 章

BIM 技术与工程造价管理

    随着计算机应用技术和信息技术的飞速发展,工程造价管理工作也从借助纸、笔、计算器和定额编制预算转变为借助预算软件及网络平台来完成询价、报价等工程造价管理工作。

    建设项目全过程造价管理,要求对建设项目投资进行全面、系统、科学、有效的管理,包括改革现有计价方式,确定合理的造价目标,在不同阶段实施造价控制,从各个方面和部门进行有效的管理——主要就是在投资决策阶段、设计阶段、招投标阶段和建设实施阶段,把建设项目造价控制在批准的投资限额以内,及时纠正偏差,以保证项目管理目标的实现,以及在各个建设项目中合理地使用人力、物力、财力,取得较好的投资效益和社会效益。满足和实现这些要求,都离不开信息化。结合我国工程造价管理自身的特点和新一代的信息技术,如 BIM 可视化工程管理、PM 综合项目管理系统、DATA 数据中心与知识管理等,使信息技术能够更科学地为工程造价管理服务。

    建筑信息模型(Building information modeling,BIM)是一种集信息化与数字化于一体的高科技平台,为前期工程设计、中期施工管理、后期工程结算提供便利,以其高效的信息交换平台,为参建各方提供快捷的交流互通方式。运用 BIM 技术实现建设项目的工程造价管理是现代建筑行业发展的新态势。

    目前,用户对建筑物的功能、外观及舒适度要求的提高,使得附加在建设项目上的信息量越来越大,尤其是对于某些现代大型建设项目,由于其参建单位多、建设周期长、建设过程信息量大,项目工程造价管理的难度也大大增加,依赖传统的信息沟通和管理方式很容易导致工程造价管理失控。利用 BIM 软件实现将工程建设各阶段的信息收集、整理以及共享,组建建筑信息实体模型,从而有效推进工程各参建单位的分工与配合,在工程实际施工前进行造价管理,继而实现从设计、施工、运营的全过程造价管理,可有效避免项目完工后实际成本超出预算的情况发生。

8.1　BIM 在工程造价管理中的发展现状

2011 年住建部正式发布《2011—2015 年建筑业信息化发展纲要》，明确加快建筑企业信息化建设，提高信息化技术水平推动建筑业管理水平提升和技术进步，加快建筑信息模型在工程建设中的应用。2014 年，"十二五"规划中住建部明确提出 BIM 在工程实践中的普及，进一步促进建筑信息化建设，同时加快拥有自主知识产权的软件开发，纲要针对不同项目参建主体提出了不同的企业信息集成的程度要求和信息基础设施的建设要求。《关于推进建筑信息模型应用的指导意见》《2016—2020 年建筑业信息化发展纲要》等系列文件的发布，使得 BIM 成为"十三五"建筑业重点推广的五大信息技术之首。除了国家住建部，其他各省、市亦纷纷出台相关政策。上海市住房和城乡建设管理委员会于 2016 年 9 月，发布了《上海市建筑信息模型技术应用推广"十三五"发展规划纲要》；为了进一步加强上海市 BIM 技术应用，于 2017 年 12 月下达 BIM 推广应用范围、应用审核和监督、激励和配套措施等四个方面的通知，于 2018 年 6 月发布了《上海市保障性住房项目 BIM 技术应用验收评审标准》。到 2020 年末，建筑企业要掌握 BIM 和其他信息技术的集成应用，以国有资金为主的新立项大中型建筑项目集成应用 BIM 的比例要达到 90%。由此可见，BIM 技术应用和发展将在建筑领域进一步推进。

目前国内与 BIM 相关的应用软件主要有广联达、鲁班、清华斯维尔、PKPM、探索者等。近年来，广州地铁国家游泳中心、上海世博会中国馆等大型重点项目开始将 BIM 技术应用于建筑设计中。北京的"中国尊"、上海的中心大厦等项目，都在设计和施工过程中采用世界顶尖的 BIM 技术，极大地减少了资源的损耗和浪费，有效避免了事故的发生。一些大型地产商，如万达、龙湖、SOHO 等都在积极探索 BIM 的应用，许多大型设计企业也组建了自己的 BIM 团队，逐步研究 BIM 的应用。正确运用 BIM 技术提高工程造价管理效果，投资者可以得到准确的预算造价结果，获取更多利润。造价管理人员使用 BIM 技术构建直观化数据模型，更准确反映项目工程造价的一切细微变动，借助数字模拟技术来准确核算项目工程总投入资金，控制资金使用动向和计价变更。造价管理人员还可以运用 BIM 技术构建完整的数据库，从而对整个项目施工中的所有数据信息实施全面覆盖性监控、调整与管理。

8.2　BIM 技术的基本特征

8.2.1　参数化(数字化)

信息是 BIM 的核心，而 BIM 模型的基本元素则是单个物体，其成本信息、物理特性、几何信息以及施工要求等都必须采用参数来控制。

BIM 模型依据数字技术，通过参数设置来对基本构件加以区分，同时将数据传输给其他对象，带有面向对象化的性质。参数化的基本构件既可以提供信息，也可以接收信息的反馈。借助信息化处理能够使建筑模型持续优化，因此参数化是实现其他功能的基础模块。

8.2.2 可视化

BIM 是以三维模型为载体进行数据与信息整合的技术,其具有三维模型所具有的固有属性,其中最为显著的是可视化,并且以 BIM 模型来看,具有可视化的属性不但有建筑几何信息,还包括建筑构件属性等方面。在 BIM 模型中,用户能够对建筑某部分构件的属性进行直接提取,能够对建筑的材质、面积等属性进行直观了解,对用户的工作效率能够极大提升。其可视化特性如图 8.1 所示。通过把二维的线条式构件用建模软件绘制成三维实体模型,把相同构件的互动性和反馈性进行可视化展现,使得工程建设在视觉上实现可视化,更重要的是 BIM 技术可以实现整个项目从开始设计直至运营的全过程可视化。

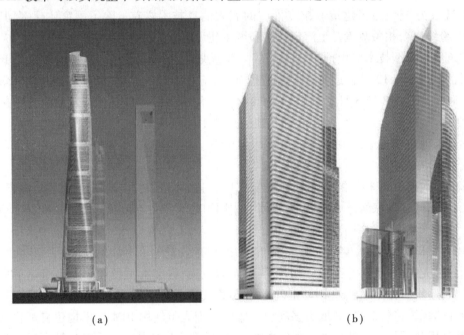

(a) (b)

图 8.1 BIM 模型的可视化效果

8.2.3 模拟性

BIM 能够通过三维模型对建筑设计的各个方面进行模拟,为建筑工程设计提供了现实数据信息的依据,能够对建筑工程设计的细节方面(如日照方向与强度、功耗节能程度、建筑给水排水设计等)进行真实的模拟,为建筑工程设计人员提供科学合理的信息从而使其能够在设计中考虑周全。BIM 能够在建筑工程的施工准备阶段对施工现场的具体布置进行模拟,能够对施工现场与施工环境进行合理安排,并且能够对施工进度进行实时模拟,把控施工具体项目的实施时间。BIM4D 技术加入成本维度(即 BIM5D 技术),可对施工阶段的成本进行动态监控,实现成本管控等。在运维阶段,可运用 BIM 技术通过对突发灾害性事件进行模拟来制订紧急应对方案。其具体效果如图 8.2 所示。

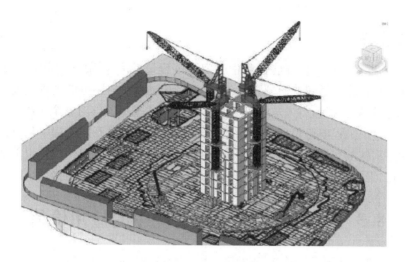

图 8.2　BIM 模拟性效果图

8.2.4　协调性

协调性是 BIM 技术的重要内容,BIM 能将多种跨专业的信息进行整合,并以三维模型的形式进行展示,实现建筑工程的多专业与多参与方的整合协调,使建筑工程效率得到较大程度的提升。在现实建筑工程中,通过 BIM 模型对建筑结构的合理性进行研究,并对建筑细节进行查看,如建筑空洞的尺寸预留问题、管线排布的合理性、主体结构与建筑内部空间的协调问题等。并且对建筑工程的问题进行方案制订后能够通过平台将信息传送给各参建方,强化了信息的辐射范围,提升了传播效率,从而提高了整个建筑工程参与各方的协调性。其具体效果如图 8.3 所示。

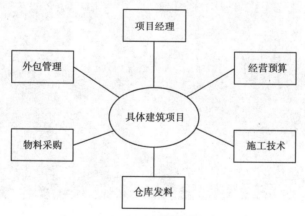

图 8.3　BIM 协调性效果图

8.2.5　输出性

BIM 模型具有参数化的特征,那么具体参数的收集、整理、储存必然需要 BIM 数据库,数据库的数据信息便能够以其他方式对外导出,实现数据共享。

8.2.6 优化性

一般建筑工程在工程项目开展过程中的实际工程量较大,其施工内容都是具有较高技术要求的工序,并且施工时间普遍较紧迫,工程项目开展过程中还可能出现突发事件,因此,复杂情况下常会导致工程参与人员难以应对。通过 BIM 模型能够对整个工程项目进行较精确的把控,使得整个工程项目得到有效优化,从而降低工程项目开展过程中遇到的困难。另外,现阶段的建筑施工交付还是以二维形式的图纸作为交付资料,BIM 软件也能够将其建筑模拟状况进行二维图纸的展示,将三维模型图进行平面图以及各个立面图的打印。

8.3 BIM 在工程造价管理中的应用价值

BIM 技术的出现,促进了建筑行业的第二次工业革命。通过 BIM 技术,能够实现用三维实体模型对二维图纸的替代,并且建筑设计师也能够更清晰、更直观地向业主表达自己的设计成果。在三维模型上进行工程建设的交流,能够更清楚地表达工程参与单位意见,优化设计方案。

在建筑行业中应用 BIM 技术,能够逼真地模拟建筑模型,及时发现设计方案中的缺陷与问题,进而对原始设计方案作出最经济、合理的优化调整。BIM 技术的显著优势就是三维实体模型,通过对工程建筑的三维实体建立模型,能够模拟出各基本构件在建筑工程中的实际设计方案,通过生成的碰撞报告,便可对原设计方案进行持续优化,可以有效解决传统设计流程的碰撞问题。这样不但节省了人力、材料等资源,还能提高工程质量,加快工程施工进度。例如,运用清华斯维尔软件对某项目的通风管道进行碰撞检查生成的结果(图8.4),可以清晰地看到不同管道间的碰撞位置。

图8.4 某项目管道碰撞检查结果截图

BIM 技术在建筑工程招投标过程中能对建筑工程进行三维模拟,对技术指标进行核对从而指导合理报价。在建筑施工准备阶段能够对工程项目的合理性进行模拟,对潜在问题进行提示与解决。在正式施工阶段能够对施工各方以及施工进度进行协调,有效保障了工程项目的质量安全。在工程竣工运维阶段能够对建筑施工资料档案进行管理与存档。其具体应用价值的表现见表8.1。

表 8.1　BIM 在实际建筑工程中的应用点

	投标阶段	施工准备阶段	正式施工阶段	工程竣工阶段
施工进度	—	工程进度与三维模型的协调	工程进度监控、工程进度资源规划	—
成本控制	成本清单核算、工程报价辅助	施工预算控制、施工材料管控、工程产值预估	工程资金计划、资金支付审核、材料消耗分析与管理	辅助工程结算、减少结算遗漏
质量安全	—	结构布置合理性、管线排布合理性、建筑内部空间核查	预留孔洞尺寸、砌体排布、施工方案模拟、施工现场质量安全监控	—
综合方面	项目直观展示、辅助招投标	建筑工程环境协调	资料档案管理、变更项目明细管理	竣工档案资料管理、运维模拟管理

显然,BIM 的应用价值在于将计算机与互联网技术合并到建筑工程的整个生命周期中,使得建筑施工管理得到较大程度的提升,从而提高实际施工效率,并且能够有效加快整体工程进度,对工程成本进行合理地把控,对工程质量安全进行实时监控,保证工程施工的安全稳定,从而为建筑工程项目带来巨大经济效益。鲁班软件公司所创办的 BIM 咨询所提供的数据显示,国内 BIM 应用能够使工程进度得到 10% 的提升,能够极大减少工程返工,并且明显提升工程质量管理能力,获得超额投资回报。

BIM 技术通过将计算机技术以及互联网技术与建筑工程项目进行有机整合,从而实现建筑工程项目的成本优化控制。目前,成本控制中的 BIM 应用包括计算机技术辅助管控项目成本和数据技术辅助成本核算这两个方面。计算机技术辅助管控项目成本是在建筑三维建模完成后对建筑图纸进行核查匹配,通过将建筑模型与施工图纸进行对照,对重大问题与细节问题进行核查发现并及时进行改正,避免了在工程项目开展过程中出现突发性问题。三维模型的建立使得工程项目进行了一次预先施工,在实际施工中可能出现的问题都将会在模型建立的过程中进行体现,通过碰撞模拟试验能够发现细节方面的问题,能够有效减少工程返工,提升工程效率;并且对于工程现场的合理布置也能够合理运用空间,从而减少搬运次数,降低发生工程安全事故的概率,为开展项目提供安全保障。BIM 技术可以将项目开展中可能遇到的问题进行提前预知,从而在项目开展前进行合理调整,减少施工中出现问题的概率,降低因施工问题而耗费的项目成本。

通过 BIM 技术,在项目开展过程中,对项目成本进行实时动态管理,通过对三维模型数据信息的分解与研究,可以将项目开展进程中的各阶段工程量与工程成本数据进行计算,在将其与项目规划中的对应部门进行对比分析能够实现对项目成本的动态管理。

BIM5D 模型是 BIM 技术的深化和发展,是在 BIM 三维模型的基础上增加了工程进度与项目成本两个特殊维度,并使 BIM 能够在建筑工程项目的生命周期中进行贯穿。其具有 BIM 的所有基本特性,是一个完整的项目管理工具。用于工程项目的 BIM5D 模型能够以 BIM 为载体将建筑施工中的具体项目进行整合,以模型为基础对工程项目开展过程中的所有因素进行关联,如项目开展进程、成本控制、质量安全、资料管理等,通过 BIM 模型的特性与计算机技术提供的相关信息数据,对项目的进度与成本管理提供科学有效的数据信息,辅助项目管理人员作出正确的决策,大大加快项目进度。

BIM5D 是基于 BIM 的项目管理系统,以 BIM 平台为核心,集成土建、机电等各专业模型,并以集成模型为载体,关联施工过程中的进度、合同、成本、质量、安全、图纸、物料等信息,利用 BIM 模型的形象直观、可计算分析的特性,为项目的进度、成本管控、物料管理等提供数据支撑,从而达到减少项目变更、缩短项目工期、控制项目成本、提升施工质量的目的。

BIM5D 能够对项目模型进行整合,对项目模型的数据进行实时更新,从而使之与项目工程相对应,为实际成本控制提供依据。基于 BIM5D 技术的项目成本管理是目前最为科学先进的管理模式,能够对项目工程项目开展过程中的数据信息进行完善,解决可能出现的数据问题,如数据缺失、数据分散、数据更新不及时、数据管理程度较低等。

BIM5D 平台的搭建,能够对工程项目的成本进行有机相连,进而对成本信息数据进行收集分析,实现对现实工程建设成本的管控。BIM5D 能够对整个工程项目开展过程中的成本数据信息进行更新与共享,为工程项目开展过程中的成本管控提供实时的数据依据,具体包括工程项目开展过程中的工程类以及工程价格进行实时监控与分析,使项目成本得到有效的动态控制,并且能够在工程项目正式开展前为管理人员提供实际的成本投入计划,使项目开展的各方参与者对于各阶段的资金投入情况有清晰的认识,帮助项目管理者进行合理的项目成本规划与成本管控计划。

BIM5D 能够根据项目设计的变更对项目成本信息进行实时更新,使设计变更前后的成本变化有一个清晰的对比,从而分析得出产生成本变化的原因,为项目管理者提供成本管控依据。

8.4 BIM 工程造价软件的介绍

根据 BIM 软件的用途,可将 BIM 软件进行归纳分类,如图 8.5 所示。

通常情况下,BIM 模型的组建是在多款软件的协调配合下共同完成的。BIM 建模的基础便是 BIM 模型建立的核心软件。BIM 造价管理软件是以最终优化的 BIM 实体模型为依据,完成工程量统计,并进行造价分析。

8.4.1 国外 BIM 软件介绍

针对工程造价领域,Innovaya 公司专门开发了 Visual Estimating 软件和 Visual Simulation 4D 软件。用户如果想方便有效地实现造价管理功能,则可以将两款软件结合使用。

兼容性是软件 Visual Estimating 非常强大的一个功能。它可以和一些专业设计软件(如 Tekla、Revit 等)兼容,能够直接导入设计人员在 Tekla、Revit 中构建的模型,还能根据所构建的模型中包含的构件类型与尺寸导出特定格式的工程量文件,并且能让模型中的构件自动链接上每一项工程量,如果设计有所更改和变化,这些工程量会自动更新。

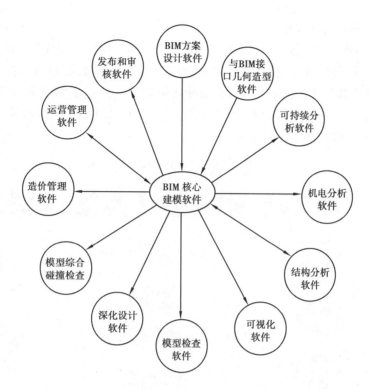

图 8.5　BIM 软件的分类

用户在使用 Visual Estimating 软件时,可以通过综合使用 Sage Timberline、MC2 ICE 软件,对构件上装配件的构成进行定义。将工程造价细分到所有装配件的类型、尺寸和数量,比如在门这个装配件中玻璃和拉手具有的数量和尺寸,而常规的 BIM 软件是不具备这一功能的。定义好构件后,利用该软件,结合相应设计模型,对其自动归类,分析计算,最后运用于工程造价。

Revit 软件是 Autodesk 公司专门为 BIM 技术构建的一套系列软件,可以帮助建筑设计使用者设计、建造和维护质量更好、能效更高的建筑。Revit 软件允许用户对软件进行二次开发以满足自身需求。Revit 软件主要包含三款软件,分别是 Revit Architecture(建筑)、Revit MEP(机电管线)、Revit Structure(结构)。

8.4.2　国内 BIM 软件介绍

目前,国内 BIM 技术的开发和应用也在被积极推行,BIM 技术被越来越多的相关从业人员熟悉和掌握。国内使用较多的 BIM 软件有广联达软件、清华斯维尔软件、鲁班软件等。

1)广联达软件

广联达科技股份有限公司开发的广联达造价软件,具有强大的计价功能,被许多用户广泛使用。广联达系列软件是工程造价常用软件,是以招标、投标为起点,贯穿整个工程造价过程,以进度控制为主线、成本管理为核心、先进计算机技术为保障进行建筑材料和人工等成本核算的专业软件。本章主要介绍广联达造价管理和 BIM 建造两个部分的软件。

（1）广联达造价管理软件

①广联达 BIM 土建计量 GTJ。该软件可以帮助工程造价企业和从业者解决土建专业估概算、招投标预算、施工进度变更、竣工结算全过程各阶段算量、提量、检查、审核全流程业务，实现一站式的 BIM 土建计量。软件能够使得量筋合一、一次建模无须互导，BIM 模型数据上下游无缝连接，且识别图纸准确，CAD 图纸导入率达 99%，梁识别＋校核准确率达99%。具体工作流程如图 8.6 所示。

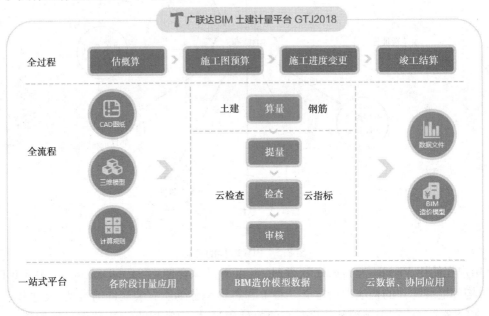

图 8.6　广联达 BIM 土建计量 GTJ 工作流程

②广联达 BIM 安装计量 GQI。该软件是针对民用建筑安装全专业研发的一款工程量计算软件，如图 8.7 所示。GQI2019 支持全专业 BIM 三维模式算量和手算模式算量，适用于所有电算化水平的安装造价和技术人员使用，兼容市场上所有电子版图纸的导入，包括 CAD图纸、Revit 模型、PDF 图纸、图片等，实现通过智能化识别、可视化三维显示、专业化计算规则、灵活化的工程量统计、无缝化的计价导入。

该软件具有六大特点：

a. 全专业覆盖，给排水、电气、消防、暖通、空调等安装工程的全覆盖；

b. 智能化识别，智能识别构件、设备，准确度高，调整灵活；

c. 无缝化导入，CAD、PDF、MagiCAD、天正、照片均可导入；

d. 可视化三维，BIM 三维建模，图纸信息 360°无死角排查；

e. 专业化规则，内置计算规则，计算过程透明，结果专业可靠；

f. 灵活化统计，实时计算，多维度统计结果，及时准确。

③广联达 BIM 钢结构计量 GJG。该软件是基于 BIM 技术的全新应用，从三维算量的角度突破性解决了钢结构复杂、多变的节点问题，提供复杂构件的参数化建模，建模快、算量巧、报表全。例如，系杆、檩条、拉条、隔撑等构件参数化一键秒布，如图 8.8 所示。

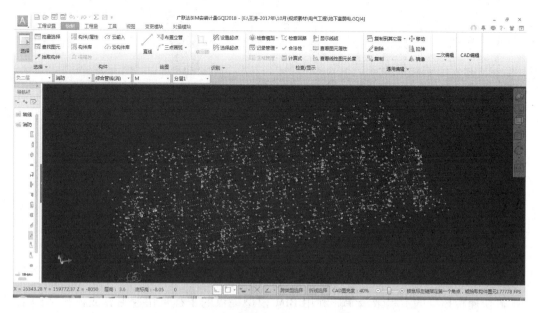

图8.7　整楼设备一键提量

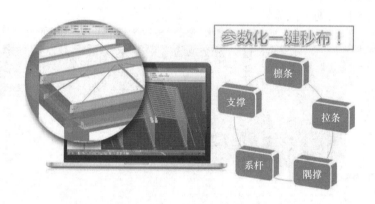

图8.8　智能参数化布置

④广联达云计价平台 GCCP V6.0。该软件是一款专为建设工程造价领域全价值链客户提供数字化转型解决方案的产品;利用云+大数据+人工智能技术,进一步提升计价软件的使用体验,通过新技术带来老业务新模式的变化,让每一个工程项目价值更优;完善全业务编制,概预结审全覆盖,量价一体,实现与算量工程的数据互通、实时刷新、图形反查,智能组价,智能提量,在线报表,从组价、提量、成果文件整个编制过程提高效率。政策文件修改发布后,该软件可分秒级更新最新定额库。

(2)广联达 BIM 建造软件

①广联达 BIM5D。广联达 BIM5D 为工程项目提供一个可视化、可量化的协同管理平台。通过轻量化的 BIM 应用方案,达到减少施工变更、缩短工期、控制成本、提升质量的目的,同时为项目和企业提供数据支撑,实现项目精细化管理和企业集约化经营。

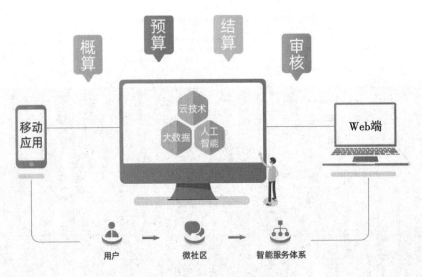

图 8.9 广联达云计价平台

a.快速校核标的工程量清单。利用 BIM 模型提供的工程量快速测算或校核标的工程量,为商务标投标标的提供参考,如图 8.10 所示。在投标前期对资金进行把控,加强对后期资金成本控制,方便后期资金流转。

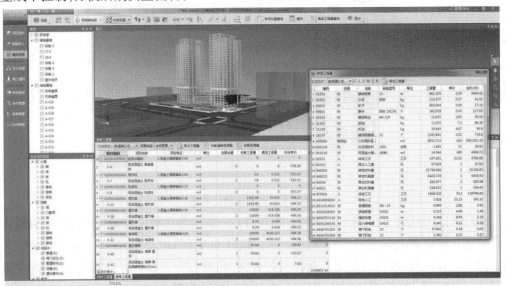

图 8.10 广联达 BIM5D 快速测算工程量

b.技术标可视化展示。利用 BIM 技术对技术标中的关键施工方案、施工进度计划可视化动态模拟,直观呈现项目整体部署及配套资源的投入状态,充分展现施工组织设计的可行性。

c.施工组织设计优化。在项目策划阶段,需要考虑总进度计划整体的劳务强度是否均衡,根据现场场地的不同情况,也要考虑场地的合理利用。通过广联达 BIM5D 产品对整个施工总进度进化校核,工程演示提前模拟,根据资源调配及技术方案划分施工流水段实现整个工况、资源需求及物料控制的合理安排;同时利用曲线图,关注波峰波谷,对施工计划从成本层面进行进一步校核,优化进度计划。

d. 过程进度实时跟踪。每日任务完成情况自动分析,全面掌握施工进展,及时发现偏差,避免任务漏项,为保证施工工期提供数据支撑。利用手机端 App,在施工现场对生产任务进行过程跟踪,将影响项目进度的问题通过云端及时反馈,供决策层实时决策、处理,保证进度按计划进行。利用 BIM5D 进行多视口可视化动态模拟,将实际施工情况和计划进度通过模型进行进度复盘,分析进度偏差原因及时进行资源调配。最终实现管理留痕,精细化管理。

e. 预制化构件实时追踪。打破信息孤岛,随时随地掌握构件状态,提高多方沟通效率;自动统计完工量,准确了解施工进度偏差;实测实量自动预警,提高质量管控力度。通过手机端对装配式等预制构件进行跟踪,参建各方可以实时了解到当前预制件所处阶段,提前规避风险;并通过 PC 端进行进度偏差分析以及 Web 端进行完工工程量自动汇总统计,完成对预制件,从加工到施工吊装完毕整个流程的进度、成本、质量安全管理。

f. 快速提取物资量。利用 BIM5D 平台依据工作需要快速提量,并对分包进行审核,避免烦琐的手算,提高工作效率。快速按照施工部位和施工时间以及进度计划等条件提取物资量,完成劳动力计划、物资投入计划的编制,并可支持工程部完成物资需用计划,物资部完成采购及进场计划。

g. 质量安全实时监控。对岗位层级而言,提高岗位工作效率,方便问题记录、查询,对常见问题及风险源提前做到心中有数。对问题流程实现自动跟踪提醒,减少问题漏项,提高整改效率。自动输出销项单、整改通知单等,实现一次录入、多项成果输出,减少二次劳动。对管理层级而言,常见质量问题,危险源推送现场,将管理要求落实到现场,提高管理力度。管理流程实现闭环,实现管理留痕,减少问题发生频度。所有数据自动分析沉淀为后期追责、对分包管理提供科学数据支撑。

h. 工艺、工法指导标准化作业。积累项目工艺数据,对每日任务提供具体工艺、工法指导,让技术交底工作落到实处,有据可查,串联各岗位工作。同时,提高交底文件编制效率,有效避免工艺漏项。利用手机端 App 将工艺推送到现场,将交底内容与日常进度任务相结合,全面覆盖现场施工业务。

i. 竣工交付输出三项成果。一是交付竣工 BIM 模型,这将是未来竣工存档的一种必然方式;二是整个项目过程中的历史数据可追溯,领导层可查看项目过程中的各类信息;三是过程中资金情况可实时反馈存档,如图 8.11 所示。

综上所述,广联达 BIM5D 是基于 BIM 的项目管理工具。它以 BIM 平台为核心,集成土建、机电、钢构、幕墙等各专业模型,并以集成模型为载体,关联施工过程中的进度、合同、成本、质量、安全、图纸、物料等信息,利用 BIM 模型的形象直观、可计算分析的特性,为项目的进度、成本管控、物料管理等提供数据支撑,协助管理人员有效决策和精细管理,从而达到减少施工变更、缩短工期、控制成本、提升质量的目的。模型中心为载体,信息中心为业务支撑,应用中心为核心价值。广联达 BIM5D 平台包含典型工况、施工模拟、流水视图、合约规划、工程计量、物资提量、质量安全七大应用。平台工作应用流程如图 8.12 所示。

图 8.11 竣工 BIM 模型数据存档

图 8.12 广联达 BIM5D 平台工作应用流程

广联达 BIM5D 的平台主要功能包括:

a. BIM 数据接口:广联达 BIM5D 软件,无缝对接广联达图形算量(GCL)、钢筋算量(GGJ)、安装算量(GQI)等行业内领先的 BIM 算量建模工具,同时支持国际通用的 ifc 标准,可导入 Revit 土建、Revit 机电(MEP)、MagiCAD(机电)、Tekla(钢构)等信息模型,避免不同阶段重复建模。

b. 场地布置:模拟场地的整体布置情况,协助优化场地方案。

c. 三维浏览:建筑内 3D 漫游,完美展现项目的空间结构,提前发现和规避问题,如图8.13所示。

d.4D进度模拟:可以使专家从模型中很快地了解投标单位对工程施工组织的编排情况及主要的施工方法、总体计划等,从而对投标单位的施工经验和实力做出初评估。

e.施工模拟:可以让项目管理人员在施工之前提前预测项目建造过程中每个关键节点的施工现场布置、大型机械及措施布置方案,还可以预测每个月、每一周所需的资金、材料、劳动力情况,提前发现问题并进行优化。

f.物资提量:BIM5D提供按照流水段、进度计划、时间、楼层、构件等丰富的物资量统计功能,并提供施工常用物资需用计划表,为物资采购、限额领料提供准确数据支撑。

g.合约规划:细致分析收入合同的工、料、机,进行分包费用规划,将成本控制在项目源头。

h.三算对比:分阶段将项目的收入、项目成本、实际成本进行对比分析,便于找出项目支出的问题,控制项目成本。

i.过程提量:BIM5D提供按照流水段、进度计划、时间、楼层、构件等丰富的工程量统计功能,满足定期甲方报量、分包审核的应用需求。

图8.13 广联达BIM5D建筑内3D漫游

②广联达斑马进度计划。广联达斑马进度计划为工程建设领域提供专业、智能、易用的进度计划编制与管理(PDCA)工具与服务。辅助项目从源头快速有效制订合理的进度计划,快速计算最短工期、推演最优施工方案,提前规避施工冲突;施工过程中辅助项目计算关键线路变化,及时准确预警风险,指导纠偏,提供索赔依据;最终达到有效缩短工期,节约成本,增强企业和项目竞争力、降低履约风险的目的。

通过双代号网络计划保证计划逻辑关系和关键线路完整性和正确性,指导项目时刻抓住主要矛盾,保障项目整体协调一致,区分轻重缓急进行任务实施,辅助项目资源合理安排,实现工期最优、施工方案最合理,保障目标完成。可以在Excel表格中做计划,双代号网络图和横道图同步生成,也可以直接绘制双代号网络图,一种输入多种输出,一表双图实时联动计算。

③广联达 BIM 施工现场布置。广联达 BIM 施工现场布置软件用于工程项目场地策划及展示的三维软件,让技术人员在投标展示及施工策划阶段更加得心应手。软件通过内置大量构件库、CAD 识别,导入 GCL、OBJ、SKP 等方式快速完成施工现场的数字化呈现,利用 BIM 模型快速输出各阶段的二维图、三维图、各阶段的临建材料量及施工现场数字版的航拍视频,如图 8.14 所示。

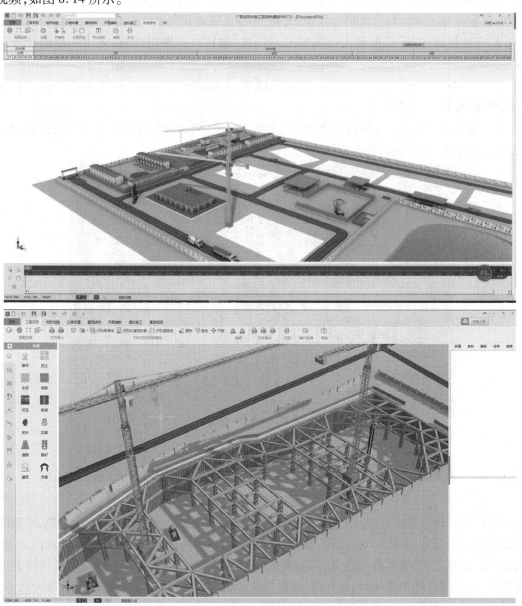

图 8.14　广联达 BIM 施工现场布置三维图

2)清华斯维尔软件

清华斯维尔软件主要包括斯维尔造价和斯维尔算量。斯维尔算量软件主要包括土建、钢筋与安装,可通过对 CAD 电子文件的自动识别,将二维图转化成三维模型,并精确快速完成工程量统计。斯维尔钢筋包含有现行国家钢筋标准,可以在建筑构件图上直接布置钢筋,使得工程量钢筋被整合到同一个软件中,输出钢筋图;斯维尔土建可以对复杂构件智能处理和进行空间布置,实现构件的自动扣减功能;斯维尔安装则能通过 CAD 图纸转化,将水、电、暖管道进行三维空间碰撞干涉检查,减少实际施工中的返工,降低项目成本。斯维尔算量软件与斯维尔造价软件无缝对接,能快速精确得出工程造价。

(1)斯维尔算量类软件

①斯维尔 BIM 三维算量 for CAD。斯维尔 BIM 三维算量软件 TH-3DA2018 是一款基于AutoCAD 平台研发的土建工程算量软件,主要应用于工程招投标、施工、竣工阶段的工程量计算业务。斯维尔三维算量实现土建预算与钢筋抽样同步出量的主流算量软件,在同一软件内实现了基础土方算量、结构算量、建筑算量、装饰算量、钢筋算量、审核对量、进度管理及正版 CAD 平台八大功能,避免重复翻看图纸、重复定义构件、设计变更时漏改,达到一图多算、一图多用、一图多对,全面提高算量效率。软件还内置了全国各地定额的计算规则。由于软件采用了三维立体建模的方式,使得整个计算过程可视,工程均可以三维显示,最真实地模拟现实情况。

②斯维尔 BIM 安装算量 for CAD。斯维尔安装算量 THS-3DM2018 是一套成熟领先的安装工程量图形化计算软件,以 AutoCAD 为平台,采用"虚拟施工"的方式进行三维建模,广泛用于建设工程招投标、施工、竣工阶段的安装工程算量计算。该软件通过手动布置或快速识别 CAD 电子图建模,建立真实的三维图形模型,辅以灵活开放的计算规则设置,完美解决给排水、通风空调,电气、采暖等专业安装工程量计算需求。其模型搭建快速、细部精益求精、计算范围全面、计算规则专业、数据汇总快速。

③斯维尔三维算量 for Revit。斯维尔三维算量是一款兼容 Revit 平台的算量软件,基于Revit 平台开发,可直接利用 Revit 模型,根据国标清单规范和全国各地定额计算规则,完成对建筑、结构、装饰、基础土方等专业的计算汇总,并输出相应工程量,计算结果可供计价软件和 BIM5D 软件直接使用。

(2)斯维尔计价类软件

斯维尔清单计价软件是《建设工程工程量清单计价规范》的配套软件。软件涵盖30 多个省市的定额,支持全国各地市、各专业定额,提供清单计价、定额计价、综合计价等多种计价方法,适用于编制工程概、预、结算,以及招投标报价。软件提供二次开发功能,可自定义计费程序和报表,支持撤销、恢复操作。专业版提供造价审计审核、指标分析、计量支付功能。

(3)斯维尔管理系统软件

①斯维尔智筑云平台。斯维尔智筑云平台是简单高效的工程项目多方协作云平台。它基于云计算,以项目为单位,为参建各方提供工程建设全生命期中包括 DWG 图纸、BIM 模型、Office 文档、PDF 文档、图形资料等在内的文档储存共享、问题沟通、任务处理的协同工作云平台。其主要功能如图 8.15 所示。

图档管理
文档、图纸、BIM模型云端共享，统一版本管理；精细权限设置，确保文档安全。

在线浏览
无需插件，BIM模型、DWG图纸、Office文档、PDF文档在Web、App上均可顺滑浏览；在线批注发起协同工作。

动态留痕
操作记录留痕，防止争议，便于追溯；支持按时间、类型等多种方式筛选记录。

移动办公
随时随地在线工作，数据云端同步。

快速任务
发起任务，快速完成图纸会审、文件签审、变更处理；在线指派责任人，任务自动流转，及时提醒，高效推进。

团队沟通
文档上传、改动、评论可@相关责任人，及时通知并处理问题；邮件、站内信、移动端等多种途径定向通知，及时提醒。

图 8.15　斯维尔智筑云平台六大功能

②斯维尔 BIM5D。斯维尔 BIM5D 是基于 BIM 应用及轻量化技术，实现工程项目全过程多方协同的管理平台。平台采用两端一云的模式（包括 Web 端、手机端、云协同及云存储），利用 BIM 模型的数据集成能力，集成项目全过程资料、进度、质量、安全、设计、成本、物资等信息，并发挥 BIM、信息化、云技术的优势，实现项目的可视化、过程化、精细化、规范化、档案化管理（图 8.16），从而达到缩短工期、控制成本、减少设计变更、提升工程质量、预防安全事故、打造项目数字资产的目的。

3）鲁班软件

（1）鲁班大师（土建）

鲁班大师（土建）[Luban Master(TJ)]为基于 AutoCAD 图形平台开发的工程量自动计算软件。它利用 AutoCAD 强大的图形功能并结合了我国工程造价模式的特点及未来造价模式的发展变化，内置了全国各地定额的计算规则，最终得出可靠的计算结果并输出各种形式的工程量数据。由于软件采用了三维立体建模的方式，使整个计算过程可视化。通过三维显示的土建工程可以较为直观地模拟现实情况。其包含的智能检查模块，可自动化、智能化检查用户建模过程中的错误。

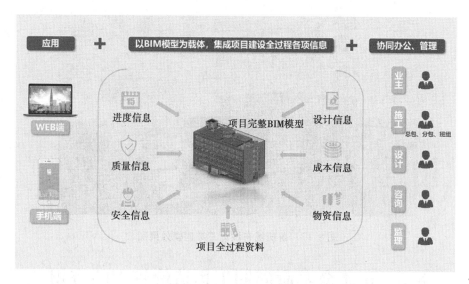

图 8.16 斯维尔 BIM5D 集成项目全过程信息

（2）鲁班大师（钢筋）

鲁班大师（钢筋）[Luban Master(GJ)]基于国家规范和平法标准图集,采用 CAD 转化建模、绘图建模,辅以表格输入等多种方式,整体考虑构件之间的扣减关系,解决造价工程师在招投标、施工过程钢筋工程量控制和结算阶段钢筋工程量的计算问题。软件自动考虑构件之间的关联和扣减,用户只需要完成绘图即可实现钢筋量计算。计算规则内置并可修改,强大的钢筋三维显示,使得计算过程有据可依,便于查看和控制。

（3）鲁班大师（安装）

鲁班大师（安装）[Luban Master(AZ)]是基于 AutoCAD 图形平台开发的工程量自动计算软件。其广泛运用于建设方、承包方、审价方等多方工程造价人员对安装工程量的计算。鲁班安装可适用于 CAD 转化、绘图输入、照片输入、表格输入等多种输入模式,在此基础上运用三维技术完成安装工程量的计算。鲁班安装可以解决工程造价人员手工统计繁杂、审核难度大、工作效率低等问题。

（4）鲁班场布

鲁班场布（Luban Site）是一款用于建设项目临建设施科学规划的场地设计三维建模软件,内嵌丰富的办公生活、绿色文明、临水临电、安全防护等参数化构件,可快速建立三维施工总平面图模型,并能够自动计算场布构件工程量,精确统计所需材料用量,为企业精细化管理提供依据。鲁班场布可生成逼真的效果图（图 8.17）,同时展示企业的安全文明绿色施工形象。

（5）鲁班造价

鲁班造价（Luban Estimator）是基于 BIM 技术的国内首款图形可视化造价产品。它完全兼容鲁班算量的工程文件,可快速生成预算书、招投标文件。软件内置全国各地配套清单、定额,一键实现"营改增"税制之间的切换,无须再进行组价换算;智能检查的规则系统,可全面检查组价过程、招投标规范要求中出现的错误,为工程计价人员提供概算、预算、竣工结算、招投标等各阶段数据的编审、分析服务。

图 8.17　鲁班场布设计三维建模效果图

8.5　BIM 全寿命周期工程造价管理的应用

通过 BIM 技术能够实现对建筑工程项目从设计、施工、验收直至运营的全过程管理,并且使各个数据相互关联,可以为建筑工程项目提供共享的平台,消除信息孤岛,处理专业软件不兼容的问题。一方面,BIM 模型包含着各种数据信息以及图片资料,可以说是整个建筑工程项目各类信息的承载文件,并且这些信息数据都是参数化后的结果,能够直接参与完成各类运算。另一方面,将这些数据信息传送到 BIM 平台后,所有工程项目参与单位、工作人员以及后续研究人员都能够直接使用这些数据信息,从而有效地避免同一信息被不同参与单位或工作人员重复处理,能够最大限度地降低数据信息在传播过程中的失真率和损失度,使整个项目工作效率得到大幅度提升。全寿命周期各个阶段所对应的参与方以及造价管理的内容如图 8.18 所示。

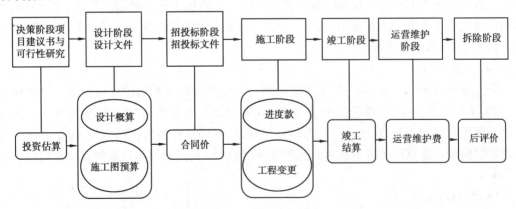

图 8.18　全寿命周期造价管理内容

8.5.1　BIM 技术在决策阶段的应用

项目前期决策阶段主要是通过方案比选,编制项目建议书及可行性研究报告等工作,从而选定最佳的投资方案,争取让业主在最小的投资下实现项目的最大价值。决策阶段在整个全寿命周期中占有极其重要的地位,根据有关研究,决策阶段影响工程造价程度很大(占比达70%)。由此可见,决策阶段对能否实现项目价值要求起着决定性作用。

BIM技术在决策阶段的主要应用是协助业主比选方案、对拟建项目进行投资估算以及对拟建项目前期进行主动控制。

1)方案比选

在项目初期阶段会存在多个备选投资方案,经过对多个方案的造价运用BIM技术进行比较,从而选择经济较优的方案,更加快速准确,使得投资估算发生偏差的概率大大降低。

2)投资估算

BIM具有较强的数据库功能,已建项目的数据模型可以永久储存在BIM模型中,可以参考BIM模型中的已有数据,对拟建项目的进行投资估算,提高拟建工程的估算精度。

3)项目前期主动控制

业主通过BIM技术的可视化特点结合项目目标要求,可观察设计方案的三维建筑实体概念模型,经过建筑日照分析、照明分析等发现周围环境对项目的影响情况。在项目的局部问题上,还可以对概念模型进行碰撞检查(图8.19),找到方案中不合理因素,从而对其进行事前讨论控制,确保工程估算的准确性。

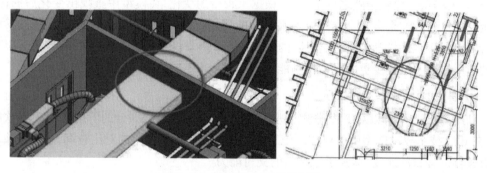

图 8.19　BIM技术的碰撞检测

8.5.2　BIM技术在设计阶段的应用

项目决策阶段确定方案后,就要进入工程设计阶段的下一步骤——限额设计,工程造价管控的重要部分也包括限额设计。根据有关调查显示,设计阶段在整个项目周期中占有非常重要的地位,虽然其花费成本占比很小(1%~3%),但其对造价的影响范围占比例较大(70%~80%)。设计阶段造价管理内容主要包含设计概算和施工图预算两方面。

限额设计是我国目前设计阶段的主要形式,是按照可研报告中的资金估算控制设计成本,按照投资额度的分配控制设计阶段的造价管理,并保证各专业在设计上达到使用要求,从而达到从设计上减少变更、保证总投资额少于投资估算金额的目的。

8.5.3　BIM技术在招投标阶段的应用

业主方在进行招标过程中,可以直接使用设计单位设计出的BIM模型进行工程量的计算,避免了在施工阶段出现工程量的错漏等问题,并且可以把BIM模型作为招标文件的一部分发售给投标单位。投标单位可以根据 BIM 模型直接进行工程量的计算,根据本企业的定额数据库编制投标价,为更好地制订投标策略节省了时间。

8.5.4　BIM 技术在施工阶段的应用

施工阶段是工程建设项目由理论转为实物的过程,施工阶段是整个项目全寿命周期中的重要实施阶段。由于建设周期长,在此阶段发生的工程变更、进度款支付等问题也比较多。BIM5D 技术的实施解决了这些问题。BIM5D 技术的应用将工程量信息实时管理变成可能,并且提高了发生变更后的成本管控力以及进度款支付能力,实现了多维度的估算对比。

1)工程量信息动态管理

BIM5D 成本模型的任何构件都有自己的属性,并且该模型所包含的项目信息都是连续的,用户可以通过 BIM 软件在任何时间、任何地点进行查询,也可以将各个构件组合进行查询。

2)提高工程变更成本控制能力

采用动态成本 BIM5D 模型,只需在工程变更发生时在相关项目的信息模型上输入变量,相关工程量变化就会随之反映出来,根据工程量的变化,在模型中查找出变化后的构件,确定变更价格。如果有多个方案能够满足功能使用要求,BIM5D 模型可以对这些方案成本进行对比分析,然后按照分析报告所生成的结果选择兼具合理性与经济性的方案。BIM 技术的应用提高了工程变更的成本控制能力。

3)增强进度款支付能力

利用 BIM 技术可以对工程建设期进行阶段划分,然后根据划分的阶段进行工程款的支付,在 BIM 技术成本模型中可以方便施工方和业主方进行工程量的对比查询,加快了项目参与方核算工程量的速度,增强了进度款的支付能力。

4)实现了不同维度的多算对比

每个构件在 BIM5D 成本模型中都有自己的数据信息,各构件的组合信息及拆分信息都可以随时随地在 BIM 中查询,因此 BIM5D 可以实现不同阶段的实际成本与预算成本、计划成本以及合同价的对比分析,实现不同维度的多算对比,有效地对各阶段范围内的工程造价进行管理。

8.5.5　BIM 技术在竣工阶段的应用

在结算阶段,BIM 项目模型已经经过前期层层输入,处于近乎完善的状态,建筑信息模型已经集成了该项目的所有相关数据信息,BIM 模型信息的完善与精确性避免了信息的丢失。BIM 模型可以实时对工程量进行分阶段、分构件划分,从而实现框图出量,在进度款支付过程中实时进行核对确认。BIM 技术可以实现对竣工结算数据进行动态汇总,这种动态控制功能的实现减少了工作量,提高了工作效率,为项目各参与方节省了时间、成本。

8.5.6　BIM 技术在运营维护阶段的应用

工程的运营维护时期在全寿命周期中所占比例是最大的,因此要想工程项目成本降低到最少,运营管理阶段的造价管控是关键。BIM 技术的应用对运营维护阶段工程造价管理能力的提高具有促进作用。利用 BIM 模型文档功能所建立的详细数据库实现从建设阶段到运营阶段的对接;根据已建项目的运行参数及维护信息进行实时监控,可以对设备的运行情况进行相关判断,并作出合理的管控措施,还能够根据监控数据对设施的性能、能源耗费、环境价值等进行评估管理,做好事前成本控制以及设施报废后的解决方案;BIM 成本数据库可以自动保留全部相关数据,为以后类似项目提供相关参数信息。

本章小结

本章阐述了国内外 BIM 技术在工程造价管理中的发展现状;通过对 BIM 技术基本原理、BIM 技术的相关理论的阐述,分析了 BIM 技术在工程造价管理中的应用价值。

本章对目前国内外的主流 BIM 造价软件进行了介绍,重点介绍了广联达、清华斯维尔、鲁班等软件的特点与功能优势。

本章最后以工程项目全寿命周期为主线,阐述了从项目决策阶段、设计阶段、招投标阶段、施工阶段、竣工阶段直至运营维护阶段中 BIM 技术的应用价值。

思考与练习

8.1　试述国内外 BIM 技术应用在工程造价管理方面的现状。

8.2　试述工程造价管理信息系统的概念。

8.3　试述 BIM 技术在工程造价管理中存在的问题。

8.4　试述 BIM 技术在工程造价管理中的应用现状。

8.5　试述 BIM 技术的基本原理。

8.6　试述 BIM 在全寿命周期工程造价管理中的应用。

8.7　试述各类 BIM 工程造价软件的特点和功能。

参考文献

［1］马楠,张国兴,韩英爱.工程造价管理［M］.北京:机械工业出版社,2012.

［2］周国恩,陈华,贾长麟.工程造价管理［M］.北京:北京大学出版社,2011.

［3］于洋,杨敏,叶治军.工程造价管理［M］.成都:电子科技大学出版社,2018.

［4］赵春红,贾松林.建设工程造价管理［M］.北京:北京理工大学出版社,2018.

［5］中国建设工程造价管理协会.建设工程造价管理相关文件汇编(2017年版)［M］.北京:中国计划出版社,2017.

［6］全国造价工程师执业资格考试培训教材资格委员会.建设工程造价管理(2017版)［M］.北京:中国计划出版社,2017.

［7］曾淑君.工程造价管理［M］.南京:东南大学出版社,2016.

［8］袁建新.工程造价管理［M］.3版.北京:高等教育出版社,2018.

［9］任彦华,董自才.工程造价管理［M］.成都:西南交通大学出版社,2017.

［10］张友全,陈起俊.工程造价管理［M］.2版.北京:中国电力出版社,2014.

［11］国家发展和改革委员会法规司.中华人民共和国招标投标法实施条例释义［M］.北京:中国计划出版社,2012.

［12］重庆市城乡建设委员会.重庆市建设工程费用定额:CQFYDE—2018［S］.重庆:重庆大学出版社,2018.

［13］中华人民共和国住房和城乡建设部.房屋建筑与装饰工程工程量计算规范:GB50854—2013［S］.北京:中国计划出版社,2013.